市政工程建设与给排水设计研究

孔谢杰　李芳　王琦◎著

吉林科学技术出版社

图书在版编目（CIP）数据

市政工程建设与给排水设计研究 / 孔谢杰，李芳，王琦著 . -- 长春：吉林科学技术出版社，2023.5
ISBN 978-7-5744-0492-2

Ⅰ . ①市… Ⅱ . ①孔… ②李… ③王… Ⅲ . ①市政工程—给排水系统—研究 Ⅳ . ① TU991

中国国家版本馆 CIP 数据核字 (2023) 第 105677 号

市政工程建设与给排水设计研究

著　　孔谢杰　李　芳　王　琦
出 版 人　宛　霞
责任编辑　程　程
封面设计　刘梦杳
制　　版　刘梦杳
幅面尺寸　185mm × 260mm
开　　本　16
字　　数　375 千字
印　　张　18.625
印　　数　1–1500 册
版　　次　2023年5月第1版
印　　次　2024年1月第1次印刷

出　　版　吉林科学技术出版社
发　　行　吉林科学技术出版社
地　　址　长春市福祉大路5788号
邮　　编　130118
发行部电话/传真　0431-81629529 81629530 81629531
81629532 81629533 81629534
储运部电话　0431-86059116
编辑部电话　0431-81629518
印　　刷　廊坊市印艺阁数字科技有限公司

书　　号　ISBN 978-7-5744-0492-2
定　　价　112.00元

前 言

工程建设施工现场管理是一项具体而细致的工作，也是一项科学性、实用性、综合性非常强的工作，它融合了施工现场管理人员、监理人员以及工程建设施工者的综合素质。

由于工程建设施工现场管理是全方位的，要求现场管理人员对工程建设项目的安全、质量、进度、成本等方面都要进行正规化、标准化、制度化管理，这样才能使工程建设现场管理的各项工作有条不紊地顺利进行。现阶段随着工程建设市场的不断发展，各种先进的管理思想和理念正逐渐融入施工现场管理中，这也对工程建设施工现场管理人员提出了更高的要求。如何在工程建设施工现场管理日趋规范的今天，提高工程施工现场管理人员的管理能力，在确保工程建设质量的前提下，最大限度地降低成本，提高生产效率和经济效益，已成为工程建设行业研究的重要课题。

市政给排水管道工程是城市基础设施建设的重要内容，在保障城市居民生活质量方面起着重要作用，同时对城市生态环境有一定影响。近年来，我国城市化建设在不断深入，这给市政给排水管道工程的建设提出了更高要求，也使得管道施工设计技术方面的要求越来越严格，因此，本书着重介绍了市政给排水管道设计方面的知识。

本书突出了基本概念与基本原理，在写作时尝试多方面知识的融会贯通，注重知识层次递进，同时注重理论与实践相结合。希望可以对广大读者提供借鉴或帮助。

限于作者的水平和经验，书中还有不足和需完善之处，欢迎读者提出宝贵意见。

目　录

第一章　市政工程施工准备工作

第一节　施工准备工作的内容及要求

一、施工准备工作的意义

工程建设是人们创造物质财富的重要途径，是我国国民经济的主要支柱之一，总的程序是按照决策阶段、实施阶段和项目后评价三个阶段进行的。其中实施阶段包括设计前的准备阶段、设计阶段、施工阶段、动用前准备和保修阶段。

施工准备工作是指施工前为了保证整个工程能够按计划顺利施工，在事前必须做好的各项准备工作，具体内容包括为施工创造必要的技术、物资、人力、现场和外部组织条件，统筹安排施工现场，以便施工得以好、快、省、安全地进行，是施工程序中的重要环节。

不管是整个建设项目或单项工程，或者是其中任何一个单位工程，甚至单位工程中的分部、分项工程，在开工之前，都必须进行施工准备。施工准备工作是施工阶段的一个重要环节，也是施工管理的重要内容。施工准备的根本任务是为正式施工创造良好的条件。做好施工准备工作具有下述几个方面的意义。

（1）施工准备工作是施工企业生产经营的重要组成部分。

（2）施工准备工作是施工程序的重要阶段。

（3）做好施工准备工作可以降低施工风险。

（4）做好施工准备工作可以加快施工进度，提高工程质量，节约资金和材料，从而提高经济效益。

（5）做好施工准备工作，可以调动各方面的积极因素，合理地组织人力、物力。

（6）做好施工准备工作，是施工顺利进行和工程圆满完成的重要保证。

实践证明，施工准备得充分与否，将直接影响后续施工全过程。重视和积极做好准备工作，可为项目的顺利进行创造条件；反之，忽视施工准备工作，必然会给后续的施工带来麻烦和损失，以致造成施工停顿、质量安全事故等恶果。

二、施工准备工作的分类

（一）按施工项目准备工作范围的不同分类

施工项目的施工准备工作按其范围的不同，一般可分为全场性施工准备，单位工程施工条件准备和分部（分项）工程作业条件准备三种。

1.全场性施工准备

全场性施工准备是以整个市政项目或一个施工工地为对象而进行的各项施工准备工作。其特点是施工准备工作的目的，内容都是为全场性施工服务的，不仅要为全场性施工活动创造有利条件，而且要兼顾单位工程的施工条件准备。

2.单位工程施工条件准备

单位工程施工条件准备是以一个构筑物为对象而进行的施工条件准备工作。其特点是施工准备工作的目的、内容都是为单位工程施工服务的，但它不仅要为该单位工程在开工前做好一切准备，而且要为分部分项工程做好施工准备工作。

3.分部（分项）工程作业条件准备

分部（分项）工程作业条件准备是以一个分部（或分项）工程或冬雨期施工项目为对象而进行的作业条件准备，是基础的施工准备工作。

（二）按施工阶段分类

施工准备工作按拟建工程所处的不同施工阶段，一般可分为开工前施工准备和各分部分项工程施工前准备两种。

1.开工前施工准备

它是在拟建工程正式开工之前所进行的一切施工准备工作，为拟建工程正式开工创造必要的施工条件。它既可能是全场性的施工准备，也可能是单位工程施工条件准备。

2.各分布分项工程施工前准备

它是在拟建工程正式开工之后，在每一个分部分项工程施工之前所进行的一切施工准备工作，为各分部分项工程的顺利施工创造必要的施工条件，又称为施工期间的经常性施工准备工作,也称为作业条件的施工准备。它既具有局部性和短期性,又具有经常性。

3.按施工准备工作性质内容分类

施工项目准备工作按其性质和内容，通常分为技术准备、物资准备、劳动组织准备、施工现场准备和施工场外准备。

综上所述，施工准备工作不仅在开工前的准备期进行，还贯穿整个过程，随着工程的进展，在各个分部分项工程施工之前，都要做好施工准备工作。施工准备工作既要有阶段性，又要有连贯性。因此，施工准备工作必须有计划、有步骤、分阶段进行，它贯穿整个工程项目建设的始终。因此，在项目施工过程中，第一，准备工作一定要达到开工所必备的条件方能开工。第二，随着施工的进程和技术资料的逐渐齐备，应不断增加施工准备工作的内容和深度。

三、施工准备工作的任务

施工准备工作的基本任务是：调查研究各种有关工程施工的原始资料，施工条件以及业主要求，全面合理地部署施工力量，从计划、技术、物资、资金、劳力、设备、组织、现场以及外部施工环境等方面为拟建工程的顺利施工建立一切必要的条件，并对施工中可能发生的各种变化做好应变准备。

四、施工准备应调查的工作

为做好施工准备工作，除掌握有关施工项目的书面资料外，还应该进行施工项目的实地勘察和调查分析，获得有关数据的第一手资料，这对于编制一个科学的、先进合理的、切合实际的施工组织设计或称施工项目管理实施规划是非常必要的，因此，应做好以下方面的调查。

（一）调查有关工程项目特征与要求的资料

（1）向建设单位和主体设计单位了解并取得可行性研究报告、工程地址选择、扩大初步设计等方面的资料，以便了解建设目的、任务、设计意图。

（2）弄清设计规模、工程特点。

（3）了解生产工艺流程与工艺设备特点及来源。

（4）摸清对工程分期、分批施工，配套交付使用的顺序要求，图纸交付的时间，以及工程施工的质量要求和技术难点等。

（二）调查施工场地及附近地区自然条件方面的资料调查内容

（1）地形和环境条件。

（2）地质条件。

（3）地震烈度。

（4）工程水文地质情况。

（5）气候条件。

（三）施工区域的技术经济条件调查

（1）当地水、电、蒸汽的供应条件。城市自来水干管的供水能力，接管距离、地点和接管条件等。无城市供水设施，或距离太远供水量不敷需要时，要调查附近可作为施工生产、生活、消防用水的地面或地下水源的水质、水量，并设计临时取水和供水系统。利用市政排水设施的可能性，排水去向、距离、坡度等。

可供施工使用的电源位置，引入工地的路径和条件，可以满足的容量和电压。电话、电报的利用可能，需要增添的线路与设施等。

冬期施工时，附近蒸汽的供应量、价格、接管条件等。

（2）交通运输条件。调查主要材料及构件运输通道情况，包括道路、街巷、途经的桥涵的宽度、高度，允许载重量和转弯半径限制等。有超长、超重、超高或超宽的大型构件、大型起重机械和生产工艺设备需整体运输时，还要调查沿途架空电线（特别是横在道路上空的无轨电车线）、天桥的高度，并与有关部门商谈避免大件运输对正常交通干扰的路线、时间及措施等。

（3）地方材料供应情况和当地协作条件。如砖、灰、砂、石的供应能力，质量、价格、运费等。附近构件制作，木材加工、金属结构，商品混凝土、建筑机械供应与维修、运输服务，脚手、定型模板等大型工程租赁等所能提供的服务项目及其数量、价格、供应条件等。

（四）社会生活条件调查

（1）周围地区能为施工利用的房屋类型、面积、结构、位置、使用条件和满足施工需要的程度。附近主副食供应、医疗卫生、商业服务条件，公共交通、邮电条件、消防治安机构的支援能力，这些调查对于在新开拓地区施工特别重要。

（2）附近地区机关、居民、企业分布状况及作息时间、生活习惯和交通情况。

施工时吊装、运输、打桩、用火等作业所产生的安全问题、防火问题，以及振动、噪声、粉尘，有害气体、垃圾、泥浆、运输散落物等对周围人的影响及防护要求，工地内外绿化、文物古迹的保护要求等。

（五）参考资料的搜集

在编制施工组织设计时，除施工图纸及调查所得的原始资料外，还可搜集相关的参考资料作为编制的依据。如施工定额、施工手册、施工组织设计实例及平时搜集的实际施工资料等。此外，还应向建设单位和设计单位搜集本建设项目的建设安排及设计等方面的资料，这有助于准确、迅速地掌握本建设项目的许多有关信息。

五、施工准备工作的基本要求

（一）施工准备工作要有明确的分工

（1）建设单位应做好主要专用设备、特殊材料等的订货，建设征地，申请建筑许可证，拆除障碍物，接通场外的施工道路、水源、电源等项工作。

（2）设计单位主要是进行施工图设计及设计概算等相关工作。

（3）施工单位主要是分析整个建设项目的施工部署，做好调查研究，搜集有关资料，编制好施工组织设计，并做好相应的施工准备工作。

（二）施工准备工作应分阶段、有计划地进行

施工准备工作应分阶段、有组织、有计划、有步骤地进行。

施工准备工作不仅要在开工之前集中进行，而且要贯穿整个施工过程的始终。随着工程施工的不断进展，分部分项工程的施工准备工作都要分阶段、有组织、有计划、有步骤地进行。为了保证施工准备工作能按时完成，应按照施工进度计划的要求，编制好施工准备工作计划，并随工程的进展，按时组织落实。

（三）施工准备工作要有严格的保证措施

（1）施工准备工作责任制度。

（2）施工准备工作检查制度。

（3）坚持基建程序，严格执行开工报告制度。

（四）开工前要对施工准备工作进行全面检查

单位工程的施工准备工作基本完成后，要对施工准备工作进行全面检查，具备开工条件后，应及时向上级有关部门报送开工报告，经批准后即可开工。单位工程应具备的开工条件如下。

（1）施工图纸已经会审，并有会审纪要。

（2）施工组织设计已经审核批准，并进行了交底工作。

（3）施工图预算和施工预算已经编制和审定。

（4）施工合同已经签订，施工执照已经办好。

（5）现场障碍物已经拆除或迁移完毕，场内的“三通一平”工作基本完成，能够满足施工要求。

（6）永久或半永久性的平面测量控制网的坐标点和标高测量控制网的水准点均已建立，建筑物，构筑物的定位放线工作已基本完成，能满足施工的需要。

（7）施工现场的各种临时设施已按设计要求搭设，基本能够满足使用要求。

（8）工程施工所用的材料、构配件、制品和机械设备已订购落实，并已陆续进场，能够保证开工和连续施工的要求；先期使用的施工机具已按施工组织设计的要求安装完毕，并进行了试运转，能保证正常使用。

（9）施工队伍已经落实，已经或正在进行必要的进场教育和各项技术交底工作，已调进现场或随时准备进场。

（10）现场安全施工守则已经制定，安全宣传牌已经设置，安全消防设施已经具备。

第二节　技术资料准备

技术资料准备是施工准备的核心，是确保工程质量、工期，施工安全和降低成本、增加企业经济效益的关键，由于任何技术的差错或隐患都可能引起人身安全和质量事故，造成生命、财产和经济的巨大损失，因此必须认真地做好技术准备工作。其主要内容包括：熟悉与审查施工图纸，调查研究和搜集资料，编制施工组织设计，编制施工图预算和施工预算文件。

一、熟悉、审查施工图纸和有关的设计资料

（一）熟悉、审查设计图纸的目的

（1）充分了解设计意图、结构构造特点、技术要求、质量标准，以免发生施工指导性错误，方能按照设计图纸的要求顺利地进行施工，生产出符合设计要求的最终工程产品。

（2）通过审查发现设计图纸中存在的问题和错误应在施工之前改正，为拟建工程的施工提供一份准确、齐全的设计图纸以便及时改正，确保工程顺利施工。

（3）结合具体情况，提出合理化建议和协商有关配合施工等事宜，以确保工程质量、安全，降低工程成本和缩短工期。

（4）能够在拟建工程开工之前，使从事施工技术和经营管理的工程技术人员充分了解和掌握设计图纸的设计意图、结构与构造特点和技术要求。

（二）熟悉、审查施工图纸的依据

（1）建设单位和设计单位提供的初步设计或扩大初步设计（技术设计），施工图设计，总平面图、土方竖向设计和城市规划等资料文件。

（2）调查、搜集的原始资料。

（3）设计、施工验收规范和有关技术规定。

（三）熟悉施工图纸的重点内容和要求

（1）审查拟建工程的地点，总平面图同国家、城市或地区规划是否一致，以及市政工程或构筑物的设计功能和使用要求是否符合卫生，防火及美化城市方面的要求。

（2）审查设计图纸是否完整、齐全，以及设计和资料是否符合国家有关工程建设的设计，施工方面的方针和政策。

（3）审查设计图纸与说明书在内容上是否一致，以及设计图纸与其各组成部分之间有无矛盾和错误。

（4）审查总平面图与其他结构图在几何尺寸、坐标、标高、说明等方面是否一致，技术要求是否正确。

（5）审查地基处理与基础设计同拟建工程地点的工程水文、地质等条件是否一致，以及市政工程与地下建筑物或构筑物、管线之间的关系。

（6）明确拟建工程的结构形式和特点，复核主要承重结构的强度、刚度和稳定性是否满足要求，审查设计图纸中的工程复杂、施工难度大和技术要求高的分部分项工程或新结构、新材料、新工艺，检查现有施工技术水平和管理水平能否满足工期和质量要求并采取可行的技术措施加以保证。

（7）明确建设期限、分期分批投产或交付使用的顺序和时间，以及工程所用的主要材料，设备的数量、规格、来源和供货日期。

（8）明确建设、设计和施工等单位之间的协作、配合关系，以及建设单位可以提供的施工条件。

（四）熟悉、审查设计图纸的程序

熟悉、审查设计图纸的程序通常分为自审阶段、会审阶段和现场签证三个阶段。

1.自审阶段

施工单位收到拟建工程的设计图纸和有关技术文件后应尽快组织有关的工程技术人员熟悉和自审图纸，写出自审图纸的记录。自审图纸的记录应包括对设计图纸的疑问和对设计图纸的有关建议。

2.会审阶段

一般由建设单位主持，由设计单位和施工单位参加，三方进行设计图纸的会审。在图纸会审时，首先由设计单位的工程主要设计人员向与会者说明拟建工程的设计依据、意图和功能要求，并对特殊结构，新材料、新工艺和新技术提出设计要求；其次施工单位根据自审记录以及对设计意图的了解，提出对设计图纸的疑问和建议；最后在三方统一认识的基础上，对所探讨的问题逐一做好记录，形成“图纸会审纪要”，由建设单位正式行文，参加单位共同会签、盖章，作为与设计文件同时使用的技术文件和指导施工的依据，以及建设单位与施工单位进行工程结算的依据，并列入工程预算和工程技术档案。施工图纸会审的重点内容主要有以下几点。

（1）审查拟建工程的地点、建筑总平面图是否符合国家或当地政府的规划，是否与规划部门批准的工程项目规模形式、平面立面图一致，在设计功能和使用要求上是否符合卫生、防火及美化城市等方面的要求。

（2）审查施工图纸与说明书在内容上是否一致，施工图纸是否完整、齐全，各种施工图纸之间，各组成部分之间是否有矛盾和差错，图纸上的尺寸、标高、坐标是否准确、一致。

（3）审查地上与地下工程、土建与安装工程、结构与装修工程等施工图之间是否有矛盾或是否会发生干扰，地基处理、基础设计是否与拟建工程所在地点的水文、地质条件等相符合。

（4）当拟建工程采用特殊的施工方法和特定的技术措施，或工程复杂、施工难度大时，应审查施工单位在技术上、装备条件上或特殊材料、构配件的加工订货上有无困难，能否满足工程施工安全和工期的要求，采取某些方法和措施后，是否能满足设计要求。

（5）明确建设期限、分期分批投产或交付使用的顺序、时间；明确建设、设计和施工单位之间协作、配合关系；明确建设单位所能提供的各种施工条件及完成的时间，建设单位提供的设备种类、规格、数量及到货日期等。

（6）对设计和施工提出的合理化建议是否被采纳或部分采纳；施工图纸中不明确或有疑问的地方，设计单位是否解释清楚等。

3.现场签证阶段

在拟建工程施工的过程中，如果发现施工条件与设计图纸不符，或发现图纸中仍有错误，或因为材料的规格、质量不能满足设计要求，或因为施工单位提出了合理化建议，需要对设计图纸进行及时修订时，应遵循技术核定和设计变更的签证制度，进行图纸的施工现场签证。如果设计变更的内容对拟建工程的规模、投资影响较大时，要报请项目的原批准单位批准。施工现场的图纸修改、技术核定和设计变更资料，都要有正式的文字记录，归入拟建工程施工档案，作为指导施工、竣工验收和工程结算的依据。

二、调查研究、调查

（一）施工调查的意义和目的

通过原始资料的调查分析，可以为编制出合理的，符合客观实际的施工组织设计文件提供全面、系统、科学的依据；为图纸会审、编制施工图预算和施工预算提供依据；为施工企业管理人员进行经营管理决策提供可靠的依据。

施工调查分为投标前的施工调查和中标后的施工调查两部分。投标前施工调查的目的是摸清工程条件，为制定投标策略和报价服务；中标后施工调查的目的是查明工程环境特点和施工条件，为选择施工技术与组织方案搜集基础资料，以此作为准备工作的依据；中标后的施工调查是建设项目施工准备工作的一个组成部分。

（二）施工调查的步骤

1.拟订调查提纲

原始资料调查应有计划有目的地进行，在调查工作开始之前，根据拟建工程的性质、规模、复杂程度等涉及的内容，以及当地的原始资料，拟订出原始资料调查提纲。

2.确定调查搜集原始资料的单位

向建设单位、勘查单位和设计单位调查搜集资料，如工程项目的计划任务书、工程项目地址选择的依据资料、工程地质、水文地质勘察报告、地形测量图、初步设计、扩大初步设计、施工图以及工程概预算资料；向当地气象台（站）调查有关气象资料；向当地主管部门搜集现行的有关规定及对工程项目有指导性的文件，了解类似工程的施工经验，了解各种建筑材料供应情况、构（配）件、制品的加工能力和供应情况，以及能源、交通运输和生活状况和参加施工单位的能力和管理状况等。对缺少的资料，应委托有关专业部门加以补充；对有疑点的资料要进行复查或重新核定。

3.进行施工现场实地勘察

原始资料调查，不仅要向有关单位搜集资料了解有关情况，还要到施工现场调查现场环境，必要时进行实际勘测工作。向周围的居民调查和核实书面资料中的疑问和认为不确定的问题，使调查资料更切合实际和完整，并增加感性认识。

4.科学分析原始资料

科学分析调查中获得的原始资料。要确认其真伪程度，去伪存真，去粗取精，分类汇总，结合工程项目实际，对原始资料的真实情况进行逐项分析，找出有利因素和不利因素，尽量利用其有利条件，采取措施防止不利因素的影响。

三、编制施工组织设计

为了使复杂的市政工程的各项工作在施工中得到合理安排，有条不紊地进行，必须做好施工的组织工作和计划安排，施工组织设计是根据设计文件、工程情况，施工期限及施工调查资料，拟订施工方案，内容包括各项工程的施工期限、施工顺序、施工方法、工地布置、技术措施、施工进度以及劳动力的调配、机器、材料和供应日期等。

由于市政工程生产的技术经济特点，工程没有一个通用定型的、一成不变的施工方法，所以，每个市政工程项目都需要分别确定施工组织方法，也就是分别编制施工组织设计作为组织和指导施工的重要依据。

（一）道路施工组织设计的特点

（1）道路工程要用许多材料混合加工，因此道路的施工必须和采掘、加工、储存这些材料的基地工作密切联系。组织路面施工时，也应考虑混合料拌和站的情况，包括拌和站的规模、位置等。

（2）在设计路面施工进度时必须考虑路面施工的特殊要求。例如，沥青类路面不宜在气温过低时施工，这就需安排在温度相对适宜的时间内施工。

（3）路面施工的工序较多，合理安排工序间的衔接是关键。垫层、基层、面层以及隔离带、路缘石等工序的安排，在确保养生期要求的条件下，应按照自下而上，先主体后附属的顺序进行。

（二）道路施工组织设计的编制程序

（1）根据设计道路的类型，进行现场勘察与选择，确定材料供应范围及加工方法。

（2）选择施工方法和施工工序。

（3）计算工程量。

（4）编制流水作业图，布置任务，组织工作班组。

（5）编制工程进度计划。

（6）编制人、材、机供应计划。

（7）制定质量保证体系、文明施工及环境保护措施。

（三）编制施工预算

施工预算是施工单位内部编制的预算，是单位工程在施工时所需人工、材料、施工机械台班消耗数量和直接费用的标准，以便有计划、有组织地进行施工，从而达到节约人力、物力和财力的目的。其内容主要包括以下两个方面。

（1）编制说明书包括编制的依据、方法、各项经济技术指标分析，以及新技术、新工艺在工程中的应用等。

（2）工程预算书主要包括工程量汇总表、主要材料汇总表、机械台班明细表、费用计算表、工程预算汇总表等。

四、编制施工图预算和施工预算

（一）编制施工图预算

施工图预算是技术准备工作的主要组成部分之一，是按照施工图确定的工程量、施工组织设计所拟订的施工方法、工程预算定额及其取费标准，是施工单位编制的确定工程造价的经济文件。它是施工企业签订工程承包合同、工程结算，建设银行拨付工程价款，进行成本核算、加强经营管理等方面工作的重要依据。

（二）编制施工预算

施工预算是根据施工图预算、施工图纸、施工组织设计或施工方案、施工定额等文件进行编制的，直接受施工图预算的控制。它是施工企业内部控制各项成本支出、考核用工、“两算”对比、签发施工任务单、限额领料、基层进行经济核算的依据。

施工图预算与施工预算存在很大的区别。施工图预算是甲乙双方确定预算单价、发生经济联系的技术经济文件；而施工预算则是施工企业内部经济核算的依据。施工图预算与施工预算消耗与经济效益的比较，通称“两算”对比，是促进施工企业降低物资消耗，增加积累的重要手段。

第三节　施工物资准备

材料、构（配）件、制品、机具和设备是保证施工顺利进行的物质基础，这些物资的准备工作必须在工程开工之前完成。根据各种物资的需要量分别落实货源，安排运输和储备，使其满足连续施工的要求。

一、物资准备工作的内容

物资准备工作主要包括材料的准备，构配件、制品的加工准备，施工机具的准备和生产工艺设备的准备。

（一）材料的准备

材料的准备主要是根据施工预算进行分析，按照施工进度计划要求，按材料名称、规格、使用时间、材料储备定额和消耗定额进行汇总，编制出材料需要量计划，为组织备料，确定仓库、场地堆放所需的面积和组织运输等提供依据。

（二）构配件、制品的加工准备

根据施工预算提供的构配件、制品的名称、规格、质量和消耗量，确定加工方案和供应渠道以及进场后的储存地点和方式，编制出其需要量计划，为组织运输、确定堆场面积等提供依据。

（三）施工机具的准备

根据施工方案，安排施工进度，确定施工机械的类型、数量和进场时间，确定施工机具的供应办法和进场后的存放地点和方式，编制工艺设备需要量计划，为组织运输、确定堆场面积提供依据。

（四）生产工艺设备的准备

按照拟建工程生产工艺流程及工艺设备的布置图，提出工艺设备的名称、型号、生产能力和需要量，确定分期分批进场时间和保管方式，编制工艺设备需要量计划，为组织运输、确定进场面积提供依据。

二、物资准备工作的程序

物资准备工作的程序是搞好物资准备的重要手段，通常按如下程序进行。

（1）根据施工预算、分部（分项）工程施工方法和施工进度的安排，拟订外拨材料、地方材料、构（配）件及制品、施工机具和工艺设备等物资的需要量计划。

（2）根据各种物资需要量计划，组织货源，确定加工、供应地点和供应方式，签订物资供应合同。

（3）根据各种物资的需要量计划和合同，拟订运输计划和运输方案。

（4）按照施工总平面图的要求，组织物资按计划时间进场，在指定地点和规定方式进行储存或堆放。

三、物资准备的注意事项

（1）无出厂合格证明或没有按规定进行复验的原材料、不合格的构配件，一律不得进场和使用。严格执行施工物资的进场检查验收制度，杜绝假冒伪劣产品进入施工现场。

（2）在施工过程中要注意查验各种材料，构配件的质量和使用情况，对不符合质量要求，与原试验检测品种不符或有怀疑的，应提出复试或化学检验的要求。

（3）现场配制的混凝土、砂浆、防水材料、耐火材料、绝缘材料、保温隔热材料、防腐蚀材料、润滑材料以及各种掺和料、外加剂等，使用前均应由试验室确定原材料的规格和配合比，并制定相应的操作方法和检验标准后方可使用。

（4）进场的机械设备，必须进行开箱检查验收，产品的规格、型号、生产厂家和地点、出厂日期等，必须与设计要求完全一致。

第四节　劳动组织准备

一、建立项目经理部

施工项目经理部是指在施工项目经理领导下的施工项目经营管理层，其职能是对施工项目实行全过程的综合管理。施工项目经理部是施工项目管理的中枢，是施工企业内部相对独立的一个综合性的责任单位。

（一）项目经理部的设置原则

项目经理部的机构设置要根据项目的任务特点、规模、施工进度、规划等方面的条件确定，其中要特别遵循以下三个原则。

（1）项目经理部功能必须完备。

（2）项目经理部的机构设置必须根据施工项目的需要实行弹性建制：一方面要根据施工任务的特点确定设立什么部门，另一方面要根据施工进度和规划安排调节机构的人数。

（3）项目经理部的机构设置要坚持现代组织设计的原则，首先要反映出施工项目目标的要求，其次要体现精简、效率、统一及分工协作和责任权利统一原则。

（二）项目经理部的机构设置

施工项目经理部的设置和人员配备要根据项目的具体情况而定，一般应设置以下几个部门。

（1）工程技术部门：负责执行施工组织设计、组织实施、计算统计、施工现场管理、解决和处理工程进展中随时出现的技术问题，调度施工机械，协调各部门间以及与外部单位间的关系。

（2）质安环保部门：负责施工过程中质量的检查、监督和控制工作，以及安全文明施工、消防保卫和环境保护等工作。

（3）材料供应部门：要在开工前就提出材料、机具供应计划，包括材料、机具计划量和供应渠道；在施工过程中，要负责施工现场各施工作业层间的材料协调，以保证施工进度。

（4）合同预算部门：主要负责合同管理、工程结算、索赔、资金收支、成本核算、财务管理和劳动分配等工作。

二、建立精干的施工队组

施工队组的建立要认真考虑专业、工程的合理配合，技工、普工的比例要满足合理的劳动组织，专业工种工人要持证上岗，要符合流水施工组织方式的要求，确定建立施工队组，要坚持合理、精干高效的原则；人员配置要从严控制，二、三线管理人员，力求一专多能、一人多职，同时制订该工程的劳动力需要量计划。施工队伍主要有基本、专业和外包施工队伍三种类型。

（1）基本施工队伍是施工企业组织施工生产的主力，应根据工程的特点、施工方法和流水施工的要求恰当地选择劳动组织形式。土建工程施工一般采用混合施工班组较好，其特点是：人员配备少，工人以本工种为主，兼做其他工作，施工过程之间搭接比较紧凑、劳动效率高，也便于组织流水施工。

（2）专业施工队伍主要用来承担机械化施工的土方工程、吊装工程、钢筋气压焊施工和大型单位工程内部的机电安装，消防、空调、通信系统等设备安装工程，也可将这些专业性较强的工程外包给其他专业施工单位来完成。

（3）外包施工队伍主要用来弥补施工企业劳动力的不足。随着建筑市场的开放、用工制度的改革和施工企业的“精兵简政”，施工企业仅靠自己的施工力量来完成施工任务已远远不能满足需要，因而将越来越多地依靠组织外包施工队伍来共同完成施工任务。外包施工队伍大致有三种形式：独立承担单位工程施工，承担分部分项工程施工和参与施工单位施工队组施工，以前两种形式居多。

施工经验证明，无论采用哪种形式的施工队伍，都应遵循施工队组和劳动力相对稳定的原则，以利于保证工程质量和提高劳动效率。

三、组织劳动力进场，妥善安排各种教育培训，做好职工的生活后勤保障准备

施工前，企业要对施工队伍进行劳动纪律、施工质量及安全教育，注意文明施工，而且要做好职工、技术人员的培训工作，使之达到标准后再上岗操作。

此外，还要特别重视职工的生活后勤服务保障准备，要修建必要的临时房屋，解决职工居住、文化生活、医疗卫生和生活供应之用，在不断提高职工物质文化生活水平的同时，也要注意改善工人的劳动条件，如照明、取暖、防雨（雪）、通风、降温等，重视职工身体健康，这也是稳定职工队伍、保障施工顺利进行的基本因素。

四、向施工队组、工人进行施工组织设计、计划和技术交底

施工组织设计、计划和技术交底的目的是把拟建工程的设计内容、施工计划和施工技术等要求，详尽地向施工队组和工人讲解交代。这是落实计划和技术责任制的好办法。

施工组织设计、计划和技术交底的时间在单位工程或分部分项工程开工前及时进行，以保证工程严格地按照设计图纸、施工组织设计、安全操作规程和施工验收规范等要求进行施工。

施工组织设计、计划和技术交底的内容有：工程的施工进度计划、月（旬）作业计划；施工组织设计，尤其是施工工艺、质量标准、安全技术措施、降低成本措施和施工验收规范的要求；新结构、新材料、新技术和新工艺的实施方案和保证措施；图纸会审中所确定的有关部门的设计变更和技术核定等事项。交底工作应该按照管理系统逐级进行，由上而下直到工人队组。交底的方式有书面形式、口头形式和现场示范形式等。

队组、工人接受施工组织设计、计划和技术交底后，要组织其成员进行认真的分析研究，理清关键部位、质量标准、安全措施和操作要领。必要时应进行示范，并明确任务及做好分工协作，同时建立健全岗位责任制和保证措施。

五、建立健全各项管理制度

工地的各项管理制度是否建立、健全，直接影响施工活动的顺利进行。有章不循的后果是严重的，而无章可循则更为危险。为此必须建立、健全工地的各项管理制度：工程质量检查与验收制度；工程技术档案管理制度；材料（构件、配件、制品）的检查验收制度；技术责任制度；施工图纸学习与会审制度；技术交底制度；职工考勤、考核制度；工地及班组经济核算制度：材料出入库制度；安全操作制度；机具使用保养制度。

第五节　施工现场准备

施工现场是参加施工的全体人员为优质、安全、低成本和高速度完成施工任务而进行工作的活动空间；施工现场准备工作是拟建工程施工创造有利的施工条件和物质保证的基础。其主要内容包括：拆除障碍物，做好“三通一平”；做好施工场地的控制网测量与放线；搭设临时设施；安装调试施工机具，做好材料、构配件等的存放工作；做好冬雨季施工安排；设置消防、保安设施和机构。

一、拆除障碍物，现场“三通一平”

在市政工程的用地范围内，拆除施工范围内的一切地上、地下妨碍施工的障碍物和把施工道路、水电管网接通到施工现场的“场外三通”工作，通常是由建设单位来完成，但有时也委托施工单位完成。如果工程的规模较大，这一工作可分阶段进行，保证在第一期开工的工程用地范围内先完成，再依次进行其他的。除了以上“三通”外，有些小区开发建设中，还要求有“热通”（供蒸汽）、“气通”（供煤气）、“话通”（通电话）等。

（一）平整施工场地

施工现场的平整工作，是按总平面图中确定的进行的。首先通过测量，计算出挖土及填土的数量，设计土方调配方案，组织人力或机械进行平整工作。

如拟建场地内有旧建筑物，则须拆迁房屋。同时要清理地面上的各种障碍物，如树根等。还要特别注意地下管道、电缆等情况，对它们必须采取可靠的拆除或保护措施。

（二）修通道路

施工现场的道路，是组织大量物资进场的运输动脉，为了保证建筑材料、机械、设备和构件早日进场，必须先修通主要干道及必要的临时性道路。为了节省工程费用，应尽可能利用已有的道路或结合正式工程的永久性道路。为使施工时不损坏路面和加快修路速度，可以先做路基，施工完毕后再做路面。

（三）水通

施工现场的水通，包括给水和排水两个方面。施工用水包括生产与生活用水，其布置应按施工总平面图的规划进行安排。施工给水设施，应尽量利用永久性给水线路。临时管线的铺设，既要满足生产用水点的需要和使用方便，又要尽量缩短管线。施工现场的排水也是十分重要的，尤其是雨季，排水有问题会影响施工的顺利进行。因此，要做好有组织的排水工作。

（四）电通

根据各种施工机械用电量及照明用电量，计算选择配电变压器，并与供电部门联系，按施工组织设计的要求，架设好连接电力干线的工地内外临时供电线路及通信线路。应注意对建筑红线内及现场周围不准拆迁的电线、电缆加以妥善保护。此外，还应考虑到因供电系统供电不足或不能供电时，为满足施工工地的连续供电要求，此时应使用备用发电机。

二、交接桩及施工定线

施工单位中标以后，应及时会同设计、勘察单位进行交接桩工作。交接桩时，主要交接控制桩的坐标，水准基点桩的高程，线路的起始桩，直线转点桩，交点桩及其护桩，曲线及缓和曲线的终点桩、大型中线桩，隧道进出口桩。交接桩一定要有经各方签字的书面材料存档。

三、做好施工场地的测量控制网

按照设计单位提供的工程总平面图和城市规划部门给定的建筑红线桩或控制轴线

桩及标准水准点进行测量放线，在施工现场范围内建立平面控制网、标高控制网，并对其桩位进行保护；同时要测定出建筑物、构筑物的定位轴线、其他轴线及开挖线等，并对其桩位进行保护，以作为施工的依据。其工作的进行，一般是在土方开挖之前，在施工场地内设置坐标控制网和高程控制点来实现的，这些网点的设置应视工程范围的大小和控制的精度而定。测量放线是确定拟建工程的平面位置和标高的关键环节，施测中必须认真负责、确保精度、杜绝差错。为此，施测前应对测量仪器、钢尺等进行检验校正，并了解设计意图，熟悉并校核施工图，制定测量放线方案，按照设计单位提供的总平面图及给定的永久性经纬坐标控制网和水准控制基桩，进行施工测量，设置施工测量控制网。同时对规划部门给定的红线桩或控制轴线桩和水准点进行校核，如发现问题，应提请建设单位迅速处理。

四、临时设施的搭设

为了施工方便和安全，对于指定的施工用地的周界，应用围挡围起来，围挡的形式和材料应符合所在地管理部门的有关规定和要求。在主要出入口处设标牌，标明工程名称、施工单位、工地负责人等。施工现场所需的各种生产、办公、生活、福利等临时设施，均应报请规划、市政、消防、交通、环保等有关部门审查批准，并按施工平面图中确定的位置、尺寸搭设，不得乱搭乱建。

各种生产、生活须用的临时设施，包括各种仓库、混凝土搅拌站、预制构件场、机修站、各种生产作业棚、办公用房、宿舍、食堂、文化生活设施等，均应按批准的施工组织设计规定的数量、标准、面积、位置等要求组织修建。大、中型工程可分批分期修建。

此外，在考虑施工现场临时设施的搭设时，应尽量利用原有建筑物，尽可能减少临时设施的数量，以便节约用地并节省投资。

除上述准备工作外，还应做好以下现场准备工作。

（一）做好施工现场的补充勘探

对施工现场做补充勘探的目的是进一步寻找枯井、防空洞、古墓、地下管道、暗沟和枯树根以及其他问题坑等，以便准确地探清其位置，及时地拟订处理方案。

（二）做好材料、构（配）件的现场储存和堆放

应按照材料及构（配）件的需要量计划组织进场，并应按施工平面图规定的地点

和范围进行储存和堆放。

（三）组织施工机具进场，并进行安装和调试

按照施工机具需要量计划，组织施工机具进场，根据施工总平面图将施工机具安置在规定的地点或仓库。对于固定的机具要进行就位，搭棚接电源、保养和调试等工作。对所有施工机具都必须在开工之间进行检查和试运转。

（四）做好冬期施工的现场准备，设置消防、保安设施

按照施工组织设计要求，落实冬、雨期施工的临时设施和技术措施，并根据施工总平面图的布置，建立消防、安保等机构和有关规章制度，布置安排好消防、安保等措施。

第二章　市政工程流水施工与网络计划技术

第一节　流水施工的基本概念

一、常用的施工组织方式

工程施工中常用的组织方式有三种，分别为依次施工、平行施工、流水施工。

（一）依次施工

1.按施工段依次施工

依次施工组织方式为先施工Ⅰ段的基础工程，待Ⅰ段基础工程的挖土、垫层、砌基础、回填土4个施工过程全部完成后再施工Ⅱ段的基础工程，待Ⅱ段基础工程的所有施工完成后最后施工Ⅲ段的基础工程。

2.按施工过程依次施工

依次施工组织方式为按顺序施工每段基础工程的挖土、垫层，再施工砌砖基础，最后施工回填土过程。

（二）平行施工

平行施工是所有施工对象在各施工段同时开工、同时完工的一种施工组织方式。这种方法的优点是工期短，充分利用工作面。但专业工作队数目成倍增加，现场临时设施增加，物资资源消耗集中，这些情况都会带来不良的经济效果。平行施工适用于工期紧、工作面允许且资源充分的施工任务。

（三）流水施工

1.流水施工特点

流水施工组织方式是将拟建工程项目的整个施工过程分解成若干个施工过程，也就是划分成若干个工作性质相同的分部、分项工程或工序；同时将拟建工程项目在平面上划分成若干个劳动量大致相等的施工段；在竖向上划分成若干施工层，按照施工过程分别建立相应的专业工作队；各专业工作队按照一定的施工顺序投入施工，在完成第一个施工段上的施工任务后，在专业工作队的人数、使用的机具和材料不变的情况下，依次、连续地投入第二、第三……直到最后一个施工段的施工，在规定的时间内，完成同样的施工任务；不同的专业工作队在工作时间上最大限度、合理地搭接起来；当第一施工层各个施工段上的相应施工任务全部完成后，专业工作队依次、连续地投入第二、第三……施工层，保证拟建工程项目的施工全过程在时间、空间上，有节奏、连续、均衡地进行下去，直到完成全部施工任务。

从以上对比分析中可以看出流水施工方式具有下述特点。

（1）充分利用工作面进行施工，工期较短。

（2）各工作队实现了施工专业化，有利于提高技术水平和劳动生产率，有利于提高工程质量。

（3）专业工作队能够连续施工，并使相邻专业队的开工时间最大限度地合理搭接。

（4）单位时间内资源的适用比较均衡，有利于资源供应的组织。

（5）为施工现场的文明施工和科学管理创造了有利条件。

2.流水施工的分类

根据流水施工组织的范围不同，流水施工可分为分项工程流水施工、分部工程流水施工、单位工程流水施工和群体工程流水施工等几种形式。前两种流水是流水施工组织的基本形式。在实际施工中，分项工程流水的效果不大，只有把若干个分项工程流水组织成分部工程流水，才能得到良好的效果。后两种流水实际上是分部工程流水的扩充应用。

（1）分项工程流水施工。分项工程流水施工也称为细部流水施工。它是在一个专业工种内部组织起来的流水施工。在项目施工进度计划表上，它由一组标有施工段或工作队编号的水平进度指示线段，如浇筑混凝土的工作队依次连续地在各施工区域完成浇筑混凝土的工作。

（2）分部工程流水施工。分部工程流水施工也称为专业流水施工。它是在一个分部工程内部、各分项工程之间组织起来的流水施工。在项目施工进度计划表上，它由一组标有施工段或工作队编号的水平进度指示线段来表示。例如，某办公楼的基础工程是由基槽开挖、做混凝土垫层、砌砖基础和回填土4个在工艺上有密切联系的分项工程组成的分部工程。施工时将该办公楼的基础在平面上划分为几个区域，组织4个专业工作队，依次、连续地在各施工区域中各自完成同一施工过程的工作，即为分部工程流水。

（3）单位工程流水施工。单位工程流水施工也称为综合流水施工。它是在一个单位工程内部、各分部工程之间组织起来的流水施工，在项目施工进度计划表上，它是若干组分部工程的进度指示线段，并由此构成一张单位工程施工进度计划。

（4）群体工程流水施工。群体工程流水施工亦称为大流水施工。它是在若干单位工程之间组织起来的流水施工。反映在项目施工进度计划上，是一张项目施工总进度计划表。

二、流水施工的表达方式

流水施工的表达方式，主要有横道图、斜线图和网络图。

（一）横道图

横道图的横坐标表示流水施工的持续时间；纵坐标斜线图的绘制方法表示施工过程的名称或编号。n条带有编号的水平线段表示n个施工过程或专业工作队的施工进度安排，其编号①，②……表示不同的施工段。横道图具有绘制简单、形象直观的特点。

（二）斜线图

斜线图是将横道图中的水平进度改为斜线来表达的一种形式，其横坐标表示持续时间，纵坐标表示施工段（由下往上），斜线表示每个段完成各道工序的持续时间以及进展情况，斜线图可以直观地从施工段的角度反映出各施工过程的先后顺序以及时空状况。通过比较各条斜线的斜率可以了解各施工过程的施工速度快慢。

斜线图的实际应用不及横道图普遍。

三、流水施工的基本参数

在组织流水施工时，为了准确地表达各施工过程在时间和空间上的相互依存关系，需引入一些参数，这些参数被称为流水施工参数。流水施工参数可分为工艺参数、空间参数和时间参数。

（一）工艺参数

在组织流水施工时，用以表达流水施工在施工工艺上开展顺序及其特征的参数，称为工艺参数。工艺参数包括施工过程数和流水强度两种。

1.施工过程数

施工过程数是将整个建造对象分解成几个施工步骤，每个步骤就是一个施工过程，以符号n表示。

组织市政工程流水施工时，根据施工组织及计划安排需要而将计划任务划分成的子项称为施工过程。施工过程划分的粗细程度由实际需要而定，当编制控制性施工进度计划时，组织流水施工的施工过程可以划分得粗一些，施工过程可以是单位工程，也可以是分部工程。当编制实施性施工进度计划时，施工过程可以划分得细一些，施工过程可以是分项工程，甚至是将分项工程按照专业工种不同分解而成的施工工序。

施工过程的数目一般用n表示，它是流水施工的主要参数之一。根据其性质和特点不同，施工过程一般分为三类，即建造类施工过程、运输类施工过程和制备类施工过程。

（1）制备类施工过程，是指为了提高市政产品的装配化、工厂化、机械化和生产能力而形成的施工过程。如砂浆、混凝土、构配件、制品等的制备过程。

（2）运输类施工过程，是指将材料、构配件、（半）成品、制品和设备等运到仓库或现场操作使用地点而形成的施工过程。

这两类施工过程一般不占施工对象的空间，不影响项目总工期，在进度表上不反映；只有当它们占有施工对象的空间并影响项目总工期时，才列入项目施工进度计划中。

（3）建造类施工过程，是指在施工对象的空间上，直接进行加工最终形成市政产品的过程。如地下工程、道路工程、桥梁工程和排水管渠工程等的施工过程。

它占有施工对象的空间，影响着工期的长短，必须列入项目施工进度表，而且是项目施工进度表的主要内容。

2.流水强度

流水强度是指某施工过程在单位时间内所完成的工程量，一般用V表示。流水强度包括机械施工过程的流水强度和人工施工过程的流水强度。

（二）空间参数

在组织流水施工时，用以表达流水施工在空间布置上所处状态的参数称为空间参数。空间参数主要有施工段、施工层、工作面。

1.施工段和施工层

施工段和施工层是指工程对象在组织流水施工中所划分的施工区段数目。一般将平面上划分的若干个劳动量大致相等的施工区段称为施工段，用符号m表示。将构筑物垂直方向划分的施工区段称为施工层，用符号r表示。

（1）划分施工段的目的。划分施工段的目的就是组织流水施工。由于市政工程体积庞大，可以将其划分成若干个施工段，从而为组织流水施工提供足够的空间。

（2）划分施工段的原则。

①同一专业施工队在各个施工段上的劳动量大致相等，相差幅度不宜超过10%～15%。

②每个施工段要有足够的工作面，以保证工人、施工机械的生产效率，满足合理劳动组织的要求。

③施工段的界限尽可能与结构界限（如沉降缝、伸缩缝等）相吻合，或设在对结构整体性影响小的部位，以保证建筑结构的整体性。

④施工段的数目要满足合理流水施工的要求。施工段数目过多，会降低施工速度，延长工期；施工段过少，不利于充分利用工作面，可能造成窝工。

2.工作面

某专业工种的工人在从事施工生产过程中所必须具备的活动空间，这个活动空间称为工作面。工作面确定的合理与否，直接影响专业工作队的生产效率。因此，必须合理确定工作面。

（三）时间参数

在组织流水施工时，用以表达流水施工在时间排列上所处状态的参数，称为时间参数，主要包括流水节拍、流水步距、搭接时间、技术与组织间歇时间、工期。

1.流水节拍

流水节拍是指从事某一施工过程的施工队在一个施工段上完成施工任务所需的时间，用符号t_i表示（i=1，2，…，n）。流水节拍的大小决定着施工速度和施工的节奏，也是区别流水施工组织方式的特征参数。

2.流水步距

流水步距（$K_{i,\ i+1}$）是指相邻两个施工过程的施工队组先后进入同一施工段开始施工的时间间隔，用符号$K_{i,\ i+1}$表示（i表示前一个施工过程，i+1表示后一个施工过程）。

确定流水步距应考虑以下因素。

（1）各施工过程按各自流水速度施工，始终保持工艺先后顺序。

（2）各施工过程的专业队投入施工后尽可能保持连续作业。

（3）相邻两个专业队在满足连续施工的条件下，能最大限度地实现合理搭接。

3.间歇时间

间歇时间（t_j）组织流水施工时，由于施工过程之间的工艺或组织上的需要，必须停留的时间间隔，包括技术间歇时间和组织间隔时间。

（1）技术间歇时间。技术间歇时间是指由于施工工艺或质量保证的要求，在相邻两个施工过程之间必须留有的时间间隔。例如，钢筋混凝土的养护、路面找平干燥等。

（2）组织间歇时间。组织间歇时间是指由于技术组织，在相邻两个施工过程中留有的时间间隔，称为组织间歇时间。例如，基础工程的验收、浇筑混凝土之前检查钢筋和预埋件并做记录等。

4.搭接时间

当上一施工过程为下一施工过程提供了足够的工作面，下一施工过程可提前进入该段施工，即为搭接施工。搭接施工的时间即为搭接时间。搭接施工可使工期缩短，应多加合理采用。

5.流水工期

流水工期是指完成一项工程任务或一个流水组施工所需的时间。由于一项市政工程往往包含许多流水组，故流水施工工期一般不是整个工程的总工期。

四、组织流水施工的条件

（1）将施工对象的建造过程分成若干个施工过程，每个施工过程分别由专业施工队负责完成。

（2）施工对象的工程量能划分成劳动量大致相等的施工段（区）。

（3）能确定各专业施工队在各施工段内的工作持续时间（流水节拍）。

（4）各专业施工队能连续地由一个施工段转移到另一个施工段，直至完成同类工作。

（5）不同专业施工队之间完成施工过程的时间应适度搭接、保证连续（确定流水步距），这是流水施工的显著特点。

第二节　流水施工的组织方式

流水施工的方式根据流水施工节拍是否相同，可分为无节奏流水和有节奏流水两大类。

一、有节奏流水施工

等节奏流水也称全等节拍流水，是指同一施工过程在各施工段上的流水节拍都完全相等，并且不同施工过程之间的流水节拍也相等。它是一种最理想的流水施工组织方式，分为等节拍等步距流水和等节拍不等步距流水。

（一）等节拍等步距流水

等节拍等步距流水施工是指所有过程流水节拍均相等，不同施工过程之间的流水节拍也相等，且流水节拍等于流水步距的一种流水施工方式。

（二）等节拍不等步距流水

等节拍不等步距流水施工是指同一施工过程在各阶段上的流水节拍均相等，不同施工过程之间的流水节拍也相等，但各个施工过程之间存在间歇时间和搭接时间的一种流水施工方式。

等节拍等步距流水和等节拍不等步距流水的共性为同一施工过程在各施工段上的流水节拍都相等，且不同施工过程之间的流水节拍也相等。区别在于等节拍等步距流水相邻两个施工过程之间无间歇时间，也无搭接时间；等节拍不等步距流水则各施工过程之间，有间歇时间或搭接时间。

等节奏流水施工一般适用于工程规模较小、工程结构比较简单、施工过程不多的构筑物。常用于组织一个分部工程的流水施工，不适用于单位工程，特别是大型的建筑群。因此，实际应用范围不是很广泛。

二、异节奏流水

异节奏流水是指各施工过程的流水节拍都相等，不同施工过程之间的流水节拍不一定相等的一种流水施工方式。该流水方式根据各施工过程的流水节拍是否为整数倍（或公约数）关系可以分为成倍节拍流水和不等节拍流水两种。

（一）成倍节拍流水

同一施工过程在各施工段上的流水节拍都相等，不同施工过程之间的流水节拍不完全相等，但各施工过程的流水节拍均为最小流水节拍的整数倍或节拍之间存在最大公约数的流水施工方式。

为了充分利用工作面，加快施工进度，流水节拍大的施工过程应相应增加队组数。

（二）不等节拍流水

不等节拍流水是指同一施工过程在各施工段的流水节拍相等，不同施工过程之间的流水节拍既不相等也不成倍的流水施工方式。

成倍节拍流水属于不等节拍流水中的一种特殊形式。在节拍具备成倍节拍特征情况下，但又无法按照成倍节拍流水方式增加班组数，则按照一般不等节拍流水组织施工。

（三）成倍节拍流水与不等节拍流水的差别

成倍节拍流水施工方式比较适用于线形工程（管道、道路等）的施工。不等节拍流水施工方式由于条件易满足，符合实际，具有很强的适用性，广泛应用于分部和单位工程流水施工中。组织流水施工时，如果无法按照成倍节拍特征相应增加班组数，每个施工过程只有一个施工班组，也只能按照不等节拍流水组织施工。

三、无节奏流水

在组织流水施工时，经常由于工程结构形式、施工条件不同等，使得各施工过程在各施工段上的工程量有较大差异，或专业工作队的生产效率相差较大，导致各施工过程的流水节拍随施工段的不同而不同，且不同施工过程之间的流水节拍又有很大差异。这时，流水节拍虽无任何规律，但仍可利用流水施工原理组织流水施工，使各专业工作队在满足连续施工的条件下，实现最大搭接。这种无节奏流水施工方式是建设工程流水施工的普遍方式。

（一）无节奏流水步距的确定

流水步距的确定，按“累加数列错位相减取大差法”计算步距，具体方法如下。

（1）根据专业工作队在各施工段上的流水节拍求累加数列。

（2）根据施工顺序，对所求相邻的两累加数列，错位相减。

（3）取错位相减结果中数值最大者作为相邻专业工作队之间的流水步距。

（二）无节奏流水施工方式的适用范围

无节奏流水施工在进度安排上比较灵活、自由，适用于各种不同结构性质和规模的工程施工组织。

第三节　网络图的绘制与计划时间参数的计算

一、基本概念

市政工程项目施工是一个十分复杂的过程，我们必须采用科学化、现代化的管理方法对其进度进行有效的管理，而传统的进度计划法存在许多不足，很难适应现代化的大生产。网络计划工作要求明确、责任清晰，有利于贯彻执行各级岗位责任制，提高计划管理工作的质量及工作效率，克服了传统横道图、垂直图的缺点。因此，我国道路工程项目管理中正在大力推广和运用网络计划技术。

（一）网络计划技术的特点

与传统的进度计划相比较，网络计划技术具有以下特点。

（1）从工程整体出发，统筹安排，明确反映各工作间的先后顺序和相互制约、相互依赖的关系。

（2）通过时间参数的计算，能找出关键工作与非关键工作及各项工作的机动时间，使管理人员能够抓住主要矛盾，采取技术措施进行有效控制与监督，合理安排人员、材料、机械等资源，以降低成本，缩短工期。

（3）能够进行优化比较，并通过优化，找出最佳方案。

（4）可以利用计算机进行时间参数计算，从而提高管理效率。

（二）网络计划的分类

网络计划技术在几十年的应用和发展中，形成了多种网络模型。根据不同的原则，可将网络计划分为下列类型。

1.按性质分类

（1）肯定型网络计划：工作、工作之间的关系、工作持续时间都是肯定的。

（2）非肯定型网络计划：工作、工作之间的关系、工作持续时间有一项或多项不肯定。各工作持续时间有三个值，即最长时间、最短时间、最可能时间。

2.按节点和箭线含义分类

（1）单代号网络计划：节点表示工作，箭线表示工作之间的关系。

（2）双代号网络计划：箭线表示工作，节点表示工作的衔接瞬间。

3.按有无时间坐标分类

（1）时标网络计划：以时间坐标为尺度绘制的网络计划，实箭线的长度表示该工作的工期。

（2）非时标网络计划：不以时间坐标为尺度绘制，实箭线的长度不表示该工作的工期。

4.按层次分类

（1）总网络计划：以整个任务为对象编制。

（2）局部网络计划：以任务的某一部分为对象编制。

5.按最终控制目标分类

（1）单目标网络计划：只有一个最终目标（终点节点）的网络计划。

（2）多目标网络计划：具有若干个独立的最终目标（终点节点）的网络计划。

6.按工程复杂程度分类

（1）简单网络计划：工作数在500道以内的网络计划。

（2）复杂网络计划：工作数在500道以外的网络计划。

7.按工作的衔接特点分类

（1）普通网络计划：工作关系按首尾衔接关系绘制。

（2）搭接网络计划：按各种搭接关系绘制。

（3）流水网络计划：能够反映流水施工的特点。

（三）网络图

网络计划的表达形式是网络图。网络图是指由箭线和节点组成的，用来表示工作流程的有向、有序的网状图形。在网络图中，按节点和箭线所代表的含义不同，分为双代号网络图和单代号网络图。

1.双代号网络图

双代号网络图是以箭线及其两端节点的编号表示工作的网络图，即用两个节点一根箭线代表一项工作，且仅代表一项工作。工作名称写在箭线上面，工作持续时间写在箭线下面，在箭线前后的衔接处画上节点，编上号码，并以节点编号i和j代表一项工作名称。

2.单代号网络图

用一个节点及其编号表示一项工作，用箭线表示工作之间逻辑关系的网络图称为单代号网络图，工作名称、持续时间和工作代号均标注在节点内。

（四）网络图的基本要素

1.双代号网络图的基本要素

（1）箭线（工作）。在双代号网络图中，一条箭线代表一项工作。箭线的方向表示工作的开展方向，箭尾表示工作的开始，箭头表示工作的结束。

工作通常分为三种：既消耗时间又消耗资源的工作（如绑扎钢筋）；只消耗时间而不消耗资源的工作（如混凝土养护）。这两项工作都是实际存在的，称为实工作，用实箭线表示。还有既不消耗时间又不消耗资源的工作，称为虚工作，仅表示前后工作之间的逻辑关系，用虚箭线表示。

（2）节点。在双代号网络图中，节点用圆圈表示。它表示一项工作的开始或结束，是工作的连接点。网络计划的第一个节点，称为起点节点，它是整个项目计划的开始节点；网络计划的最后一个节点，称为终点节点，表示一项计划的结束；其余节点称为中间节点。

节点编号的基本规则是：编号顺序由起点节点顺箭线方向至终点节点；要求每一项工作的开始节点号码小于结束节点号码；不重号，不漏编。

（3）线路。在网络图中，由起点节点沿箭线方向经过一系列箭线与节点至终点节点所形成的路线，称为线路。

在一个网络图中，通常都存在许多条线路，每条线路都包含若干项工作，这些工作的持续时间之和就是线路总的工作持续时间。在所有线路中，持续时间最长的线路，其对整个工程的完工起着决定性作用，称为关键线路，其余线路称为非关键线路。关键线路的持续时间即为该项计划的工期。关键线路宜用粗箭线、双箭线或彩色箭线标注，以突出其在网络计划中的重要位置。

位于关键线路上的工作称为关键工作，其余工作称为非关键工作。

2.单代号网络图的基本要素

（1）箭线。单代号网络图中的箭线表示相邻工作间的逻辑关系。在单代号网络图中只有实箭线，没有虚箭线。

（2）节点。单代号网络图的节点表示工作，一般用圆圈或方框表示。工作的名称、持续时间及工作的代号标注于节点内。单代号节点编号的原则与双代号相同。

（3）线路。与双代号网络图中线路的含义相同。

（五）网络图中工作间的关系

网络图中工作间有紧前工作、紧后工作和平行工作三种关系。

1.紧前工作

紧排在本工作之前的工作称为本工作的紧前工作。

2.紧后工作

紧排在本工作之后的工作称为本工作的紧后工作。本工作和紧后工作之间可能有虚工作。

3.平行工作

可与本工作同时进行的工作称为本工作的平行工作。

二、网络图的绘制

（一）双代号网络图的绘制

1.双代号网络图逻辑关系的表达方法

逻辑关系是指网络计划中各项工作客观存在的一种先后顺序关系，是相互依赖、相互制约的关系。逻辑关系又分为工艺逻辑关系和组织逻辑关系，其中工艺逻辑关系是由生产工艺客观上所决定的各项工作之间的先后顺序关系；组织逻辑关系是在生产组织安排中，考虑劳动力、机具、材料或工期的影响，在各项工作之间主观上安排的先后顺序关系。

2.双代号网络计划图的组成

双代号网络计划是目前应用较为普遍的一种网络计划，它表示一项工程任务或一个计划中各项工作的先后顺序、衔接关系和所需时间及资源，它的工作用两个代号来表示。双代号网络图由箭线、节点、线路三个要素组成。

（1）箭线

①箭线表示工作，又表示施工方向、施工顺序。工作可以是一道工序，也可以是分项分部工程、构造物、单位工程等。箭尾表示工作开始，箭头表示工作结束，箭线表示工作内容。

②实箭线：表示工作既消耗时间又消耗资源，用“→”表示，如混凝土构件的自然养护、预应力混凝土的张拉等过程都需要时间。

③紧前工作、紧后工作、先行工作、后继工作、平行工作。当连续施工时，箭线会连续画，就某工作而言，紧靠其前面的工作称为紧前工作，紧靠其后面的工作称为紧后工作，该项工作称为本工作，所有在其前面完成的工作称为先行工作，所有在其后面的工作称为后续工作。

④在无时标的网络图中，箭线的形状、长短、粗细与工作的持续时间无关，为了整齐、一般用直线或折线绘制箭线。

⑤虚箭线：表示的工作既不消耗时间又不消耗资源，用“- -→”表示。它是虚拟的，在工程中实际并不存在，因此无工作名称。

（2）节点。节点是网络图中两项工作的交接点，用圆圈表示。

①节点是两项工作交接点，既不消耗时间又不消耗资源，表示前一项工作的结束，同时也表示后一项工作的开始，代表工作之间的逻辑关系。

②起点节点、终点节点、箭头节点、箭尾节点。网络图中第一个节点叫起点节

点，最后一个节点叫终点节点，箭线头部的节点叫箭头节点，箭线尾部的节点叫箭尾节点。

③在网络图中，可能有许多箭线指向同一节点，对于该节点来讲，这些箭线称为内向箭线；也可能有许多箭线从同一节点发出，对于该节点来讲，这些箭线称为外向箭线。起点节点只有外向箭线，终点节点只有内向箭线，其他节点既有内向箭线又有外向箭线。

④节点编号。为便于检查和计算，每个节点均应统一编号，一条箭线前后两个节点的号码就是该箭线表示的工作代号。节点编号可以不连续，但不能重复，且箭尾节点的号码要小于箭头节点的号码。

在满足节点编号原则的条件下，可采用水平编号法、垂直编号法、删除箭线法对节点进行编号。

水平编号法即从网络图的起点开始，由左到右按箭线顺序逐行编号；垂直编号即从网络图的起点开始，由上至下逐列按原则进行编号；删除箭线法即先对起点编号后，划去该节点引出的全部箭线，对网络图中剩下的没有箭线进入的节点依次编号，直到全部节点编完为止。

（3）线路。网络图中从起点节点开始，沿箭线方向连续通过一系列箭线与节点，最后到达终点节点所经过的通路，称为线路。每一条线中都有自己确定的完成时间，它等于该线中上各项工作持续时间的总和，称为线路时间。称时间最长的线路为关键线路或主要线路，其余为非关键线路。位于关键线路上的工作称为关键工作，其完成的早晚直接影响整个计划工期的实现。因此，关键线路一般用粗线（或双箭线）来突出表示。位于非关键线路上的工作称为非关键工作，它具有机动时间（时差）。利用非关键工作的机动时间可以科学、合理地调配资源，并对网络计划进行优化。

在网络图中，有时可能同时存在几条关键线路，即这几条线中上的持续时间相同且是线路持续时间的最大值。为了便于重点管理，一般不希望出现太多的关键线路。

关键线路并不是一成不变的。在一定的条件下，关键线路和非关键线路可以相互转化。例如，当采用了一定的技术组织措施，缩短了关键线路上各工作的持续时间就有可能使关键线路发生转移，使原来的关键线路变成了非关键线路，而原来的非关键线路却变成关键线路。

3.双代号网络图的绘制原则

（1）在一个网络图中，应只有一个起点节点和一个终点节点。

（2）网络图中不允许出现循环回路。

（3）在网络图中不允许出现没有箭尾节点和箭头节点的箭线。

（4）在网络图中不允许出现带有双向箭头或无箭头的连线。

（5）应尽量避免箭线交叉。当交叉不可避免时，可采用过桥法、断线法等方法表示。

（6）当网络图的起点节点有多条外向箭线或终点节点有多条内向箭线时，为使图形简洁，可用母线法绘制。

4.双代号网络图的绘制前工作

（1）项目的分解。项目的分解是指根据网络计划的管理要求和编制需要，将项目分解为网络计划的基本组成单元——工作的过程。

项目分解一般可按其性质、组织结构或运行规律来划分。如按准备阶段、实施阶段，按全局与局部，按专业或工艺作业内容，按工作责任或工作地点等进行分解。分解时应根据具体情况决定分解的粗细程度，一般应遵循先粗后细、由局部到总体的原则进行分解。

（2）工作的逻辑关系分析及表示。工作间的逻辑关系就是指各工作在进行作业时，客观上存在的一种先后顺序关系。在绘制网络图时，工作的逻辑关系分析是一个十分重要的环节，它要求根据施工工艺和施工组织的特定要求，确定出各工作之间的相互依赖和相互制约的关系，以方便绘制网络图。

①工艺关系。工艺关系是指由施工工艺决定的各工作之间的先后顺序关系。当一个工程的施工方法确定之后，工艺关系也就随之被确定下来。如果违背这种关系，将不可能进行施工，或造成质量、安全事故，导致返工和浪费，故工艺关系具有不可改变性。

②组织关系。组织关系是指在施工过程中，由于人力、机械、材料和构件等资源的组织安排需要而形成的一种人为安排的各工作之间的先后顺序关系。不同的组织安排可以产生不同的施工效果，所以组织关系存在优化的问题。

5.绘制双代号网络计划的基本规则

在绘制网络图时，应正确地表达工作间的逻辑关系，引用虚箭线，遵循相关的绘图基本原则，否则，网络图就不能正确反映项目的工作流程，不能正确进行时间参数的计算。绘制双代号网络计划的基本规则如下。

（1）一个网络图只允许有一个起点节点和一个终点节点。如果一个网络图中存在多个起点节点或多个终点节点时，可增设虚箭线把各个起点节点或终点节点连接起来。

（2）一对节点之间只能有一条箭线。在双代号网络中，一条箭线和两个代号表示一项工作，如果一对节点之间存在多条箭线，就无法分清这两个代号表示哪一项工作，如出现这种情况，应引进虚箭线。

网络图的节点编号不能重复，一项工作只能使用唯一的代号。不允许出现相同编号的节点或相同代码的工作。一条箭线的箭头节点编号要大于箭尾节点编号。

（3）网络图中不允许出现循环线路。在网络图中，从一个节点出发顺着某一线路又能回到原出发点的线路称为循环线路。循环线路表示的工作关系是错误的，在工艺顺序上是相互矛盾的，无法反映先行工作与后继工作，在计算时间参数时也只能循环进行，无法得出结果。遇到这种情况，表示绘制工作的逻辑关系有误，应按工作本身的逻辑顺序连线，取消循环线路。

（4）在网络图中不允许出现无箭头的线段和双向箭头的箭线。一条箭线表示一项工作，同时也表示工作的施工方向，箭头的方向就是工作的施工前进方向，因此在网络图中不允许出现无箭头的线段和双向箭头的箭线。

（5）在网络图中尽量避免使用反向箭线。在绘制网络图时，使用反向箭线很容易造成工作逻辑关系的混乱，出现循环线路，尤其在时标网络计划中，时间是不可逆的，更不允许出现反向箭线。

（6）网络布局应合理。网络计划布局应合理，使图面整齐美观，避免箭线交叉，当箭线的交叉不可避免时，可用“暗桥”“断线”法处理。

6.双代号网络计划图的绘制步骤

在绘制双代号网络计划图的时候，可按照下述步骤进行。

（1）工程任务分解。首先应清晰地显示出整个计划的内容，将一个工程项目根据要求分解成若干单项工作。

（2）确定施工方法。

（3）确定各单项工作的关系。

（4）确定各单项工作的持续时间。

（5）资料列表。

（6）绘制双代号网络计划草图。

（7）整理成图。

7.绘制双代号网络图应注意的问题

（1）网络图布局要规整，层次清楚，重点突出。尽量采用水平箭线和垂直箭线，少用斜箭线，避免交叉箭线。

（2）减少网络图中不必要的虚箭线和节点。

（二）单代号网络图的绘制

1.单代号网络图的绘制规则

（1）单代号网络图必须正确表述已定的逻辑关系。

（2）在单代号网络图中，严禁出现循环回路。

（3）在单代号网络图中，严禁出现双向箭头或无箭头的连线。

（4）在单代号网络图中，严禁出现没有箭尾节点的箭线和没有箭头节点的箭线。

（5）绘制单代号网络图时，箭线不宜交叉。当交叉不可避免时，可采用过桥法和指向法绘制。

（6）单代号网络图中只应有一个起点节点和一个终点节点；当网络图中有多项起点节点或多项终点节点时，应在网络图的两端分别设置一项虚工作，作为该网络图的起点节点和终点节点。

2.单代号网络图的绘制方法

单代号网络图的绘制与双代号网络图基本相同，其绘制步骤如下所述。

（1）列出工作明细表。根据工程计划把工程细分为工作，并把各工作在工艺上、组织上的逻辑关系用紧前工作、紧后工作来代替。

（2）根据工作间各种关系绘制网络图。绘图时，要从左向右逐个处理工作明细表中所给的关系。只有当紧前工作绘制完成后，才能绘制本工作，并使本工作与紧前工作的箭线相连。当出现多个“起点节点”或“终点节点”时，增加虚拟起点节点或终点节点，并使之与多个“起点节点”或“终点节点”相连，形成符合绘图规则的完整网络图。

当网络图中出现多项没有紧前工作的工作节点和多项没有紧后工作的工作节点时，应在网络图的两端分别设置虚拟的起点节点和虚拟的终点节点。

三、网络计划时间参数的计算

（一）双代号网络计划时间参数的计算

计算网络计划时间参数是确定机动时间和关键线路的基础，是确定计划工期的依据，同时也是进行网络计划的调整与时间、资源、费用优化的前提。

网络计划的时间参数按其特性可分为两类，第一类为控制性参数，第二类为协调性参数。控制性参数包括节点时间参数和工作（序）时间参数，协调性参数是指工作（序）的机动时间，即时差。

为简化起见，网络计划的时间参数计算统一假定工作（序）的持续时间是已知的，工作的开始时间与结束时间都以时间单位的终了时刻为计算标准。计算方法可采用图算法、表算法，对复杂的网络图应采用电算法，在此只介绍图算法。

1.工作（序）时间参数计算

工作（序）时间参数包括最早可能开始时间（*ES*）、最早可能结束时间（*EF*）、最迟必须结束时间（*LF*）、最迟必须开始时间（*LS*）。此外，还要计算工作的总时差（*TF*）和自由时差（*FF*）。以网络图中的工作为对象进行计算。

（1）工作的最早可能开始时间（*ES*）。工作的最早可能开始时间是指一项工作在具备一定的开工条件后，可以开始工作的最早时间。在此时刻，紧前工作都已结束。

在计算时，我们从起点开始，沿箭线方向逐项工作依次计算到终点。与起点节点相连的工作最早可能开始时间$ES=0$，其他工作的最早可能开始时间是紧前各工作的最早可能开始时间分别与相应工作的持续时间之和的最大值。

$$ES_{ij}=max\{ES_{hi}+t_{hi}\} \tag{2-1}$$

其中：ES_{ij}——紧前工作最早可能开始时间；

t_{hi}——紧前工作持续时间。

（2）工作的最早可能结束时间（*EF*）。工作在最早时间开始，必对应在最早结束时间结束，即与工作的最早可能开始时间对应，有工作最早可能结束时间。其计算如下。

$$EF_{ij}=ES_{ij}+t_{ij} \tag{2-2}$$

网络计划的总工期为与终点节点相连的各工作的最早可能结束时间的最大值，$T_n=max\{EF_{jn}\}$。

（3）工作的最迟必须结束时间（*LF*）。工作的最迟必须结束时间是指一项工作在不影响工程按总工期结束的条件下，最迟必须结束的时间，它必须在紧后工作开始前完成。

在计算时，从终点节点开始逆箭线方向至起点节点止，与终点节点相连的各工作的最迟必须结束时间一般就是计划工期，若另有规定就取规定工期，其他工作的最迟必须结束时间是紧后各工作的最迟必须结束时间分别与相应工作的持续时间之差的最小值。

$$LF_{hi}=min\{LF_{ij}-t_{ij}\} \tag{2-3}$$

（4）工作的最迟必须开始时间（*LS*）。在正常情况下，与工作最迟必须结束时间相对应，有工作最迟必须开始时间，为工作的最迟必须结束时间减去工作持续时间。

$$LS_{ij}=LF_{ij}-t_{ij} \tag{2-4}$$

（5）总时差（*TF*）。工作的总时差是指在不影响紧后工作的最迟开始时间的条件下，工作所拥有的最大的机动时间。

$$TF_{ij}=LS_{ij}-ES_{ij}=LF_{ij}-EF_{ij} \tag{2-5}$$

（6）自由时差（*FF*）。自由时差是指在不影响紧后工作的最早可能开始时间的条件下，工作所拥有的最大的机动时间。

$$FF_{ij}=ES_{ij}-ES_{ij}-t_{ij}=ES_{jk}-EF_{ij} \tag{2-6}$$

由时差的概念可知，自由时差是总时差的构成部分，因此总时差为0的工作，自由时差必为0，不必专门计算，但自由时差为0的工作，总时差却不一定为0。

2.节点时间参数计算

节点时间参数是以节点作为研究对象进行计算的，节点时间表示工作开始或结束的瞬间，包括节点的最早可能开始时间[节点最早时间（*ET*）]和节点的最迟必须结束时间[节点最迟时间（*LT*）]。

（1）节点的最早时间（*ET*）。节点的最早时间是指以计划起始节点的时间为起点，沿着各条线路达到每一个节点时刻。它表示该节点的紧前工作全部完成，其紧后工作最早可能开始的时间。

在计算时，我们从起点节点开始，沿箭线方向依次计算每一个节点，直至终点节点。规定起点节点的最早时间$ET=0$，其他节点的最早时间是紧前各节点的最早时间分别与相应工作的持续时间之和的最大值。用公式表示为：

$$ET_{j}=max\{ET_{i}+t_{ij}\} \tag{2-7}$$

终点节点的最早时间就是网络计划的总工期$ET_{n}=T_{n}$。

（2）节点的最迟时间（*LT*）。节点的最迟时间指计划内工期确定的情况下，从网络计划终点节点开始，逆向推算即得各节点的最迟实现时间。它表示该节点前各工作的结束不能迟于这个时间，如果迟于这个时间，就会影响计划工期。

在计算时，从终点节点开始逆箭线方向至起点节点止，终点节点的最迟时间一般就是计工期，即该节点的最早时间，若另有规定就取规定工期，其他节点的最迟时间是紧后各节点的最迟时间分别与相应工作持续时间之差的最小值。用公式表示为：

$$LT_i=min\{LT_j-t_{ij}\} \quad (2-8)$$

（3）时差的计算。在进行时差计算时也应计算工作的总时差与自由时差。我们知道节点的最早可能开始时间表示该节点的紧前工作全部完成，其紧后工作最早可能开始的时间；节点的最迟必须结束时间表示该节点前各工作的开工不能迟于这个时间，如果迟于这个时间，就会影响计划工期，故可根据节点参数计算工作的总时差与自由时差。

其中：

$$TF_{ij}=LT_j-ET_i-t_{ij} \quad (2-9)$$

$$FF_{ij}=ET_j-ET_i-t_{ij} \quad (2-10)$$

3.关键线路及其确定

计算网络图时间参数的目的之一是找出关键线路，从而使管理人员抓住主要矛盾，以便合理地调配人力和物资，避免盲目赶工，使工程按照计划安排有条不紊地进行。

为找出关键线路，首先要了解线路与关键线路等基本概念。

（1）线路。所谓线路是指网络计划图中顺箭线方向由开始节点至结束节点的一系列节点箭线组成的通路。在一个网络计划图中，存在多条线路，也可能只有一条线路，一条线路中包含着若干项工作。

（2）线路长度。线路中包含的各项工作的持续时间之和就是这条线路的线路长度，也就是线路的总持续时间。

（3）关键线路。网络图的各条线路所包含的工作是不相同的，因此各条线路的线路长度也是不相同的，我们把线路长度最长的线路称为关键线路。在关键线路中，没有任何机动时间，线路上任何工作的持续时间发生变化都会影响到工期，是按期完成计划任务的关键所在。

（4）关键工作。关键线路上的各项工作都是关键工作，关键工作的总时差为0。

（5）非关键线路。网络图中除关键线路以外的线路都是非关键线路，在非关键线路上都存在时差。非关键线路包含的若干项工作并非全部是非关键工作，其中存在时差的工作是非关键工作。在任何线路中，只要有一个非关键工作存在，它的总长度就会小于关键线路，这就是非关键线路。

（6）关键线路的确定。确定关键线路的方法很多，如线路枚举法、关键工作法、关键节点法。

①线路枚举法。在网络计划图中，找出其包含的所有线路，并算出线路长度，通过最长的线路找出关键线路。

②关键工作法。依次连接网络图中总时差为零的工作，使其组成一条由起点节点到终点节点的通路，此通路就是关键线路。

③关键节点法。计算出双代号网络图的节点参数后，就可以通过关键节点法找出关键线路。当节点的最早时间与最迟时间相等时，此节点就是关键节点，但相邻关键节点间连接的工作不一定都是关键工作，尤其是一个关键节点遇到与多个关键节点相连而可能出现多个关键线路时，所以必须加以辨认。

两个关键节点关键线路的条件是：箭尾节点时间+工作持续时间=箭头节点时间，关键工作确定后，关键线路亦确定。

（7）关键线路的特性：

①在一个网络图中，关键线路不一定只有一条，有时可能有多条。

②关键线路上各工作的总时差均为0，自由时差也为0。

③关键线路与非关键线路并不是固定不变的，当非关键线路的总时差用完，就会转化为关键线路；当非关键线路延长的时间性超过它的总时差，关键线路就转变为非关键线路。

（二）单代号网络图时间参数计算

因为单代号网络图的节点代表工作，所以单代号网络计划没有节点时间参数而只有工作时间参数和工作时差。即工作i的最早开始时间（ES_i）、最早完成时间（EF_i）、最迟开始时间（LS_i）、最迟完成时间（LF_i）、总时差（TF_i）和自由时差（FF_i）。单代号网络计划的时间参数计算的方法和顺序与双代号网络计划的工作时间参数计算相同，同样，单代号网络计划时间参数计算的基础也是必须首先确定工作的作业持续时间。

第四节 时间坐标网络计划与网络计划优化

一、时间坐标网络计划

时标网络计划是网络计划的一种表现形式，以时间坐标为尺度编制的网络计划。在时标网络计划中，箭线长短和所在位置表示工作的时间进程。根据表达工序时间含义的不同，可分为早时标网络计划和迟时标网络计划。

（一）时标网络计划的一般规定

（1）时标网络计划必须以水平的时间坐标为尺度表示工作时间。时标的单位应该在编制网络计划前根据需要确定，可以是时、天、周、月、季。

（2）时标网络计划以实箭线表示实工作，虚箭线表示虚工作，以波形线表示工作的自由时差。

（3）时标网络计划中所有符号在时间坐标上的水平投影必须与其时间参数相对应，节点中心必须对准相应的时间位置。

（4）虚工作必须以垂直方向的虚箭线表示，有时差时加波形线表示。

（二）时标网络计划的绘制方法

绘制时标网络计划的方法有两种，即直接法绘制和间接法绘制，本书介绍采用间接法绘制早时标网络计划。

其绘制步骤如下。

（1）绘制无时标网络计划草图，计算时间参数（节点参数），确定关键工作和关键线路。

（2）绘制时间坐标；以T为依据。

（3）根据网络图中各节点的最早时间，从起点节点开始将各节点逐个定位在时间坐标上。

（4）从节点依次向外绘出箭线。箭线最好画成水平或由水平线和竖直线组成的折线箭线。如箭线画成斜线，则以其水平投影长度为其持续时间。如箭线长度不够则应与该工作的结束节点直接相连，用波形线从箭线端部画至结束节点处。波形线的水平投影长度即为该工作的时差。

（5）用虚箭线连接工艺和组织逻辑关系。在时标网络计划中，有时会出现虚线的投影长度不等于零的情况，其水平投影长度为该虚工作与前、后工作的公共时差，可用波形线表示。

（6）把时差为零的箭线从起点节点到终点节点连接起来，并用粗箭线或双箭线或彩色箭线表示，即形成时标网络计划的关键线路。

（三）时间网络计划的特点和应用

时间坐标网络图以时间为横坐标，绘制各项工作的箭线，并使箭线的长度直接反映工作的持续时间，在图上直接显示出工作的开始与结束时间及时差，并能显示出关键线路。

1.时标网络计划的特点

时标网络图能够表达进度计划中各项工作之间恰当的时间关系，使网络计划易于理解，方便应用，有利于管理人员进行分析优化。

时间网络计划的特点如下。

（1）时标网络计划接近横道图，能直观反映整个计划的时间进程。

（2）时标网络计划箭线的长度直接反映工作的持续时间，以及各项工作的开始和结束时间、机动时间及关键线路，在执行过程中，可以随时检查出将要开始、正在进行和已经结束的工作。

（3）时标网络计划能够表示哪些工作需要同时进行，所以可以方便管理人员确定同一时间内对劳动力、材料、机械设备等资源的需要量。

（4）优化调整后的网络时标计划可以直接作为进度计划下达到执行单位。

（5）时标网络计划的调整比较复杂，当情况发生变化导致某些工作不能正常进行，要对时标网络进行修改时，就会改变节点的位置和箭线的长度，导致需要改变整个网络计划。

2.时标网络计划的应用

（1）当需编制工程项目少、工艺过程较简单的进度计划时，可采用时标网络计划，能边计算、边绘制、边调整。

（2）对于大型复杂的工程，先用时标网络计划绘出分部工程的网络计划，再综合绘制简单的总网络计划，或先编制总网络计划，每隔一段时间，对将要开工的分部工程编制出详细的网络计划，在执行过程中，如有变化，修正子网络计划即可，不必改动总网络计划。

（3）时间坐标的单位视具体情况确定，可以是天、月、季度等，并在时间坐标上扣除休息日。

二、网络计划的优化

（一）工期优化

1.措施方法

（1）在不影响工艺的条件下，将连续施工的工作调整为平行工作。

（2）将顺序作业的工作调整为流水作业。

（3）缩短关键工作的持续时间。

（4）延长非关键工作的持续时间，节省资源，投入关键线路。

（5）推迟非关键工作的开始时间，利用时差，进行时间优化。

（6）从计划外调资源。

2.基本方法

可采用循环优化法。计算工期，确定关键线路，比较计划工期与合同工期，求出需缩短的时间，采取适当的途径压缩关键工作的持续时间，重复上述步骤，重新确定关键线路，直至工期满足要求。

（二）费用优化

费用优化是以满足工期要求的施工费用最低为目标的施工计划方案的调整过程。通常在寻求网络计划的最佳工期大于规定工期或在执行计划需要加快施工进度时，需要进行工期—成本优化。

1.费用与工期关系

在建设工程施工过程中，完成一项工作通常可以采用多种施工方法和组织方法，而不同的施工方法和组织方法，又会有不同的持续时间和费用。由于一项建设工程往往包含许多工作，所以在安排建设工程进度计划时，会出现许多方案。进度方案不同，所对应的总工期和总费用也就不同。为了能从多种方案中找出总成本最低的方案，必须首先分析费用和时间之间的关系。

（1）工期与成本的关系。时间（工期）和成本之间的关系是十分密切的。对同一工程来说，施工时间长短不同，则其成本（费用）也不会一样，二者之间在一定范围内是呈反比关系的，即工期越短则成本越高。工期缩短到一定程度之后，再继续增加人力、物力和费用也不一定能使之再短，而工期过长非但不能相应地降低成本，反而会造成浪费，增加成本，这是就整个工程的总成本而言的。如果具体分析成本的构成要素，则它们与时间的关系又各有其自身的变化规律。一般情况是，材料、人工、机具等称作直接费用的开支项目，将随着工期的缩短而增加，因为工期越压缩则增加的额外费用也必定越多。如果改变施工方法，改用费用更昂贵的设备，就会额外增加材料或设备费用；实行多班制施工，就会额外地增加许多夜班支出，如照明费、夜餐费等，甚至工作效率也会有所降低。工期越短则这些额外费用的开支也会越加急剧地增加。但是，如果工期缩短得不算太紧时，增加的费用还是较低的。对于通常称作间接费的那部分费用，如管理人员工资、办公费、房屋租金、仓储费等，则是与时间成正比的，时间越长则花的费用也越多。如果把两种费用叠加起来，我们就能够得到一条新的曲线，这就是总成本曲线。总成本曲线的特点是两头高而中间低。从这条曲线最低点的坐标可以找到工程的最低成本及与之相应的最佳工期，同时也能利用它来确定不同工期条件下的相应成本。

（2）工作直接费与持续时间的关系。在网络计划中，工期的长短取决于关键线路的持续时间，而关键线路是由许多持续时间和费用各不相同的工作所构成的。为此必须研究各项工作的持续时间与直接费用的关系。一般情况下，随着工作时间的缩短，费用逐渐增加。

工作的直接费用率越大，说明将该工作的持续时间缩短一个时间单位，所需增加的直接费用就越多；反之，将该工作的持续时间缩短一个时间单位，所需增加的直接费用就越少。因此，在压缩关键工作的持续时间以达到缩短工期的目的时，应将直接费用率最小的关键工作作为压缩对象。当有多条关键线路出现而需要同时压缩多个关键工作的持续时间时，应将它们的直接费用率之和（组合直接费用率）最小者作为压缩对象。

2.费用优化方法

费用优化的基本方法就是从组成网络计划的各项工作的持续时间与费用关系，找出能使计划工期缩短而又能使得直接费用增加最少的工作，不断地缩短其持续时间，然后考虑间接费用随着工期缩短而减少的影响，把不同工期下的直接费用和间接费用分别叠加起来，即可求得工程成本最低时的相应最优工期和工期一定时相应的最低工程成本。

费用优化的步骤如下。

（1）按工作正常持续时间找出关键工作及关键线路。

（2）按规定计算各项工作的费用率。

（3）在网络计划中找出费用率（或组合费用率）最低的一项关键工作或一组关键工作，作为缩短持续时间的对象。

（4）当需要缩短关键工作的持续时间时，其缩短值的确定必须符合下列两条原则。

①缩短后工作的持续时间不能小于其最短持续时间。

②缩短持续时间的工作不能变成非关键工作。

（5）计算相应的费用增加值。

（6）考虑工期变化带来的间接费及其他损益，在此基础上计算总费用。

（7）重复上述（3）~（6）步骤，直到总费用至最低为止。

（三）资源优化

前面对网络计划的计算与调整都假定资源（劳动力、材料、机械、资金）的供应是完全充分的，但大多情况下，在一定时间内提供的各种资源都有一定的限额。一项好的工程计划要合理利用现有的资源，避免在计划的某个阶段出现资源需求的高峰，而在另一阶段出现资源需求的低谷。因此，在编制完成网络计划后，应该根据资源情况对网络计划进行调整，寻求规定工期和资源供应之间相互协调和适应的一种途径。

资源优化目标：工期固定，资源均衡；资源有限，工期最短。

1.工期固定，资源均衡

工期固定，资源均衡是指在项目的计划工期不超过有关规定的情况下，尽量做到各阶段的资源需要量均衡，避免出现资源需求的高峰或低谷。我们可以利用削峰填谷法来实现这一目的。

最理想的情况是资源需要量曲线是一水平线，但要得到这种理想的计划是不可能的，事实上资源的均衡就是要接近单位时间内资源的平均数量。

削峰填谷法原则。

（1）优先推迟资源强度小的非关键工作，即单位时间内资源需要量最小的非关键工作。

（2）当资源强度相同时，优先推迟时差大的非关键工作。

步骤：

①计算网络计划的节点参数、总工期，确定关键线路。

②按节点最早时间绘制时标网络计划、资源需要量曲线。

③按照原则进行调整。

2.资源有限，工期最短

当一项工作的资源供应有限时，就要根据有限的资源去安排工作，常用的方法为备用库法。

备用库法的原理为：假设工作所需的资源都在资源库中，任务开始后，从库中取出资源，按照一定的原则，给即将开始的工作分配资源，并考虑尽可能最优的组合，分配不到资源的工作就推迟开始。当工作结束后，资源仍然返回到资源库中，当库中的资源满足一项或若干项即将开始的工作的要求时，从库中取出资源，进行分配。如此反复，直至所有工作都分配到资源为止。

资源安排原则：优先安排机动时间少的工作；当机动时间相同时，优先安排持续时间短的工作。

步骤：

（1）计算网络计划的节点参数，总工期，确定关键线路。

（2）按节点最早时间绘制时标网络计划，计算资源需要量曲线。

（3）逐日检查备用库中的资源，根据库存的资源情况和优先安排原则安排某些工作。循环进行此过程，直至资源的每日需要量满足资源的供应限量为止。

第三章　市政给水管网设计

第一节　给水管网的规划设计

一、给水管网的布置

（一）给水系统

1.用户的用水类型

在城市，按照用户的用水目的可将城市用水分为综合生活用水、工业用水、消防用水、浇洒道路和绿地用水四种类型。

综合生活用水包括居民生活用水和大型公共建筑用水。居民生活用水是指城市居民家庭生活中饮用、烹饪、洗浴、洗涤等用水，大型公共建筑用水是指机关、学校、医院、商场、公共浴场等公共建筑和场所的用水。大型公共建筑用水与居民生活用水相比，水质相同但其用水量大、用水点集中。在市政给水工程中，为便于进行用水量的计算将二者综合考虑，统称为综合生活用水。

工业用水包括工业企业生产用水、职工生活用水和淋浴用水。生产用水是指在工业企业的生产过程中，为满足生产工艺和产品质量要求所用的水，分为产品用水（水成为产品或产品的一部分）、工艺用水（水作为载体、溶剂等）和辅助用水（冷却、洗涤等）。由于工业企业生产工艺繁多，系统庞大复杂，对水质、水量、水压的要求差异很大。

消防用水是指火灾发生时，扑灭火灾所用的水。

浇洒道路用水是指城市为降尘、降燥和冲洗道路所用的水。

浇洒绿地用水是指为满足城市道路的绿化隔离带、绿地及街心花园中植物的生长需求所用的水。

在以上各种用水中，对水的要求均包括水质、水量和水压三个方面。

从水质角度而言，综合生活用水的水质应满足相应的要求。工业用水应满足相应行业及产品的要求，有的产品用水水质标准要高于生活饮用水水质标准。消防用水、浇洒道路和绿地用水对水质没有特殊要求，一般以不引起二次污染为度。

从水压角度而言，市政供水管网为综合生活用水、工业用水提供的水压应满足最小服务水头的要求。最小服务水头是配水管网在用户接管点处应维持的最小水头，一般根据用水区内最不利点处建筑物的层数确定。一层建筑物按10mH_2O计算，二层建筑物为12mH_2O，二层以上每层增加4mH_2O。对于水压要求特别高的用户，应自己采取措施解决。浇洒道路和绿地用水的水压以满足流出水头的要求即可。根据消防用水压力的不同，可将消防系统分为高压消防系统和低压消防系统两种形式。高压消防是指管道压力在保证用水总量达到最大值的前提下，水枪在任何建筑物的最高处时，其充实水柱都不低于10mH_2O；而低压消防是指管道压力在保证用水总量达到最大值的前提下，最不利点处消火栓的自由水压不小于10mH_2O。我国城镇一般采用低压消防系统，灭火时由消防车（或消防泵）自室外消火栓中取水加压。

从节约用水的角度考虑，各种用水的水量应符合国家规定的相应用水定额的要求。在海绵城市理念的要求下，城市用水应尽量考虑重复利用或回用，以减少供水量。

2.给水系统分类

为了满足用户对水质、水量、水压的要求，应选择水质良好、水量充沛的水源，并建设取水、输配水、水质处理等一系列工程设施。这些设施按照一定的方式组合而成的总体，称为给水系统。

按照使用目的，可将给水系统分为生活给水系统、生产给水系统和消防给水系统。按服务范围，可将给水系统分为区域给水系统、城镇给水系统、小区（或厂区）给水系统和建筑给水系统。按供水方式，可将给水系统分为重力给水系统、压力给水系统和重力压力并用的给水系统。按水源种类，可将给水系统分为地表水源给水系统、地下水源给水系统，在有条件的地区还有中水回用给水系统。一般情况下，城市给水系统多按水源进行分类。

城市给水系统的选择，应根据当地地形、水源情况、城镇规划、供水规模、水质、水压要求和原有给水工程设施等条件，从全局出发，通过技术经济比较后综合考虑确定。

城市给水系统一般情况下包括取水构筑物、取水泵站、水处理构筑物、送水泵站、输水管道、配水管网、调节构筑物等组成部分。各个组成部分的布置，应结合地形、自然条件、水质、水量、水压和用户分布情况，综合考虑确定。一般情况下有统一给水系统和分系统给水系统两种方式。

统一给水系统是整个给水区域内的生活、生产、消防等多项用水，均以同一水压和水质，用统一的管网系统供给各个用户。适用于地形起伏不大，用户较为集中且各用户对水质、水压要求相差不大的城市和厂区的给水工程。如个别用户对水质或水压有特殊要求，可自统一给水管网中取水后再进行局部处理或加压后使用。一般情况下，统一给水系统可分为单水源给水系统和多水源给水系统两种形式。

单水源给水系统是只有一个水源地，经处理后的清水通过泵站加压后进入输水管道和配水管网，供用户使用。

多水源给水系统是有多个水源的给水系统，清水从不同的水厂（水源地）经输水管道进入配水管网供用户使用。多水源给水系统多用于大、中城市，供水安全可靠，调度灵活，管网内水压均匀，便于分期发展，但管理工作较复杂。

当给水区域内各用户对水质、水压的要求差别较大，或地形高差较大，或功能分区较明显，统一给水系统难以满足用户要求时，可采用分系统给水系统。分系统给水系统是根据用户需要，设立几个相互独立工作的给水系统分别供水的系统。分系统给水系统有分区给水系统、分压给水系统、分质给水系统等形式。

分区给水系统是将给水系统划分为若干个区域，每个区域单独设置供水系统的供水方式。一种情况是因自然地形而分区，每部分分别供水，自成系统。

另一种是因地形高差较大而分区，分串联分区和并联分区。串联分区是从某一区取水向另一区供水，并联分区是从同一水源取水，采用不同的压力向不同的区域分别供水。

分压给水系统是指由于用户对水压的要求不同，而分别供水的系统。

符合用户水质要求的水，由同一泵站内不同扬程的水泵，分别通过高压、低压输配水管网送往不同用户。如果给水区域中用户对水压的要求差别较大，当采用高压供水时，低压区的管网就会有过多的富余水压，这不但造成能量浪费而且会增加管网、管件损坏的可能性；当采用低压供水时，高压区就不能满足要求。因地制宜地采用分压供水，才是合理的选择。

分质给水系统是指用户对水质的要求不同，而分别供水的系统。

对输水管道而言，根据水源和供水区域地势的实际情况，可以采用不同输水方式进行供水，分为重力供水系统和压力供水系统。当水源地高于给水区，并且高差可以保证以经济的造价输送所需要的水量时，清水池中的水可以靠自身的重力，经重力输水管进入配水管网供用户使用。重力供水系统无动力消耗，管理方便，是较为经济的给水系统。当地形高差很大时，为降低管中水的压力，可设置减压水池，将输水管道分成几段，形成多级重力输水系统。

当水源地低于给水区或没有可利用的地形优势时，清水池中的水必须通过泵站加压才能供给各用户使用，有时还可能通过多级加压才能完成供水，这就是压力供水方式。

在地形复杂的区域，或长距离输水时，有时采用重力和压力输水相结合的供水方式。

3.给水系统的组成

给水系统是由相互联系的一系列构筑物和输配水管网组成。其基本任务是从水源取水，根据用户对水质的要求进行处理，再将水输送到用水区，并向用户配水。给水系统常由下列系统组成。

（1）取水系统。用来从已选定的水源取水，包括水资源（地表水资源、地下水资源和复用水资源等）、取水构筑物、提升设备和输水管渠等。

（2）给水处理系统。对取水系统输送的水进行处理，使其符合用户对水质的要求。包括与各种水处理方法对应的处理设备和构筑物（通常集中布置在水厂范围内）。

（3）给水管网系统。将处理后符合水质标准的水输送给用户。包括输水管渠、配水管网、水压调节设施、水量调节设施等。

（二）给水管道系统特点

给水管道系统是给水工程设施的重要组成部分，是由不同材料的管道和附属设施构成的输水网络，承担供水的输送、分配、水量和水压调节的任务。该系统具有一般网络的特点，主要有以下几点。

（1）分散性。管道系统遍布整个用水区域，延伸到各个用水角落。

（2）连通性。系统各个组成部分之间的水量、水压和水质存在紧密的关联，而且相互作用。

（3）扩展性。系统可以向内部和外部扩展，通常分多次建成。

当然，该系统还存在容易发生事故、扩建改建频繁、运行管理复杂、外部干扰因素多等与一般网络系统不同的特点。

（三）给水管道系统的组成

给水管道系统是给水系统组成的一部分。在城市给水系统中，担负水的输送、分配、调节任务的部分称为给水管道系统，包括取水泵站、输水管道、送水泵站、配水管网及水塔、清水池等调节构筑物。取水泵站和送水泵站在有关课程中讲述，本教材只就输水管道、配水管网及调节构筑物进行阐述。

输水管道位于取水泵站与给水处理厂之间或给水处理厂与配水管网之间，任务是将水源中的水（原料水）输送至给水厂中进行处理，或将给水厂中经过处理、水质达标的成品水输送至配水管网。在有些情况下，如水源水的水质已满足要求，可直接通过输水管道输送至配水管网。

输水管道的特点是流量大、管径大且沿途不向两侧配水。

输水管道所处的位置决定了它在给水系统中的重要性，当输水管道出现故障时，会导致整个供水系统不能正常供水。为保证供水系统的可靠性，输水管道一般采用等径的两条平行管道，且在合适的地方设置连通管并安装切换阀门，当其中一条管道出现故障时由另一条平行管段替代，以满足事故时供水保证率不低于70%的要求。

配水管网是分布在整个供水区域内的配水管道网络，它接受输水管道输送来的水并将其向两侧用户分配。配水管网通常由配水干管、配水支管、连接管和分配管组成。配水干管接受输水管道输送来的水，在向两侧配水的同时将多余的水输送到配水支管。配水支管接受配水干管输送来的水，在向两侧配水的同时将多余的水输送到分配管。分配管是向用户配水的管道，与用户直接相连，也可以说是用户的接水管。连接管用于将配水干管相互连通，以便形成环状网络。

为满足配水管网向用户配水的要求及检修的需要，在配水管网上还要设置阀门、排气阀、泄水阀等附件。为满足出现火灾时消防车取水的要求，还需每隔一定距离设置一个消火栓。

配水管网的特点是由上游向下游流量、管径逐渐减小，管道上配件、附件多，正常供水时事故点也较多。它与输水管道的最大区别是必须向两侧用户配水。

调节构筑物分为流量调节构筑物和压力调节构筑物。

流量调节构筑物有清水池、高地水池（或水塔），其主要作用是调节供水和用水的流量差，以保证用户有水可用。

清水池位于给水厂内，用于调节给水厂的产水与送水泵站的送水之间的不平衡。

当水厂的产水大于送水泵站的送水时，多余的水在清水池中储存；反之，则从清水池中取水补缺。但对清水池而言，全天的存水量要和取水量相等，否则就会出现事故。

高地水池位于城市用水区内，如果城市用水区内不具备可利用的地形，可人为创造高地水池，该高地水池俗称水塔。高地水池（或水塔）的作用是调节用户的用水和送水泵站送水的不平衡，当送水泵站的送水量大于用户的用水量时，多余的水进入高地水池（或水塔）储存；反之，则从高地水池（或水塔）中取水补缺。

压力调节构筑物主要是高地水池（或水塔），当送水泵站提供的压力不能满足用户要求或者不经济时，由其提供压力。在大城市内，多采用加压泵站进行中途加压，或在送水泵站中设置变频调速设备以满足用户的要求。高地水池（或水塔）加压方式，目前在小城镇或村镇中使用较多。

（四）给水管道系统的布置

给水管道布置时，应依据当地给水工程专项规划、结合实际情况进行不同方案的技术经济比较后确定。一般应遵循以下原则。

（1）输水管道尽量沿现有道路或规划道路布置，不占或少占农田和良田。

（2）配水管网应均匀分布在整个给水区域内，保证用户有足够的水量和适宜的水压，在输送过程中水质不遭受污染。

（3）力求管线短捷，尽量少穿或不穿障碍物，尽量减少拆迁，以节约投资。

（4）尽量布置在地形高处，以节约供水能量。

（5）便于施工和维护。

输水管道布置时，可根据实际情况采用重力输水、压力输水或重力—压力并用的方式进行布置。

配水管网的布置形式有枝状网和环状网两种形式。

枝状管网的布置类似树枝状，其供水可靠性较差，在管网末端水质易变坏。但构造简单，管道用量少、投资小。对小城镇、乡镇或小区而言，采用较多。对大城市而言，发展初期可采用，以后随着城市的发展，再逐步发展成环状网。

环状网的布置是管线间相互连接成环，当任一段管线损坏时，可以关闭附近的阀门，与其余管线隔开，然后进行检修，水则从另外管线供应用户，断水的地区和范围可以最大限度地缩小，从而增加供水的可靠性。环状网还可以大大减轻水锤作用产生的危害，但管线用量大、初期投资高。一般在大、中城市采用较多。

（五）管网布置的基本形式

管网的布置形式很多，主要分为树状管网和环状管网两种。

（1）树状管网。管网布置如树状，干管向供水区延伸，其管径逐渐减小。此种管网供水可靠性差，由于管网末端水量很小，易造成水流缓慢或停滞，水质变坏。但此种管网造价较低，通常用于小城镇及小型工矿企业。

（2）环状管网。管网中管线间连接成环，当任意一条管线损坏时，可关闭阀门进行检修，水可从其他管线供给用户，增加供水可靠性。但环状管网造价较树状管网要高。对于不允许断水区域必须采用此种管网，一般在城镇建设初期可先采用树状管网，以后逐步发展成为环状管网。大、中城镇及工业企业中通常采用此种形式。

（六）给水管网定线

给水管网定线是指在地形平面图上确定管线的位置和走向。管网定线受城镇的平面布置，供水区的地形、大用水户的分布情况、水源及水池、水塔等调节构筑物的位置等因素影响，管网定线应综合考虑各种影响因素。

输水管渠包括从水源到水厂的原水输水管或从水厂到配水管网的清水输水管。原水输送可采用重力输水管（渠），也可采用压力输水管；当地形复杂、长距离输水时，可采用两者结合的输水方式。清水输送为避免输送过程中水质受到污染，一般采用压力输送。

输水管渠定线原则如下。

（1）必须与城市建设规划相结合，尽量缩短线路长度，以减少工程量和工程投资。

（2）减少拆迁，少占农田。

（3）选线时，应选择最佳的地形和地质条件，尽量沿现有道路定线，以便施工和检修。

（4）减少与铁路、公路和河流的交叉，管线避免穿越滑坡、岩层、沼泽、高地下水位和河水淹没与冲刷地区，以降低造价和便于管理。

（5）尽可能重力输水，输水干管一般不宜少于两条，并且每隔一定距离设连接管连通。当有安全储水池或其他安全供水措施时，也可修建一条输水干管。输水干管和连通管管径及连通管根数，应按输水干管任何一段发生保障时仍能通过事故用水量计算确定。城镇的事故水量为设计水量的70%。

（6）输水管的最小坡度应大于1：5D，D为管径，以mm计。当管线坡度小于1：1000时，应每隔1km左右装置排气阀，低处设置泄水阀，使输水畅通并便于检修。

（7）管线埋深应按当地条件决定，考虑地面载荷及当地冰冻线，防止管道被压或冻坏。输水管定线、上述原则难以兼容时，应进行技术经济比较，以确定最佳的输水管定线方案。

二、设计用水量

设计给水系统时，首先须确定该系统在设计年限终期达到的用水量，因为系统中取水、水处理、泵站和管网等设施的规模都须参照设计用水量而确定，它直接影响建设投资和运行费用。城市给水系统的设计年限，应符合城市总体规划，近远期相结合，以近期为主，一般近期宜采用5–10年，远期规划年限宜采用10–20年。

设计用水量由下列各项组成：综合生活用水、工业用水、消防用水、浇洒道路和绿地用水、未预见水量及管网漏失水量。

在确定设计用水量时，应根据各种供水对象的使用要求及近期发展规划和现行用水定额，计算相应的用水量，最后加以综合作为设计给水工程的依据。

（一）用水量定额

用水量定额是指不同的用水对象在设计年限内达到的用水水平。它是确定设计用水量的主要依据，直接影响给水系统相应设施的规模、工程投资、工程建设的期限、今后水量的保证等方面，所以必须慎重考虑确定。虽然设计规范规定了各种用水的用水定额，随着水资源紧缺问题的加剧和国民水资源意识的提高，城市用水量在不断发生变化，在设计和使用时，如何合理地选定用水定额，是一项十分复杂而细致的工作。这是因为用水定额的选定涉及面广、政策性强，所以在选定用水定额时，必须以国家的现行政策、法规为依据，全面考虑其影响因素，通过实地考察，并结合现有资料和类似地区或工业企业的经验，确定适宜的用水定额。

1.生活用水定额

生活用水定额与室内卫生设备完善程度及形式、水资源和气候条件、生活习惯、生活水平、收费标准及办法、管理水平、水质和水压等因素有关。一般说来，我国东南地区沿海经济开发特区和旅游城市，因水资源丰富、气候较好、经济比较发达，用水量普遍高于水源短缺、气候寒冷的西北地区；生活水平高、水质好、水压高、收费标准低，用水量就较大；按人计费大于按表计费（为按表计费的1.4～1.8倍）；同类给水设备一般型大于节水型等。在设计选用时，上述诸因素必须给予全面考虑。现将各种用水定额分述如下。

（1）居民生活用水定额和综合生活用水定额。居民生活用水定额和综合生活用水定额均以L/（cap·d）计。设计时应根据当地国民经济、城市发展规划和水资源充沛程度，在现有用水定额基础上，结合给水工程规划和给水工程发展条件综合分析确定。影响生活用水量的因素很多，设计时如缺乏实际用水资料，则居民生活用水定额和综合生活用水定额可参照现行《室外给水设计标准》（GB 50013-2018）的规定选用。应以现行规范为依据，按照设计对象所在分区和城市规模大小，确定其幅度范围。然后综合考虑足以影响生活用水量的因素，选定设计采用的具体数值。如果涉及现行规范中没有规定具体数字或其实际生活用水定额与现行规范规定有较大出入时，其用水定额应参照类似生活用水定额，经上级主管部门同意，可做适当增减。

近年来，我国村镇给水工程发展迅速，但目前尚未规定统一的村镇居民用水量标准，鉴于这一情况，在设计村镇给水工程时，村镇生活用水定额可参照规定及相近地区的实际用水情况，并结合村镇的总体规划、经济发展水平、水资源充沛程度和用水特点，给予合理确定。

（2）工业企业职工生活及淋浴用水定额。工业企业职工生活及淋浴用水定额是指工业企业职工在从事生产活动时所消费的生活及淋浴用水量，单位以L/（cap·班）计。职工生活用水定额应根据车间特征确定，一般车间采用25L/（cap·班），高温车间采用35L/（cap·班）。职工淋浴用水定额与车间特征有关，淋浴时间在下班后一小时内进行。

2.工业企业生产用水定额

工业企业生产用水一般是指工业企业在生产过程中，用于冷却、空调、制造、加工、净化和洗涤方面的用水。在城市给水中，工业用水占很大比例。工业企业生产用水定额的计算方法有三种。一是按工业产品每万元产值耗水量计算。不同类型的工业，万元产值用水量不同。即使同类工业部门，由于管理水平提高，工艺条件改善和产品结构的变化，尤其是工业产值的增长，单耗指标会逐年降低。提高工业用水重复利用率，重视节约用水等可以降低工业用水单耗。工业用水的单耗指标由于水的重复利用率提高而有逐年下降的趋势，并且由于高产值低单耗的工业发展迅速，因此万元产值的用水量指标在很多城市有较大幅度的下降。二是按单位产品耗水量计算，这时工业企业生产用水定额，应根据生产工艺过程的要求确定或按单位产品计算用水量。三是按每台设备单位时间耗水量计算，可参照有关工业用水定额。生产用水量通常由企业的工艺部门提供，在缺乏资料时，可参考同类型企业用水指标。在估计工业企业生产用水量时，应按当地水源条件、工业发展情况、工业生产水平，预估将来可能达到的重复利用率。

3.消防用水量

消防用水只在发生火灾时使用，一般历时短暂（2～3h），但从数量上说它在城市用水量中占有一定的比例，尤其中小城市所占比例更大。通常将消防用水储存在水厂的清水池中，发生火灾时由水厂的二级泵站送至火灾现场。消防用水量、水压和火灾延续时间等，应按照规定执行。

城镇或居住区的室外消防用水量，通常按同时发生的火灾次数和一次灭火的用水量确定。

4.其他用水定额

浇洒道路和绿化用水量应根据路面种类、绿化面积、气候、土壤以及当地的具体条件确定。设计时，可结合上述因素在下列幅度范围内选用：浇洒道路可采用2.0～3.0L/（m^2·d），大面积绿化用水量可采用1.0～3.0L/（m^2·d）。

城市管网漏失水量可按综合生活用水、工业企业用水、浇洒道路和绿地用水用水量之和的10%～12%计算；未预见水量按综合生活用水、工业企业用水、浇洒道路和绿地用水、管网漏失水量之和的8%～12%计算。

（二）设计用水量组成

设计用水量由下列几项组成。

（1）综合生活用水。包括居民生活用水和公共建筑及设施用水。前者是指城市中居民的饮用、烹调、洗涤、冲厕、洗澡等日常生活用水；后者包括娱乐场所、宾馆、浴池、商业、学校和机关办公楼等用水。

（2）工业企业生产用水和工作人员生活用水。

（3）消防用水。

（4）浇洒道路和绿地等市政用水。

（5）管网漏失水量和未预计水量。

（三）用水量计算

1.用水量变化

无论是生活或生产用水，用水量经常发生变化，生活用水量随着生活习惯和气候而变化，如假期比平日高，夏季比冬季用水量多。从我国大中城市的用水情况可以看出：在一天内又以早晨起床后和晚饭前后用水量最多。又如，工业企业的冷却用水量，随气温和水温而变化，夏季多于冬季，即使不同年份的相同季节，用水量也有较大差异。工业企业生产用水量的变化取决于工艺、设备能力、产品数量、工作制度等因素，如夏季的冷却用水量就明显高于冬季。某些季节性工业，用水量变化就更大。而前面述及的用水定额只是一个长期统计的平均值，因此，在给水系统设计时，除了正确地选定用水定额外，还必须了解供水对象（如城镇）的逐日逐时用水量变化情况，以便合理地确定给水系统及各单项工程的设计流量，使给水系统能经济合理地适应供水对象在各种用水情况下对供水的要求。

（1）基本概念。由于室外给水工程服务区域较大，卫生设备数量和用水人数较多，且一般是多目标供水（如城镇包括居民、工业、公用事业、商业等方面），各种用水参差使用，其用水高峰可以相互错开，使用水量能在以小时为计量单位的区间内基本保持不变的可能性较大，因此，为降低给水工程造价，室外给水工程系统设计只需要考虑日与日、时与时之间的差别，即逐日逐时用水量变化情况。实践证明，这样考虑既可使室外给水工程设计安全可靠，又可使其经济合理。

为了反映用水量逐日逐时的变化幅度大小，在给水工程中，引入了两个重要的特征系数——时变化系数和日变化系数。

（2）用水量时变化曲线。在设计给水系统时，除了求出设计年限内最高日用水量和最高日的最高一小时用水量外，还应知道最高日用水量那一天中24h的用水量逐时变化情况，据以确定各种给水构筑物的大小，这种用水量变化规律，通常以用水量时的变化曲线表示。

工业企业生产用水量逐时变化情况，主要随生产性质和工艺过程而定，在实际设计中，应通过调查研究，合理确定。

用水量变化曲线是多年统计资料整理的结果，资料统计时间越长，数据越完整，用水量变化曲线与实际用水情况就越接近。对于新设计的给水工程，用水量变化规律只能按该工程所在地区的气候、人口、居住条件、工业生产工艺、设备能力、产值情况，参考附近城市的实际用水资料确定。对于扩建改建工程，可进行实地调查，获得用水量及其变化规律的资料。

2.用水量变化系数

用水量定额是一个平均值，设计时还需考虑每日、每时的用水量变化。在设计规定年限内，用水量最多的一日用水量叫作最高日用水量。用水量变化规律可以用变化系数或变化曲线表示，此规律是计算给水系统各组成部分设计流量必不可少的条件。

为反映用水量逐日逐时的变化幅度，该系数分为日变化系数和时变化系数。

（1）日变化系数。即一年中最高日用水量与平均日用水量的比值。根据给水区的地理位置、气候、生活习惯和室内给排水设施程度，其值为1.1～1.8。

（2）时变化系数。最高日内，每小时用水量的变化幅度和居民数、房屋设备类型、职工上班时间和班次等有关。最高时用水量与平均时用水量比值，叫作时变化系数。在缺乏实际用水资料的情况下，最高日城市综合用水的值为1.3～1.6。大中城市的用水较均匀，时变化系数较小，可取下限；小城市可取上限或适当加大。

3.用水量变化曲线

除最高日用水量和最高时用水量外，用水量变化曲线也是设计给水系统的重要依据。

4.用水量计算

城市用水量是指设计年限内给水系统所供应的全部水量。具体包括：居住区综合生活用水、工业企业生产用水、职工生活用水和淋浴用水、浇洒道路和绿地等市政用水以及未预见水量和管网漏失水量等，但不包括工业自备水源所需的水量。

三、给水系统的工作状况

给水系统的各个组成部分功能不同且相互之间关系密切，所以必须从整体上对系统中各部分的特点和之间的流量、压力方面的关系进行分析，以便进行各构筑物的设计和确定运行参数。

（一）给水系统的流量关系

1.取水构筑物和给水处理系统各组成部分的设计流量

城市的最高日设计用水量确定后，取水构筑物和水厂的设计流量将随一级泵站的工作情况而定，通常一级泵站和水厂应该是连续、均匀地运行。原因是：

（1）从水厂运行角度而言，流量稳定，有利于水处理构筑物稳定运行和管理。

（2）从工程造价角度而言，每日24h均匀工作，平均每小时的流量将会比最高时流量有较大的降低，同时又能满足最高日供水要求，这样，取水和水处理系统的各项构筑物尺寸、设备容量及连接管直径等都可以最大限度地缩小，从而降低工程造价。因此，为使水厂稳定运转和便于操作管理，降低工程造价，通常取水和水处理工程的各项构筑物、设备及其连接管道，以最高日平均时设计用水量加上水厂的自用水量作为设计流量。

2.二级泵站、输水管和配水管网设计流量关系

二级泵站、输水管、配水管网的设计流量及水塔、清水池的调节容积，都应按照用户用水情况和一、二级泵站的工作情况确定。

（1）二级泵站的工作情况。二级泵站的工作情况与管网中是否设置流量调节构筑物（水塔或高地水池等）有关。当管网中无流量调节构筑物时，为安全、经济地满足用户对给水的要求，二级泵站必须按照用户用水量变化曲线工作，即每时每刻供水量应等于用水量。在这种情况下，二级泵站最大供水流量，应等于最高日最高时设计用水量；为使二级泵站在任何时候既能保证安全供水，又能在高效率下经济运转，设计二级泵站时，应根据用水量变化曲线选用多台大小搭配的水泵（或采用改变水泵转速的方式）来适应用水量变化。实际运行时，由管网的压力进行控制。例如，管网压力上升时，表明用水量减少，应适当减开水泵或大泵换成小泵（或降低水泵转速）；反之，应增开水泵或小泵换成大泵（或提高水泵转速）。水泵切换（或转速改变）均可自动控制。这种供水方式，完全通过二级泵站的工况调节来适应用水量的变化，使二级泵站供水曲线符合用户用水曲线。目前，大中城市一般不设水塔，均采用此种供水方式。

对于用水量变化较大的小城镇、农村或自备给水系统的小区域供水问题，除采用上述供水方式外，修建水塔或高地水池等流量调节构筑物来调节供水与用水之间的流量不平衡，以改善水泵的运行条件，也是一种常见的供水方式。

（2）二级泵站设计流量。给水管网最高时供水来自给水处理系统，水厂处理好的清水先存放在清水池中，由供水泵站加压后送入管网。对于单水源给水系统或用水量变化较大时，可能需要在管网中设置水塔或高位水池，水塔或高位水池在用水低峰时将水储存起来，而在用水高峰时与供水泵站一起向管网供水，这样可以降低供水泵站设计规模。

供水设计的原则简要介绍如下。

①设计供水总流量必须等于设计用水量。

②对于多水源给水系统，由于有多个泵站，水泵工作组合方案多，供水调节能力比较强，所以一般不需要在管网中设置水塔或高位水池调节用水量，设计时直接使各水源供水泵站的设计流量之和等于最高时用水量，但各水源供水量的比例应通过水源能力、制水成本、输水费用、水质情况等技术经济比较确定。

③对于单水源给水系统，可以考虑管网中不设水塔（或高位水池）或者设置水塔

（或高位水池）两种方案。当给水管网中不设水塔（或高位水池）时，供水泵站设计供水流量为最高时用水流量；当给水管网中设置水塔（或高位水池）时，应先设计泵站供水曲线，具体要求如下。

a.供水一般分两级，如高峰供水时段分一级，低峰供水时段分一级，最多可以分三级，即在高峰和低峰供水量之间加一级，分级太多不便于水泵机组的运转管理。

b.泵站各级供水线尽量接近用水线，以减小水塔（或高位水池）的调节容积，一般各级供水量可以取相应时段用水量平均值。

c.分级供水时，应注意每级能否选到合适的水泵，以及水泵机组的合理搭配，并尽可能满足目前和今后一段时间内用水量增长的需要。

d.必须使泵站24h供水量之和与最高日用水量相等，如果在用水量变化曲线上绘制泵站供水量曲线，各小时供水量也要用其最高日总用水量（也就是总供水量）的百分数表示，24小时供水量百分数之和应为100%。

用水量曲线和泵站供水曲线可以看出水塔（或高位水池）的流量调节作用。供水量高于用水量时，多余的水进入水塔或高位水池内储存。相反，当供水量低于用水量时，则从水塔或高位水池流出以补充泵站供水量的不足。由此可见，如供水线和用水线越接近，则为了适应流量的变化，泵站工作的分级数或水泵机组数可能增加，但是水塔或高位水池的调节容积可以减小。尽管各城市的具体条件有差别，水塔或高位水池在管网内位置可能不同，例如，可放在管网的起端、中间或末端，但水塔或高位水池的调节流量作用并不因此发生变化。

（3）输水管和配水管网的设计流量。输水管和配水管网的计算流量均应按输配水系统在最高日最高用水时工作情况确定，并随有无水塔（或高地水池）及其在管网中的位置而定。

（4）水塔与清水池的调节作用。水塔和清水池都是给水系统中调节流量的构筑物，彼此之间存在密切联系。水塔的调节容积取决于二级泵站供水量和用户用水量的组合曲线，而清水池的调节容积则取决于水厂产水量和二级泵站供水量的组合曲线。若水厂产水曲线和用户用水曲线一定时，水塔和清水池的调节容积将随二级泵站供水曲线的变化而变化。如果二级泵站供水曲线越接近用水曲线，必然远离水厂产水曲线，则水塔的调节容积可以减小，但清水池的调节容积将会增大，如二级泵站供水曲线与用户用水曲线重合，则水塔调节容积等于零，即成为无水塔的管网系统，但清水池的调节容积达到最大值。反之，清水池的调节容积可大为减小，但水塔的调节容积将明显增大。由此可见，给水系统中流量的调节由水塔和清水池共同分担，并且通过二级泵站供水曲线的拟定，二者所需的调节容积可以相互转化。由于单位容积的水塔造价远高于清水池造价，所以在工程实践中，一般均增大清水池的容积而缩减水塔的容积，以节省投资。

（二）清水池和水塔的容积计算

1.清水池和水塔的构造

（1）清水池的构造。在给水工程中，常采用钢筋混凝土水池、预应力钢筋混凝土水池或砖石水池，一般将其做成圆形或矩形。钢筋混凝土水池使用最广。一般当水池容积小于2500m³时，以圆形较为经济，大于2500m³时矩形较为经济。

水池应有单独的进水管和出水管，安装地点应保证池水的经常循环，一般从池一侧上部进水，从另一侧下部出水。进水管和出水管分别按最高的进、出水流量确定管径，管内流速在0.7～1m/s。确定管径时，应适当留有余地，以满足水量发展时的需要。此外，应有溢水管，其管径和进水管相同，管端有喇叭口，管上不设阀门，出口应设网罩，防止虫类进入池内。水池的放空管设在集水坑内，管径一般按最低水位时2h内将池水放空计算。容积在1000m³以上的水池，至少应设两个检修孔，孔的尺寸应满足池内管配件的进出。为避免池内水的短流，池内应设导流墙，在导流墙底部，隔一定距离设过水孔，使洗池时排水方便。为使池内自然通风，应设若干通风孔，孔口高出水池填土面0.7m以上。池顶覆土厚度视当地平均室外气温而定，一般在0.3～0.7m之间，气温低则覆土厚一些。此外，覆土厚度还应考虑到池体抗浮要求。当地下水位较高、温度低时则覆土厚一些。应设水位仪，可就地指示或远传水位，常用的水位传示仪有电阻式、电容式和数字显示液位计等。

清水池个数或分格数，一般不少于两个，并且可以单独工作，分别检修。如近期只建造一个清水池时，水厂应设超越管绕过清水池，以便清洗时仍可供水。

钢筋混凝土水池易出现裂缝，有时即使采用防水层措施也未必能解决问题。预应力钢筋混凝土水池水密性高，不出现裂缝。大型预应力钢筋混凝土水池可较同容积的钢筋混凝土水池节约造价。

装配式钢筋混凝土水池近年也有采用。它是将水池的柱、梁、板等构件事先预制，因此可节约模板。各构件拼装完毕后，外面再加钢箍，并加张力，接缝处喷涂砂浆使之不漏水。

（2）水塔的构造。水塔主要由水柜（或水箱）、塔体、管道及基础组成。

①水柜（或水箱）。水柜主要是储存水量，它的容积包括调节容量和消防储量。

水柜通常做成圆形，必须牢固不透水。其材料可用钢材、钢筋混凝土或木材，容积很小时，可用砖砌。

②塔体。塔体可以支撑水柜，常用钢筋混凝土、砖石或钢材建造。近年来也采用装配式和预应力钢筋混凝土水塔。

③管道和设备。水塔的进水管和出水管可合用，也可以分别单独设置。合用时进水管伸到高水位附近，出水管靠近柜底，出水柜后合并连接。溢水管和放空管可合并。管径可和进、出水管相同，当进、出水管直径大于200mm时可小一级。溢水管上不装阀门，放空管从柜底接出。

另外，水塔上还有一些附属设施，如塔顶设为防雷电的避雷针；设置浮标水位尺或水位传示仪，以便值班人员观察水柜内的水位；还应根据当地气温采取水柜保温措施。

④基础。水塔基础可采用单独基础、条形基础和整体基础。常用的材料有砖石、混凝土、钢筋混凝土等。

2.清水池和水塔调节容积的计算

清水池和水塔在给水系统中起流量调节作用，统称为调节构筑物。前者兼有储存水量和保证与消毒剂有充分消毒接触时间等作用，一般设于厂内，调节一级与二级泵站供水量之间的差额，且为保证清洗与检修时的不间断供水，清水池的个数一般不少于两个，并能单独工作和分别放空；后者兼有储存水量和保证管网水压的作用，同时调节泵站的供水量与用水量之间的差额。

清水池和水塔调节容积的计算方法有两种：其一，根据24h供水量和用水量变化曲线求得；其二，当缺乏用水量变化规律的相关资料时，凭经验估算。

（三）给水系统的水压关系

给水系统应保证一定的水压，能供给用户足够的生活用水或生产用水。城市给水管网需保持最小的服务水头为：从地面算起1层为10m，2层为12m，2层以上每层增加4m。例如，当地房屋按7层楼考虑，则最小服务水头应为32m。至于城市内个别高层建筑物或建筑群，或建筑在城市高地上的建筑物等所需的水压，不应作为管网水压控制的条件。为满足这类建筑物的用水，可单独设置局部加压装置，这样比较经济。

泵站、水塔或高地水池是给水系统中保证水压的构筑物，因此需了解水泵扬程和水塔（或高地水池）高度的确定方法，以满足设计的水压要求。

1.水泵扬程确定

由水泵扬程的定义可知，水泵扬程就是指单位重量液体通过水泵后所获得的能量增值。水泵扬程等于静扬程和水头损失之和。

静扬程需根据抽水条件确定。一级泵站静扬程是指水泵吸水井最低水位与水厂的前端处理构筑物（一般为混合絮凝池）最高水位的高程差。在工业企业的循环给水系统中，水从冷却池（或冷却塔）的集水井直接送到车间的冷却设备，这时静扬程等于车间所需水头（车间地面标高加所需服务水压）与集水井最低水位的高程差。

水头损失Σh包括水泵吸水管、压水管和泵站连接管线的水头损失。

二级泵站是从清水池取水直接送向用户或先送入水塔，而后流进用户。无论是哪种管网系统，在哪种最不利的情况下工作，其所需水泵总扬程均由两部分组成：一部分是为克服地形高差满足控制点用户所要求的自由水压而必需的能量，即所需的静扬程；另一部分是为将所需的流量从泵站吸水池通过管道系统送至各用户，必然要克服各种阻力而消耗的能量，即各种阻力引起的水头损失。

上述可知，泵站所需总扬程是以满足控制点用户的自由水压要求为前提计算得出的。所谓的控制点，是指整个给水系统中水压最不容易满足的地点（又称最不利点），用以控制整个供水系统的水压。该点对供水系统起点（泵站或水塔）的供水压力要求最高，这一特征是判断某点是不是控制点的基本准则。由此看来，正确地分析确定系统的控制点非常重要，它是正确进行给水系统水压分析的关键。一般情况下，控制点通常在系统的下列地点。

（1）地形最高点。

（2）要求自由水压最高点。

（3）距离供水起点最远点。

当然，若系统中某一地点能同时满足上述条件，这一地点一定是控制点，但实际工程中，往往不是这样，多数情况下只具备其中的一个或两个条件，这时需选出几个可能的地点通过分析比较才能确定。另外，选择控制点时，应排除个别对水压要求很高的特殊用户（如高层建筑、工厂等），这些用户对水压的要求应自行加压解决；对于同一管网系统，各种工况（最高时、消防时、最不利管段损坏时、最大转输时等）的控制点往往不是同一地点，需根据具体情况正确选定。

2.水塔高度确定

水塔是靠重力作用将所需的流量压送到各用户的。大中城市一般不设水塔，因城市用水量大，水塔容积小了不起作用，如容积太大造价又太高，况且水塔高度一经确定，对今后给水管网的发展将产生一定影响。小城镇和工业企业则可考虑设置水塔，既可缩短水泵工作时间，又可保证恒定的水压。水塔在管网中的位置，可靠近水厂、位于管网中间或靠近管网末端等。不管哪类水塔，水塔的高度是指水柜底面或最低水位离地面的高度。

离二级泵站越远、地形越高的城市，水塔可能建在管网末端而形成对置水塔的管网系统。这种系统的给水情况比较特殊，在最高用水量时，管网用水由泵站和水塔同时供给，两者各有自己的给水区，在给水区分界线上，水压最低。

3.无水塔管网系统的水压情况

（1）最高用水时水压情况。在供水过程中，用水量总是变化的，用水量变化必然引起管网水压的波动，用水量变化越大，管网压力波动也就越大。最高用水时，二级泵站所需总扬程直接由控制点推算得出。

（2）消防时的水压情况。管网的管径和二级泵站的水泵型号和台数都是根据最高用水时的设计流量和设计水压确定，但在消防时，管网额外增加了大量的消防流量，管网的水头损失会明显增大，管网系统在消防时的水压会发生变化。因此，为保证安全供水，必须按消防时的条件进行核算，我国城镇给水一般均按低压制消防条件进行核算，即管网通过的总流量按最高时设计用水量加消防流量，消防时管网的自由水压值应保证不低于10mH_2O进行核算，以确定按最高用水时确定的管径和水泵扬程是否能适应这一工作情况的需要。

（四）分区给水系统的概述

分区给水一般是根据城市地形特点将整个给水系统分成几个区，每区有独立的泵站和管网等，但各区之间有适当的联系，以保证供水可靠和调度灵活。

分区给水的原因从技术方面上讲，是为了管网的水压不超过水管可以承受的压力，以免损坏水管和附件，并可减少漏水量。城镇管网能承受的最高水压由水管材料和接口形式而定。铸铁管虽能承受较高的水压，但为使用安全和管理方便起见，水压最好不超过490～590kPa。当管网延伸很远时，即使地形平坦，也因管网前端压力过大，而需在管网中途设置水库泵站或加压泵站，形成分区给水系统。

分区给水的原因从经济方面讲，是降低供水能量费用。给水系统中，供水所需动力费用是很大的，在给水成本中占有很大的比例。当给水区很大，地形高差显著或远距离输水时，都有可能考虑分区给水问题。

分区供水可分为并联分区、串联分区。并联分区的特点是各区用水分别供给，比较安全可靠，各区水泵集中在一个泵站内，管理方便；但增加了输水管长度和造价，又因高区水泵扬程高，还需用耐高压的输水管等。串联分区的特点是各区水泵分散布置，管理较为不便，供水安全性较差；但管网的耐压水平降低，输水管相应减少。大城市的管网往往由于城市面积大、管线延伸很长，而使管网水头损失过大，为了提高管网边缘地区的水压，而在管网中间设加压泵站或水库泵站加压，也是串联分区的一种形式。

1.分区给水的能量分析

从给水能量利用程度上评价分区给水系统是有实际意义的。因为泵站扬程根据控制点所需最小服务水头和管网中的水头损失确定，除控制点附近地区外，大部分给水区的管网水压高于实际所需的水压，多余的水压消耗在用户给水龙头上，因此产生了能量浪费。

2.分区给水系统的设计

在地形高差显著或给水区面积宽广处的城市管网，为使管网水压不超过管道所能承受的压力，以及减少无形的能量浪费，有必要考虑分区给水。但管网分区后，将增加管网系统的造价和管理的复杂性且并联分区增加了输水管长度，串联分区增加了泵站数量，两种布置方式的造价和管理费用并不相同，因此须进行技术和经济上的比较。

并联分区的优点是各区用水由同一个泵站供给，供水比较可靠，管理也较方便，整个给水系统的工作情况比较简单，设计条件易与实际情况一致。串联分区的优点是输水管长度较短，可用扬程较低的水泵和低压管。

城市地形对分区形式的影响是：当城市狭长、地形高差较大时，采用并联分区较宜，因为增加的输水管长度不大，高、低压两区的泵站可以集中管理。与此相反，当城市沿垂直等高线方向延伸时，串联分区更为合适。水厂位置对分区形式的影响是：水厂靠近高压区时，宜用并联分区。水厂远离高压区时，采用串联分区较好，以免到高压区的输水管过长，增加造价。

由于限制管网的水压而从技术上采取分区的给水系统时，可根据城镇管网能承受的最高水压，最小服务水头及管网的水头损失求出允许的地形高差，作为在地形图上确定分区界线的依据。由于对经济上的考虑而采用分区给水系统时，一般按节约能量的多少来划定分区界线。因为管网、泵站和水池的造价很少受到分界线位置变动的影响，所以考虑是否分区以及选择分区形式时，应根据地形、水源位置、用水量分布等具体条件，拟订若干方案，进行比较。

在分区给水系统中，可以采用高地水池或水塔做水量调节设备。容量相同时，高地水池的造价比水塔便宜，但高地水池的标高应保持该区所需的水压。采用水塔还是高地水池，需通过方案比较后确定。

四、给水管道材料及配件

（一）概述

输配水管网的造价占整个给水工程投资的50%～80%，因此是给水系统中造价最高并极为重要的组成部分。给水管网由给水管道、配件和附件组成。

按照水管工作条件，水管性能应满足下列要求。

（1）有足够的强度，可以承受各种内外荷载。

（2）水密性，它是保证管网有效而经济地工作的重要条件。若管线的水密性差而经常漏水，会增加管理费用，同时，管网漏水严重时会冲刷地层而出现严重事故。

（3）水管内壁应光滑以减小水头损失。

（4）价格较低，使用年限较长，并且有较高的防止水和土壤的侵蚀能力。

（5）水管接口应施工简便，工作可靠。

水管分金属管（铸铁管和钢管）和非金属管（预应力钢筋混凝土管、玻璃钢管、塑料管等）。管道和配件材料的选用应综合考虑管网内的工作压力、外部荷载、土质情况、施工维护、供水可靠性要求、使用年限、价格及管材供应情况等因素。因此，给水工程技术人员必须掌握水管材料的种类、性能、规格、供应情况、使用条件等，才能做到合理选用管材，以保证管网安全供水。

（二）给水管道材料

常用的给水管道材料有铸铁管、钢管、钢筋混凝土管、塑料管等，还有一些新型管材如球墨铸铁管、预应力钢筒混凝土管、玻璃纤维复合管等。现将各种管材的主要性能分述如下。

1.铸铁管

铸铁管在城市给水管道工程中应用较广，是传统的给水管材。与钢管相比，铸铁管抗腐蚀性能较好，经久耐用，价格低。但铸铁管质脆，不耐振动和弯折，工作压力较低，重量大，一般为同规格钢管重量的1.5～2.5倍，且经常发生接口漏水、水管断裂和爆管事故，给生产带来很大损失。铸铁管的性能虽相对较差，但可用在直径较小的管道上，同时采用柔性接口，必要时可选用较大一级的壁厚，以保证安全供水。

铸铁管接口有两种形式：承插式和法兰式。水管接头应紧密不漏水且稍带柔性，特别是沿管线的土质不均匀而有可能发生沉陷时。

承插式接口适用于室外埋地管线，安装时将插口插入承口内，两口之间的环形空隙用接头材料填实。接口时施工复杂，劳动强度大。接口材料分两层，内层常用油麻丝或胶圈，外层可用石棉水泥、自应力水泥砂浆、青铅等。目前很多单位采用膨胀性填料接口，利用材料的膨胀性密封接口。承插式铸铁管采用橡胶圈接口时，安装时无须敲打接口，因而减轻了劳动强度，并加快施工进度，应用广泛。

法兰接口接头紧密，检修方便。但施工要求较高，接口管必须严格对准，为使接口不漏水，在两法兰盘之间嵌以3～5mm厚的橡胶垫片，再用螺栓上紧。由于螺栓易锈蚀，不适用于埋地管线，一般用于水塔进出水管、泵房、净水厂、车间内部等与设备明装或地沟内的管线。

2.钢管

钢管有无缝钢管和焊接钢管两种。焊接钢管又分直缝钢管和螺旋卷焊钢管。钢管的特点是耐高压、耐振动、重量较轻、单管的长度大和接口方便，但承受外荷载的稳定性差，耐腐蚀性能差，管壁内外均需有防腐措施，并且造价较高。在给水管网中，通常只在管径大、水压高处，以及因地质、地形条件限制或穿越铁路、河谷和地震地区使用。

钢管用焊接或法兰接口，小管径可用丝扣连接。所用配件可用钢板卷焊而成，或直接用标准铸铁配件连接。

普通钢管的工作压力不超过1.0MPa；加强钢管的工作压力可达1.5MPa；高压管常用无缝钢管。室外给水用的钢管管径为100～2200mm或更大，长4～10m。

3.球墨铸铁管

球墨铸铁管既具有铸铁管的许多优点，而且机械性能有很大提高，其强度是铸铁管的多倍，抗腐蚀性能远高于钢管，因此是理想的管材。球墨铸铁管的重量较轻，很少发生爆管、渗水和漏水现象，可减少管网漏损率和管网维修费用。目前我国球墨铸铁管的产量低，产品规格少，价格较高。

球墨铸铁管耐压能力在3MPa以上，管径80～2000mm，有效长度4～6m。

球墨铸铁管采用T形滑入式胶圈柔性接口，也可用法兰接口，施工安装方便，可加快施工速度，缩短工期，接口的水密性好，有适应地基变形的能力，抗震效果较好。

4.石棉水泥管

石棉水泥管由2.5：7石棉水泥制成，耐压力高、表面光滑、水力性能好、绝缘性能强、质轻、价廉、易加工，但质脆，不耐弯折碰撞，在运输、安装埋设过程中注意避免发生碰撞。

石棉水泥管直径为75～500mm，长度为3～4m，工作压力可达0.47MPa。接口用套箍，可分为刚性和柔性两种。

5.预应力和自应力钢筋混凝土管

在给水工程建设中，有条件时宜以非金属管代替金属管，有利于加快工程建设，可节约资金。

配有纵向和环向缠绕预应力钢筋的混凝土管，叫预应力钢筋混凝土管。其管径一般为400～2000mm，管长5m，工作压力可达0.4～1.2MPa。

用自应力水泥制成的钢筋混凝土管叫自应力钢筋混凝土管，这种水泥由矾土水泥、石膏、高强度等级水泥（一般为500号）配制而成，在一定条件下，产生晶体转变，水泥自身体积膨胀（比一般膨胀水泥大4～6倍）。膨胀时，带着钢筋一起膨胀，张拉钢筋使之产生自应力。其管径一般为100～800mm，管长3～4m，工作压力可达0.4～1.0MPa。

预应力和自应力钢筋混凝土管均具有良好的抗渗性和抗裂性、不需内外防腐、施工安装方便、输水能力强、价格便宜，但自重大、质地脆，装卸和搬运时严禁抛掷和碰撞。施工时管沟底必须平整，覆土必须夯实，不适用于地下情况复杂、土壤敷设条件差、施工期紧促的交通要道处。自应力钢筋混凝土管后期会发生膨胀，使管材疏松，很少用于重要的管道。

预应力和自应力钢筋混凝土管均为承插式接头，用圆形断面的橡胶圈为接口材料，转弯和管径变化处采用特制的铸铁或钢板配件。

6.预应力钢筒混凝土管

预应力钢筒混凝土管是由钢板、钢丝和混凝土构成的复合管材，分为两种形式：一种是内衬式预应力钢筒混凝土管，是在钢筒内衬以混凝土后，在钢筒外缠绕预应力钢丝，再敷设砂浆保护层；一种是埋置式预应力钢筒混凝土管，是将钢筒埋置在混凝土里面，然后在混凝土管芯上缠绕预应力钢丝，再敷设砂浆保护层。

管子两端分别焊有钢制的承口圈和插口圈，采用密封橡胶圈接口。

预应力钢筒混凝土管兼有钢管和混凝土管的抗爆、抗渗及抗腐蚀性，钢材用量约为铸铁管的1/3，使用寿命可达50年以上，管道综合造价较低，价格与普通铸铁管相近，是一种极有应用前途的管材。我国目前生产的管径为600～3400mm，管长5m，工作压力为0.4～2.0MPa，常作为输水管材。

7.塑料管

塑料管有多种，常用的塑料管有硬聚氯乙烯管、聚乙烯管、聚丙烯管等。其中以硬聚氯乙烯管的力学性能和阻燃性能好，价格较低，因此应用较广。塑料管已在天津、沈阳、济南、青岛、成都、南通、苏州等30多座大中城市中应用。

塑料管具有强度高、表面光滑、不易结垢、水力性能较好、耐腐蚀、重量轻、加工及接口方便、施工费用低等优点，但质脆、膨胀系数较大、易老化。用作长距离管道时，需考虑温度补偿措施，例如，伸缩节和活络接口。

与铸铁管相比，塑料管的水力性能好，由于管壁光滑，在相同流量和水头损失情况下，塑料管的管径可比铸铁管小；塑料管相对密度在1.40左右，比铸铁管轻，又可采用橡胶圈柔性承插接口，抗震和水密性较好，不易漏水，既提高了施工效率，又可降低施工费用。可以预见塑料管将成为城市供水中、小口径管道的一种主要管材。

硬聚氯乙烯塑料管是一种新型管材，其工作压力宜低于2.0MPa，用户用水管的常用管径为DN25和DN50，小区内为DN100～DN200，管径一般不大于DN400。管道接口在无水情况下可用胶粘剂粘接，承插式管可用橡胶圈柔性接口，也可用法兰连接。塑料管在运输和堆放过程中，应防止剧烈碰撞和阳光曝晒，以防止变形和加速老化。

8.玻璃纤维复合管

玻璃纤维复合管是一种新型优质管材，按制管工艺分离心浇铸玻璃纤维增强树脂砂浆复合管和玻璃纤维缠绕夹砂复合管两大类。

离心浇铸玻璃纤维增强树脂砂浆复合管的主要特点是：管材密度为1.65～1.95t/m^2，重量轻，在同等条件下，为钢管的1/4、预应力钢筋混凝土管的1/5～1/10，施工运输方便；耐腐蚀性好，不需做防腐及内衬，使用寿命长达50年以上，维护费用低；管壁结构可据设计要求，共有14层组成，其内压可从无压至2.5MPa，共分八个等级，外压刚度由SN2500N/m^{2}到SN15000N/m^{2}四个等级；内壁光滑，且不结垢，可降低能耗；管材、接口不渗漏，不破裂，增加供水安全可靠性，施工方便；在管径相同条件下，其综合造价介于钢管和球墨铸铁管之间。可考虑在强腐蚀性土壤处采用。

玻璃纤维复合管接口形式有承插式、外套式。

9.孔网钢带塑料复合管

以冷轧多孔钢带焊接钢管为增强体，多孔管壁内外双面复合热塑性高密度聚乙烯形成的复合管。由于多孔壁钢管被包覆在热塑性塑料中，两种材料共同受力，构造形式、受力情况更为合理。管径为50～600mm，一般用电热熔方法接口，适合做室外给水管材。

综上所述，给水管材的选择取决于承受的水压、输送的水量、外部荷载、埋管条件、供应情况、价格因素等。根据各种管材的特性，其大致适用性如下。

（1）长距离大水量输水系统，若压力较低，可选用预应力钢筋混凝土管；若压力较高，可采用预应力钢筒混凝土管或玻璃钢管。

（2）城市输配水管道系统，可采用球墨铸铁管或玻璃钢管。

（3）建筑小区及街坊内部应优先考虑硬聚氯乙烯管。

（4）穿越障碍物等特殊地段时，可考虑采用钢管。

在管线转弯、分支、直径变化处及连接其他附属设备处，需采用各种标准配件。例如，承接分支管用三通和四通（或称为丁字管和十字管）；管道转弯处采用各种角度的弯管；变换管径处采用变径管（或称为大小头、渐缩管）。改变接口形式采用短管，如连接法兰式和承插式，铸铁管处用承盘短管；还有检修管线时用的配件、接消火栓用的配件等。

（三）给水管道附件

给水除了管道以外还应设置各种必要的附件，以保证管网的正常运行。

管网的附件主要有调节流量用的阀门、供应消防用水的消火栓，其他还有控制水流方向的单向阀、安装在管线高处的排气阀和安全阀等。

1.阀门

阀门是用来调节管道内水量和水压的重要设备。安装阀门的位置，一是在管线分支处，二是在较长的管线上，三是穿越障碍物时。因阀门的阻力大，价格昂贵，所以阀门的数量应保持调节灵活的前提下尽可能少。

配水干管上装设阀门的距离一般为400～1000m，且不应超过三条配水支管，主要管线和次要管线交接处的阀门常设在次要管线上。阀门一般设在配水支管的下游，以便关闭阀门时不影响支管的供水。在支管上也应设阀门。配水支管上的阀门间距不应隔断五个以上消火栓。承接消火栓的水管上要接阀门。

阀门的口径一般和水管的直径相同。但当管径较大阀门价格较高时，为降低造价，可安装0.8倍水管直径的阀门。

给水用的阀门包括闸阀和蝶阀。

闸阀是给水管上最常见的阀门。闸阀由闸壳内的闸板上下移动来控制或截断水流。根据阀内的闸板形式分楔式和平行式两种。根据闸阀使用时阀杆是否上下移动，分为明杆和暗杆。明杆式闸阀的阀杆随闸板的启闭而升降，因此易于从阀杆位置的高低掌握阀门启闭程度，适用于明装的管道；暗杆式闸阀的闸板在阀杆前进方向留一个圆形的螺孔，当闸阀开启时，阀杆螺丝进入闸板内而提起闸板，阀杆不外露，有利于保护阀杆，通常适用于安装和操作位置受到限制的地方，否则当阀门开启时会因阀杆上升而妨碍工作。

大口径的阀门，在手工开启或关闭时，很费时，劳动强度大。所以直径较大的阀门有齿轮传动装置，并在闸板两侧接旁通阀，以减小水压差，便于开启。开启阀门时，先开旁通阀，关闭阀门时，则后关旁通阀。或采用电动阀门以便于启闭。在压力较高的水管上，应缓慢关闭阀门，以免出现水锤现象使水管损坏。

闸阀一般用法兰连接在水管上。

蝶阀的作用和一般阀门相同，但结构简单、尺寸小、重量轻、开启方便，旋转90° 即可全开或全关。因价格同闸阀接近，目前应用较广。

蝶阀是由阀体内的阀板在阀杆作用下旋转来控制或截断水流的。按照连接形式的不同，分为对夹式和法兰式。按照驱动方式不同分手动、电动、气动等。蝶阀宽度较一般阀门小，但闸板全开时将占据上下游管道的位置，因此不能紧贴楔式和平行式阀门旁安装。由于密封结构和材料的限制，蝶阀只用在中、低压管线上，例如，水处理构筑物和泵站内。

2.止回阀

止回阀也称为单向阀或止回阀，主要用来限制水流朝一个方向流动。闸门的闸板可绕轴旋转，若水从反方向流来，闸板因自重和水压作用而自动关闭。止回阀一般安装在水压大于196kPa的水泵压水管上，防止因突然停电或其他事故水流倒流而损坏水泵设备。

止回阀的形式很多，主要分为旋启式和升降式两大类。旋启式止回阀阀瓣可绕轴转动。当水流方向相反时，阀瓣关闭。

在直径较大的管线上，例如，工业企业的冷却水系统中，常用多瓣阀门的单向阀，由于几个阀瓣不同时闭合，所以能有效减轻水锤所产生的危害。

3.水锤消除设备

水锤又称为水击，当压力管上阀门关闭过快或水泵压水管上的单向阀突然关闭时，管中水压将升高到正常时的数倍，会对管道或阀件产生破坏作用。

消除或减轻水锤破坏作用的措施有以下几个。

（1）延长阀门启闭时间。

（2）在管线上安装水锤消除器。

（3）在管线上安装安全阀。

（4）有条件时取消泵站的单向阀和底阀。

安全阀可以防止管中水压过高而发生事故，一般安装在压力管线上，或水泵压水管上的单向阀后面，可减小发生水锤时管道中的压力。按其构造分弹簧式和杠杆式两种。弹簧式安全阀是利用阀上的调节螺栓来调节弹簧的松紧，使阀中下盘受到的弹簧压力与管道中正常工作压力平衡而压紧下盘，不让管道中的水从侧管流出。当管道中的压力由于水锤作用而增加并大于弹簧的压力时，阀中下盘被顶起，水经侧管流出，管道中的压力被释放，从而达到减弱或消除水锤的目的。

杠杆式安全阀是以平衡重锤左右移动来调节阀中下盘受到的压力，使之与管道中正常工作压力相平衡而封闭排水口。当发生水锤而使管道中压力增大时，阀中下盘被顶起失去平衡，水则从侧管方向流出而释放水锤压力。

水锤消除器适用于消除因突然停泵产生的水锤，安装在止回阀的下游，距单向阀越近越好。

4.消火栓

消火栓分地上式和地下式两种，均设置在给水管网的管线上，可直接从分配管接出，也可从配水干管上接出支管后再接消火栓，并在支管上安装阀门，以便检修。每个消火栓的流量为10～15L/s。

地上式消火栓一般设在街道的交叉口消防车便于驶近的地方，并涂以红色标志。适用于不冰冻地区，或不影响城市交通和市容的地区。地下式消火栓用于冬季气温较低的地区，须安装在阀门井内，不影响市容和交通，但使用不如地上式方便。

5.排气阀和泄水阀

排气阀安装在管线的隆起部分，使管线投产或检修后通水时，管内空气经此阀排出。平时用来排出从水中释出的气体，以免空气积存管中减小管道过水断面，增加管道的水头损失。管线损坏需放空检修时，可自动进入空气保持排水通畅。产生水锤时可使空气自动进入，避免产生负压。

常用的单口排气阀，阀壳内设有铜网，铜网里装一空心玻璃球。当水管内无气体时，浮球上浮封住排气口。随着气量的增加，空气升入排气阀上部聚积，使阀内水位下降，浮球靠自重随之下降而离开排气口，空气则由排气口排出。

排气阀分单口和双口两种。单口排气阀用在直径小于400mm的水管上，排气阀直径16～25mm。双口排气阀直径50～200mm，装在大于或等于400mm的水管上，排气阀口径与管线直径之比一般采用1∶8～1∶12。

排气阀必须垂直安装在水平管线上。可单独放在阀门井内，也可与其他管道配件合用一个阀门井。排气阀须定期检修，经常维护，使排气灵活。在冰冻地区应有适当的保温措施。

在管线低处和两阀门之间的低处，应安装泄水阀。它与排水管相连接，用来在检修时放空管内存水或平时用来排除管内的沉淀物。泄水阀和排水管的直径由放空时间决定，放空时间可按一定工作水头下孔口出流公式计算。由管线放出的水可直接排入水体或沟管，或排入泄水井内，再用水泵排除。为加速排水，可根据需要同时安装进气管或进气阀。

（四）给水管道附属构筑物

1.阀门井

管网中的各种附件一般应安装在阀门井内。为了降低造价，配件和附件应布置紧凑。阀门井的平面尺寸取决于水管直径以及附件的种类和数量，应满足阀门操作及拆装管道阀件所需的最小尺寸。井的深度由管道埋设深度确定，但是，井底到水管承口或法兰盘底的距离至少为0.lm，法兰盘和井壁的距离宜大于0.15m，从承口外缘到井壁的距离应在0.3m以上，以便接口施工。

阀门井一般用砖砌，也可用石砌或钢筋混凝土建造。

阀门井的形式，可根据所安装的阀件类型、大小和路面材料来选择。

位于地下水位较高处的井，井底和井壁应不透水，在水管穿越井壁处应保持足够的水密性。阀门井应有抗浮稳定性。

2.管道支墩

承插式接口的给水管线，在弯管处、三通处及水管尽端盖板上以及缩管处，都会产生拉力，当拉力较大时，会引起承插接头松动甚至脱节，而使管线漏水，因此在这些部位须设置支墩以承受拉力和防止事故。但当管径小于300mm，或管道转弯角度小于10°，且水压力不超过980kPa时，因接口本身足以承受拉力，可不设支墩。

3.给水管道穿越障碍物

给水管道通过铁路、公路、河道及深谷时各种障碍物必须采取一定的措施。

管道穿越铁路或公路时，其穿越地点、方式和施工方法，应满足有关铁道部门穿越铁路的技术规范。根据其重要性可采取如下措施：穿越临时铁路、一般公路或非主要路线且管道埋设较深时，可不设套管，但应尽量将铸铁管接口放在轨道中间，并用青铅接口，钢管则应有防腐措施；穿越较重要的铁路或交通频繁的公路时，须在路基下设钢管或钢筋混凝土套管，套管直径根据施工方法而定，当开挖施工时，应比给水管直径大300mm，顶管法施工时应比给水管的直径大600mm。套管应有一定的坡度以便排水。路的两侧应设检查井，内设阀门及支墩，并根据具体情况在低的一侧设泄水阀、排水管或集水坑。穿越铁路或公路时，水管顶（设套管时为套管管顶）在铁路轨底或公路路面的深度不得小于1.2m，以减轻动荷载对管道的冲击。管道穿越铁路时，两端应设检查井，井内设阀门或排水管等。

管线穿越河道或深谷时，可利用现有桥梁架设给水管，或敷设倒虹管，或建造专用管桥，应根据河道特性、通航情况、河岸地质地形条件、过河管材料和直径、施工条件选用。

给水管架设在现有桥下穿越河流最为经济，施工和检修比较方便，但应注意振动和冰冻的可能性。通常给水管架在桥梁的人行道下。

若无桥梁可以利用，则可考虑设置倒虹管或架设管桥。倒虹管从河底穿越，比较隐蔽，不影响航运，但施工和检修不便。倒虹管应选择在地质条件较好、河床及河岸不受或少受冲刷处，若河床土质不良时，应做管道基础。倒虹管一般用钢管并加强防腐措施。当管径小、距离短时可用铸铁管，但应采用柔性接口。为保证安全供水，倒虹管一般设两条，两端应设阀门井，井内安装阀门、泄水阀和倒虹管的连通管，以便放空检修或冲洗倒虹管。阀门井顶部标高应保证洪水时不致被淹没。倒虹管管顶在河床下的埋深，应根据水流冲刷情况确定，一般不小于0.5m，但在航线范围内不应小于1.0m。倒虹管管径可小于上下游管道的直径，以便管内流速较大而不易沉积泥砂，但当两条管道中一条发生事故，另一条管中流速不宜超过2.5 ~ 3.0m/s。

大口径水管由于重量大，架设在桥下有困难时或当地无现成桥梁可利用时，可建专用管桥，架空穿越河道。管桥应有适当高度以免影响航线。架空管一般用钢管或铸铁管，为便于检修可用青铅接口，也可采用承插式预应力钢筋混凝土管。在过桥水管的最高点设排气阀，两端设置伸缩接头。在冰冻地区应有适当的防冻措施。

钢管过河时，本身可以作为承重结构，称为拱管桥，施工方便，并可节省架设水管桥所需的支撑材料。一般拱管的矢高和跨度比为1/8 ~ 1/6，常取1/8。拱管一般由每节长度为1 ~ 1.5m的短管焊接而成，焊接要求较高，以免吊装时拱管下垂或开裂。拱管在两岸有支座，以承受作用在拱管上的各种作用力。

第二节 给水管网的水力计算

一、管网图形的性质与简化

给水管网是由管段和节点构成的有向图。管网图形中每个节点通过一条或多条管段与其他节点相连接。

在管网计算中，城市管网的现状核算及旧管网的扩建计算最为常见。由于给水管线遍布街道下，管线很多而且管径差别很大，如果计算全部管线，实际上既无必要，也不大可能。因此，除了新设计的管网，因定线和计算仅限于干管网的情况外，对城镇管网的现状核算以及管网的扩建或改建往往需要将实际的管网适当加以简化，保留主要的干管，略去一些次要的、水力条件影响较小的管线，使简化后的管网基本上能反映实际用水情况，而计算工作量大大减轻。通常管网越简化，计算工作量越小，但过分简化的管网，其计算结果与实际用水情况的偏差就会过大。因此，管网图形简化是在保证计算结果接近实际情况的前提下，对管线进行的简化。

在进行管网简化时，首先应对实际管网的管线情况进行充分了解和分析，然后采用分解、合并、省略等方法进行简化。只有一条管线连接的两个管网，可以把连接管线断开，分解成两个独立的管网；有两条管线连接的分支管网，若其位于管网的末端且连接管线的流向和流量可以确定时，也可以进行分解，管网分解后即可分别计算。管径较小、相互平行且靠近的管线可考虑合并。管线省略时，首先略去水力条件影响较小的管线，即省略管网中管径相对较小的管线。管线省略后的计算结果是偏于安全的，但是由于流量集中，管径增大，并不经济。

二、管段流量计算

在管网水力计算过程中，要确定各管段的直径，必须首先确定各管段的设计流量。为此，需先求出各管段的沿线流量和各节点的节点流量。

（一）沿线流量

工业企业的给水管网，用水集中在少数车间，配水情况比较简单。由于干管和分配管上承接了许多用户，既有工厂、医院、旅馆等大用户，其流量称为集中流量，常用Q_1、Q_2、Q_3……表示，又有数量很多但用水量较小的居民用水，其用水量常用q_1、q_2、q_3……表示。我们把管网中管段配水干管或配水支管沿线输出的流量之和，称为该管段的沿线流量，即供给该管段两侧用户所需的流量。由于沿线分布不均匀，因此，干管和分配管沿线配水情况均很不规则。

分配管沿线配出的流量既有数量较多的小用户用水，也有少数大用户的集中流量；而干管上还有分配管的取水流量，这些流量大小不等，并且用水量经常发生变化。若按实际情况计算，非常复杂且没有必要。所以，为了计算方便，常采用简化法——比流量法，即假定小用水户的流量均匀分布在全部干管上。比流量法有长度比流量和面积比流量两种。

1.长度比流量

所谓长度比流量法是假定沿线流量q_1'、q_2'……均匀分布在全部配水干管上，则管线单位长度上的配水流量称为长度比流量，记作q_{cb}，按下式计算：

$$q_{cb}=\frac{Q-\sum Q_i}{\sum L}\left[L/(s\cdot m)\right] \tag{3-1}$$

式中：Q——管网总用水量，L/s。

$\sum Q_i$——工业企业及其他大用户的集中流量之和，L/s。

$\sum L$——管网配水干管总计算长度，m；单侧配水的管段（如沿河岸等地段敷设的只有一侧配水的管线）按实际长度的一半计入；双侧配水的管段，计算长度等于实际长度；两侧不配水的管线长度不计。

比流量的大小随用水量的变化而变化。因此，控制管网水力情况的不同供水条件下的比流量（如在最高用水时、消防时、最大转输时的比流量）是不同的，须分别计算。

必须指出，按照用水量全部均匀分布在干管上的假定来求比流量的方法，存在一定的缺点，因为忽视了沿管线供水人数多少的影响。所以，不能反映各管段的实际配水量。显然，不同管段上，供水面积和供水居民数不会相同，配水量不可能均匀。因此，提出一种改进的计算方法，即按管段供水面积决定比流量的计算方法——面积比流量法。

2.面积比流量

假定沿线流量q_1'、q_2'……均匀分布在整个供水面积上，则单位面积上的配水流量称为面积比流量，记作q_{mb}，按下式计算：

$$q_{mb}=\frac{Q-\sum Q_i}{\sum\omega}\left[L/(s\cdot m)\right] \quad (3\text{-}2)$$

式中：$\Sigma\omega$——给水区域内沿线配水的供水面积总和，m^2。

其余符号意义同前。

干管每一管段所负担的供水面积可按分角线或对角线的方法进行划分。在街区长边上的管段，其单侧供水面积为梯形；在街区短边上的管段，其单侧供水面积为三角形。

上述两种比流量的计算方法，面积比流量法由于考虑了沿管线供水面积（人数）多少对管线配水流量的影响，故计算结果与长度比流量法相比，更接近实际配水情况，但此法计算过程较为复杂。当供水区域的干管分布比较均匀，干管距大致相同的管网，没必要使用，则改用长度比流量法较为简便。

（二）节点流量

管网中任一管段内的流量，包括两部分：一部分是沿本管段均匀泄出供给各用户的沿线流量q_y，流量大小沿程直线减小，到管段末端等于零；另一部分是通过本管段流到下游管段的流量，沿程不发生变化，称为转输流量q_{zs}。从管段起端到末端管段内流量由$q_{zs}+q_y$，变为q_{zs}，流量仍是变化的。对于流量变化的管段，难以确定管径和水头损失。因此，需对其进一步简化。简化的方法是以变化的沿线流量折算为管段两端节点流出的流量，即节点流量。全管段引用一个不变的流量，称为折算流量，记为q_{if}，使它产生的水头损失与实际上沿线变化的流量产生的水头损失完全相同，从而得出管线折算流量的计算公式为：

$$q_{if}=q_{zs}+\alpha q_y\ (\mathrm{L/s}) \quad (3\text{-}3)$$

式中：α——折减系数，其值根据简化条件经推算在0.5～0.58之间。

α值与管段中q_{zs}/q_y有关。一般来说，在靠近管网起端的管段，因转输流量比沿线流量大得多，α值接近于0.5；相反，靠近管网末端的管段，α值则趋近于0.58。为便于管网计算，通常统一采用0.5，即将管段沿线流量平分到管段两端的节点上，在解决工程问题时，已足够精确。

因此，管网任一节点的节点流量为：

$$q_i=0.5\Sigma q_y \text{（L/s）} \quad (3-4)$$

即管网中任一节点的节点流量q_i等于与该节点相连各管段的沿线流量总和的一半。

城市管网中，工业企业等大用户所需流量，可直接作为接入大用户节点的节点流量。工业企业内的生产用水管网、水量大的车间用水量也可直接作为节点流量。

这样，管网图上各节点的流量包括由沿线流量折算的节点流量和大用户的集中流量。大用户的集中流量可以在管网图上单独注明，也可与节点流量加在一起，在相应节点上注出总流量。一般在管网计算图的各节点旁引出细实线箭头，并在箭头的前端注明该节点总流量的大小。

（三）管段的设计流量

管网各管段的沿线流量简化成各节点流量后，可求出各节点流量，并把大用水户的集中流量也加于相应的节点上，则所有节点流量的总和，便是由二级泵站送来的总流量（总供水量）。按照质量守恒原理，每一节点必须满足节点流量平衡条件：流入任一节点的流量必须等于流出该节点的流量，即流进等于流出。

若规定流入节点的流量为负，流出节点为正，则上述平衡条件可表示为：

$$q_i+\Sigma q_{ij}=0 \quad (3-5)$$

式中：q_i——节点i的节点流量，L/s。

q_{ij}——连接在节点i上的各管段流量，L/s。

依据式（3-5），用二级泵站送来的总流量沿各节点进行流量分配，所得出的各管段通过的流量，就是各管段的设计流量。

在单水源枝状管网中，各管段的计算流量容易确定。从配水源（泵站或水塔等）供水到任一节点只能沿唯一的一条管路通道，即管网中每一管段的水流方向和计算流量都是确定的，并且是唯一的。每一管段的计算流量等于该管段后面（顺水流方向）所有节点流量和大用户集中用水量之和。因此，对于枝状管网，若任一管段发生事故，该管段以后地区就会断水。

环状管网可以有许多不同的流量分配方案，但是都应保证供给用户所需的水量，并且满足节点流量平衡条件。因为流量分配的不同，所以每一方案所得的管径也有差异，管网总造价也不相等，但一般不会有明显的差别。

环状管网流量分配的具体步骤如下。

（1）首先在管网平面布置图上，确定控制点的位置，并根据配水源、控制点、大用户及调节构筑物的位置确定管网的主要流向。

（2）参照管网主要流向拟定各管段的水流方向，使水流沿最近路线输水到大用户和边远地区，以节约输水电耗和管网基建投资。

（3）根据管网中各管线的地位和功能来分配流量。尽量使平行的主要干管分配相近的流量，以免个别主要干管损坏时，其余管线负荷过重，使管网流量减少过多；干管与干管之间的连接管，起作用的主要是沟通平行干管之间的流量，有时起输水作用，有时只是就近供水到用户，平时流量一般不大，只有在干管损坏时，才转输较大流量，因此，连接管中可分配较少的流量。

（4）分配流量时应满足节点流量平衡条件，即在每个节点上满$q_i+q_{ij}=0$。由于实际管网的管线错综复杂，大用户位置不同，上述原则必须结合具体条件分析水流情况加以运用。

（四）多水源管网

对于多水源管网，会出现由两个或两个以上水源同时供水的节点，这样的节点叫供水分界点；各供水分界点的连线即为供水分界线；各水源供水流量应等于该水源供水范围内的全部节点流量加上分界线上由该水源供给的那部分节点流量之和。因此，流量分配时，应首先按每一水源的供水量确定大致的供水范围，初步划定供水分界线，然后从各水源开始，向供水分界方向逐节点进行流量分配。

环状管网流量分配后得出的是各管段的计算流量，由此流量即可确定管径，计算水头损失，但环状管网各管段计算流量的最后数值必须由平差计算结果定出。

三、管径计算

确定管网中每一管段的直径是输水和配水系统设计计算的主要课题之一。管段的直径应按分配后的流量确定。

在设计中，各管段的管径按下式计算：

$$D=\sqrt{\frac{4q}{\pi v}} \tag{3-6}$$

式中：q——管段流量，m^3/s。

v——管内流速，m/s。

由上式可知，管径不但和管段流量有关，而且与流速有关。因此，确定管径时必须先选定流速。

为了防止管网因水锤现象出现事故，在技术上最大设计流速限定在2.5～3.0m/s范围内，在输送浑浊的原水时，为了避免水中悬浮物质在水管内沉积，最低流速通常应大于0.60m/s，可见技术上允许的流速幅度是较大的。因此，还需在上述流速范围内，根据当地的经济条件，考虑管网的造价和经营管理费用，来选定合适的流速。

从公式（3-6）可以看出，流量一定时，管径与流速的平方根成反比。如果流速选用得大一些，管径就会减小，相应的管网造价便可降低。但水头损失明显增加，所需的水泵扬程将增大，从而使经营管理费（主要指电费）增大，同时流速过大，管内压力高，因水锤现象引起的破坏作用也随之增大。相反，若流速选用小一些，因管径增大，管网造价会增加。但因水头损失减小，可节约电费，使经营管理费降低。因此，管网造价和经营管理费（主要指电费）这两项经济因素是决定流速的关键。由前述可知，流速变化对这两项经济因素的影响趋势恰好相反。所以必须兼顾管网造价和经营管理费。按一定年限t（称为投资偿还期）内，管网造价和经营管理费用之和为最小的流速（称为经济流速），来确定管径。

各城市的经济流速值应按当地条件，如水管材料和价格、施工条件、电费等来确定，不能直接套用其他城市的数据。另外，管网中各管段的经济流速也不一样，须随管网图形、该管段在管网中的位置、该管段流量和管网总流量的比例等决定。

由于实际管网的复杂性，加上情况在不断地变化，例如，流量在不断增加，管网逐步扩展，诸多经济指标如水管价格、电费等也随时变化，要从理论上计算管网造价和年管理费用相当复杂且有一定难度。在条件不具备时，设计中也可采用平均经济流速。

一般大管可取较大的经济流速，小管可取小值。

在使用各地区提供的经济流速或按平均经济流速确定管网管径时，还需考虑下列因素。

（1）首先定出管网所采用的最小管径（由消防流量确定），按平均经济流速确定的管径小于最小管径时，一律采用最小管径。

（2）连接管属于管网的构造管，应注重安全可靠性，其管径应由管网构造来确定，即按与它连接的次要干管管径相当或小一号确定。

（3）由管径和管道比阻之间的关系可知，当管径较小时，管径缩小或放大一号，水头损失会大幅度增减，而所需管材变化不多；相反，当管径较大时，管径缩小或放大一号，水头损失增减不是很明显，而所需管材变化较大。因此，在确定管网管径时，一般对管网起端的大口径管道可按略高于平均经济流速来确定管径，对管网末端较小口径的管道，可按略低于平均经济流速确定管径，特别是对确定水泵扬程影响较大的管段，适当降低流速，使管径放大一号，比较经济。

以上是指水泵供水时的经济管径确定方法，在求经济管径时，考虑了抽水所需的电费。重力供水时，由于水源水位高于给水区所需水压，两者的标高差H可使水在管内重力流动。此时，各管段的经济管径应按输水管和管网通过设计流量时，供水起点至控制点的水头损失总和等于或略小于可利用的水头来确定。

四、枝状管网的水力计算

多数小型给水和工业企业给水在建设初期采用枝状管网，以后随着用水量的发展可根据需要逐步连接形成环状管网。枝状管网中的计算比较简单，因为水从供水起点到任一节点的水流路线只有一个，每一管段也只有唯一确定的计算流量。因此，在枝状管网计算中，应首先计算对供水经济性影响最大的干管，即管网起点到控制点的管线，然后再计算支管。

当管网起点水压未知时，应先计算干管，按经济流速和流量选定管径，并求得水头损失；再计算支管，此时支管起点及终点水压均为已知，支管计算应按充分利用起端的现有水压条件选定管径，经济流速不起主导作用，但需考虑技术上对流速的要求。若支管负担消防任务，其管径还应满足消防要求。

当管网起点水压已知时，仍先计算干管，再计算支管，但注意此时干管和支管的计算方法均与管网起点水压未知时的支管相同。

枝状管网水力计算步骤简要介绍如下。

（1）按城镇管网布置图，绘制计算草图，对节点和管段顺序编号，并标明管段长度和节点地形标高。

（2）按最高日最高时用水量计算节点流量，并在节点旁引出箭头，注明节点流量。大用户的集中流量也标注在相应节点上。

（3）在管网计算草图上，按照任一管段中的流量等于其下游所有节点流量之和的关系，求出每一管段流量。

（4）选定泵房到控制点的管线为干线，按经济流速求出管径和水头损失。

（5）按控制点要求的最小服务水头和从水泵到控制点管线的总水头损失，求出水塔高度和水泵扬程。

（6）支管管径参照支管的水力坡度选定，即按充分利用起点水压的条件来确定。

（7）根据管网各节点的压力和地形标高，绘制等水压线和自由水压线图。

五、环状管网的水力计算

（一）计算步骤

（1）按城镇管网布置图，绘制计算草图，对节点和管段顺序编号，并标明管段长度和节点地形标高。

（2）按最高日最高时用水量计算节点流量，并在节点旁引出箭头，注明节点流量。大用户的集中流量也标注在相应节点上。

（3）在管网计算草图上，将最高用水时由二级泵站和水塔供入管网的流量（指对置水塔的管网），沿各节点进行流量预分配，定出各管段的计算流量。

（4）根据所定出的各管段计算流量和经济流速，选取各管段的管径。

（5）计算各管段的水头损失h及各个环内的水头损失代数和Σh。

（6）若h超过规定值（出现闭合差Δh），须进行管网平差，将预分配的流量进行校正，以使各个环的闭合差达到所规定的允许范围之内。

（7）按控制点要求的最小服务水头和从水泵到控制点管线的总水头损失，求出水塔高度和水泵扬程。

（8）根据管网各节点的压力和地形标高，绘制等水压线和自由水压线图。

（二）管网核算

管网的管径和水泵扬程，按设计年限内最高日最高用水时的用水量和水压要求决定。但是用水量也是经常变化的，为了核算所定的管径和水泵能否满足不同工作情况（消防时、最大转输、事故时）下的要求，就需进行其他用水量条件下的计算，以确保经济合理地供水。通过核算，有时需将管网中个别管段的直径适当放大，也有可能需要另选合适的水泵。

管网的核算条件如下。

1.消防时

消防时的核算，是以最高时用水量确定的管径为基础，然后按最高时用水量另加消防流量进行流量分配。因此，应按最高时用水流量加消防流量及消防压力进行核算。

核算时，将消防流量加在设定失火点处的节点上，即该节点总流量等于最高用水时节点流量加一次灭火用水流量，其他节点仍按最高用水时的节点流量，管网供水区内设定的灭火点数目和一次灭火用水流量均按现行的《建筑设计防火规范》确定。若只有一处失火，可考虑发生在控制点处；若同时有两处失火，应从经济和安全等方面考虑，一处可放在控制点，另一处可设定在离二级泵站较远或靠近大用户的节点。

核算时，应按消防对水压的要求进行管网的水压分析计算，低压消防制一般要求失火点处的自由水压不低于10mH_2O（98kPa）。虽然消防时比最高时所需的服务水头要小得多，但因消防时通过管网流量增大，各管段的水头损失相应增加，按最高时确定的水泵扬程有可能满足不了消防时的需要，这时需放大个别管段的管径，以减小水头损失。若最高时和消防时的水泵扬程相差很大，须专设消防泵供消防时使用。

2.事故时

管网主要管段发生损坏时，必须及时检修，在检修时间内供水量允许减少，但设计水压一般不应降低。事故时管网供水流量与最高时设计流量之比，称为事故流量降落比，用R表示。R的取值根据供水要求确定，城镇的事故流量降落比R一般不低于70%，工业企业的事故流量按有关规定确定。

核算时，管网各节点的流量应按事故时用户对供水的要求确定。若无特殊要求，也可按事故流量降落比统一折算，即事故时管网的节点流量等于最高时各节点的节点流量乘事故降落比R。

经过核算后不符合要求时，应在技术上采取措施。若当地给水管理部门检修力量较强，损坏的管段能及时修复，且断水产生的损失较小时，事故时的管网核算要求可适当降低。

3.最大转输时

设对置水塔的管网，在最高用水时由泵站和水塔同时向管网供水，但在一天内供水量大于用水量的时段内，多余的水经过管网送入水塔储存。因此，这种管网还应按最大转输流量来核算，以确定水泵能否将水送进水塔。核算时，管网各节点的流量需按最大转输时管网各节点的实际用水量求出，因节点流量随用水量的变化呈比例地增减。

（三）管网计算结果的整理

1.管网各节点水压标高和自由水压计算

起点水压未知的管网进行水压计算时，应首先选择管网的控制点，由控制点所要求的水压标高依次推出各节点的水压标高和自由水压，计算方法同枝状管网。由于存在闭合差，利用不同管线水头损失所求得的同一节点的水压值常不同，但差异较小，不影响选泵，可不必调整。

网前水塔管网系统在进行消防和事故工作校核时，由控制点按相应条件推算到水塔处的水压标高可能出现以下三种情况：一是高于水塔最高水位，此时必须关闭水塔，其水压计算与无水塔管网系统相同；二是低于水塔最低水位，此时水塔无须关闭，仍可由其起调节流量作用，但由于水塔高度一定，不能改变，所以这种情况管网系统的水压应由水塔控制，即由水塔开始，推算到各节点（包括二级泵站）；三是介于水塔最高水位和最低水位之间，此种情况水塔调节容积不能全部利用，应视具体情况按上述两种情况之一进行水压计算。

对于起点水压已定的管网进行水压计算时，无论何种情况，均从起点开始，按该点现有的水压值推算到各节点，并核算各节点的自由水压是否满足要求。

经上述计算得出的各节点水压标高、自由水压及该节点处的地形标高，按一定格式写在相应管网平面图的节点旁。

2.绘制管网水压线图

管网水压线图分等水压线图和等自由水压线图两种，其绘制方法与绘制地形等高线图相似。两节点间管径无变化时，水压标高将沿管线的水流方向均匀降低，据此从已知水压点开始，按0.5～1.0m的等高距（水压标高差）推算出各管段上的标高点。在管网平面图，用插值法按比例用细实线连接相同的水压标高点即可绘出等水压线图。水压线的疏密可反映出管线的负荷大小，整个管网的水压线最好均匀分布。如某一地区的水压线过密，表示该处管网的负荷过大，所选用的管径偏小。水压线的密集程度可作为今后放大管径或增敷管线的依据。

由等水压线图标高减去各点地面标高得自由水压，用细实线连接相同的自由水压即可绘出等自由水压线图。管网等自由水压线图可直观反映整个供水区域内高、低压区的分布情况和服务水压偏低的程度。因此，管网水压线图对供水企业的管理和管网改造有很好的参考价值。

3.水塔高度计算

按最高时平差结果和设计水压求出水塔高度。在核算时，水塔高度若不能满足其他最不利工作情况的供水要求，一般不修正水塔高度。网前水塔只需将水塔关闭，而对置水塔只需调整供水流量。

4.水泵扬程及供水总流量计算

由管网控制点开始，按相应的计算条件（最高时、消防时、事故时、最大转输时），经管网和输水管推算到二级泵站，求出水泵扬程和供水总流量，便于选泵。管网有几种计算情况就有几组数据。

5.多水源管网平差

许多大城市由于用水量的增长，往往逐步发展成多水源（包括泵站、水塔、高地水池等也看作水源）的给水系统。多水源管网计算原理与单水源管网相同，但是，在几个水源同时向管网供水时，每一水源输入管网的流量不仅取决于管网用水量，并随管网阻抗和每个水源输入的水压而变化，从而存在各水源之间的流量分配问题。

六、输水管水力计算

从水源到城市水厂或工业企业自备水厂的输水管渠设计流量，应按最高日平均时供水量与水厂自用水量之和确定。当远距离输水时，输水管渠的设计流量应计入管渠漏失水量。

从水源到水厂或从水厂到管网的输水管必须保证不间断输水。输水系统的一般特点是距离长，和河流、高地、交通路线等交叉较多。

输水管渠有多种形式，常用的有以下几种。

（一）压力输水管渠

此种形式通常用得最多，当输水量大时可采用输水渠。常用于高地水源或水泵供水。

（二）无压输水管渠（非满流水管或暗渠）

无压输水管渠的单位长度造价较压力管渠低，但在定线时，为利用与水力坡度接近的地形，不得不延长路线。因此，建造费用相应增加。重力无压输水管渠可节约水泵输水所耗电费。

（三）加压与重力相结合的输水系统

在地形复杂的地区常采用加压与重力结合的输水方式。

（四）明渠

明渠是人工开挖的河槽，一般用于远距离输送大量水。以下重点讨论压力输水管。

输水管平行工作的管线数，应从可靠性要求和建造费用两方面来比较。若增加平行管线数，虽然可提高供水的可靠性，但输水系统的建造费用随之增大。实际上，常采用简单而造价又增加不多的方法，以提高供水的可靠性，即在平行管线之间设置连接管，将输水管线分成多段，分段数越多，供水可靠性就越高。合理的分段数应根据用户对事故流量的要求确定。

输水管计算的任务是确定管径和水头损失以及达到一定事故流量所需的输水管条数和需设置的连接管条数。确定大型输水管的管径时，应考虑具体的埋管条件、管材和形式、附属构筑物数量和特点、输水管条数等，通过方案比较确定。具体计算时，先确定输水管条数，依据经济供水的原则，即按设计流量和经济流速确定管径，进而计算水头损失。

第四章　市政排水管道系统设计

第一节　污水管道系统设计

一、污水管道系统的设计步骤

污水管道的设计通常按以下步骤进行。

（1）搜集并整理与设计相关的自然因素、工程情况等方面的资料。

（2）确定设计方案，包括排水体制的选择、污水处理方式、管道系统的平面布置等内容。

（3）计算污水管道总设计流量和各管段设计流量。

（4）进行污水管道水力计算，确定管道断面尺寸、设计坡度、埋深等。

（5）设置污水提升泵站。

（6）进行污水管道系统上某些附属构筑物的设计计算。

（7）确定污水管道连接到横断面上的位置。

（8）绘制污水管道平面图和剖面图。

这里我们重点介绍污水管道系统的平面布置、设计流量计算以及管道水力计算。

二、污水管道系统的平面布置

管道系统的平面布置也称为定线，定线时一般按“主干管→干管→支管”的顺序进行。在一定条件下，地形是影响平面布置的主要因素，定线时应充分利用地形，使管道的走向符合地形趋势，一般宜顺坡排水。定线时通常按以下顺序进行。

（一）确定排水区界，划分排水流域

排水区界是排水系统规划的界限。在排水区界内，应根据地形和城市的竖向规划划分排水流域。一般情况下，流域边界应与分水线相符合，具体有以下几种情况。

（1）在地形有起伏地区及丘陵地带，流域分界线与分水线基本一致。

（2）在地形平坦、无显著分水线的地区，应使干管在最小埋深的情况下，保证绝大部分污水自流排出。

（3）若有河流或铁路等障碍物贯穿，应根据地形、周围水体情况及倒虹管的设置情况等，通过对不同方案进行比较，决定是否将其分为几个排水流域。每一个排水流域应根据高程情况，由一根或一根以上干管确定水流方向，并确定哪些地区需要进行污水提升。

（二）布置污水主干管和干管

城市污水主干管和干管是污水管道系统的主体，它们布置得是否合理将影响整个系统的合理性。

1.主干管

主干管的走向取决于城市的布局和污水处理厂的位置，主干管始端最好是排放大量工业废水的工厂，管道建成后即可得到充分利用，其终端通向污水处理厂。

2.干管

干管应布置成树状网络，根据地形条件，可采用平行式或正交式布置，影响其布置方式的因素通常有以下几点。

（1）地形和水文地质条件。

（2）城市总体规划、竖向规划和分期建设情况。

（3）排水体制、线路数目。

（4）污水处理和利用情况、污水处理厂和污水排放口位置。

（5）排水量大的工业企业和公共建筑的分布及排水情况。

（6）道路和交通情况。

（7）地下管线和构筑物的分布情况。

（三）布置污水支管

污水支管的平面布置要适应地形及街区建筑特征，还要便于用户接管排水。常见

的布置方式有低边式、围坊式和穿坊式三种。

1.低边式

低边式是指将污水支管布置在街区地势较低一边的布置方式。这种布置方式适用于街区面积较小而污水又比较集中的出水方式，具有管线较短的特点，在城市规划中是普遍采用的一种方式。

2.围坊式

围坊式是指将污水支管布置在街区四周的布置方式。这种布置方式适用于地势平坦并采用集中出水方式的大型街区。

3.穿坊式

穿坊式是指污水支管穿过街区，而街区四周不设置污水支管的布置方式。这种布置方式适用于街区内部建筑规划已经确定，或街区内部管线自成体系的地区。它具有管线短、工程造价低的特点，但由于管道维护管理不便，设计中很少采用此种形式。

（四）确定控制点

在污水排水区域内，对管道系统的埋深起控制作用的地点称为控制点。各管道的起点多为该管道的控制点。这些控制点中，离污水处理厂或出水口最远的一点通常就是整个系统的控制点。具有一定深度的工厂排出口或某些低洼地区的管道起点，也可能成为整个管道系统的控制点。这些控制点的管道埋深影响着整个污水管道系统的埋深。

确定控制点的标高时，要注意以下两个方面。

（1）应考虑到城市的竖向规划，保证排水流域内各点的污水都能够排出，并考虑到未来的发展，在埋深上留出适当余地。

（2）不能因照顾个别控制点而增加整个管道系统的埋深。对此可采取一些措施，如增强管材强度、通过填土提高地面高程以保证最小覆土厚度等，这些措施都可以减小控制点管道的埋深，从而减小整个管道系统的埋深。

（五）设置泵站

由于地形等因素的影响，通常需要在排水管道系统中设置中途泵站、局部泵站和重点泵站。泵站的具体位置应在综合考虑环境卫生、地质条件、电源、施工条件等因素后予以确定，并应征询城市规划、环保、建设等部门的意见。

（六）划分设计管段

两个检查井之间的管段采用相同设计流量，并且采用相同的管径和坡度时，就称为一个设计管段。划分设计管段的目的是方便采用匀流公式进行水力计算。

为了简化计算，没必要把每个检查井都作为设计管段的起讫点，对于可以采用同样管径和坡度的连续管段，可以将其划作一个设计管段，划分时主要以流量的变化和坡度变化为依据。一般情况下，有街区污水支管接入的位置、有大型公共建筑和工业企业集中流量进入的位置，以及有旁侧管道接入的检查井，均可作为设计管段的起讫点。

从经济角度来看，设计管段不宜划分得过长；从排水安全角度来看，设计管段不宜划分得过短。

（七）设置污水管道在街道上的位置

污水管道一般沿街道敷设，并与街道中心平行。城市街道下方常有很多用途各异的管线（管道和线路的统称）和地下设施，这些管线之间、管线与地下设施之间，以及管线与地面建筑之间，应当很好地配合。污水管道与其他地下管线或建筑设施之间的相互位置，应满足以下两点要求。

（1）保证在敷设和检修管道时互不影响。

（2）污水管道损坏时，不影响附近建筑物及其基础，不污染生活饮用水。

污水管道与其他地下管线或建筑设施等的水平和垂直最小净距，应根据两者的类型、标高、施工顺序和管线损坏的后果等因素，考虑污水管道的综合设计情况后予以确定。

三、污水管道的水力计算

（一）污水在管道内的流动特点

污水在流动过程中，通常是先经支管流入干管，再由干管流入主干管，最后经主干管流入污水处理厂或水体。污水所经管道的管径由小到大，分布类似河流，呈树枝状。污水在管道中流动时的具体特点如下。

（1）大多数情况下，污水在管道内是依靠管道两端的水面高度差从高处流向低处的，管道不承受压力，即污水靠重力流动。

（2）污水中含有一定量的悬浮物，它们会漂浮于水面，或悬浮于水中，还有一些则会沉积在管底内壁上。因此，污水的流动与清水有一定差别。但总的来说，污水中的水分一般在99%以上，这样的污水还是符合流体的一般规律的，可以假定为普通流体，工程设计时可按水力学公式计算。

（3）污水在管道中的流速随时都在变化，但在直线管段上，当流量没有很大变化又无沉淀物时，可认为污水的流动接近匀速，每一设计管段都可按匀流公式计算。

（二）污水管道水力计算的基本公式

水力计算的目的是确定设计管段断面尺寸、管道坡度以及管道标高和埋深。由于这种计算的依据是水力学规律，所以称之为管道的水力计算。根据《室外排水设计规范》的规定，污水管道按非满流进行计算，所确定的管道断面尺寸和管道坡度必须保证在规定的设计充满度和设计流速下能够排泄设计流量，同时，所确定的管道标高应使管道埋深满足设计要求。

为了简化计算工作，可使用匀流基本公式，具体为：

$$Q=Av \quad (4\text{-}1)$$

$$v=\frac{1}{n}R^{\frac{2}{3}}I^{\frac{1}{2}} \quad (4\text{-}2)$$

式中：Q——设计流量，m^3/s；

A——过水断面面积，m^2；

v——设计流速，m/s；

R——水力半径（过水断面面积与湿周的比值），m；

I——管道坡度（水力坡度，等于管底坡度i）；

n——管壁粗糙系数，该值根据管道材料确定。

（三）污水管道水力计算参数

为了保证污水管道的正常运行，对水力计算的相关参数作出了规定，在计算过程中应予以遵守。

1.设计充满度

在设计流量下，污水在管道中的水深h和管道直径D的比值称为设计充满度。污水管道的设计有两种情况：按非满流和满流设计。当$h/D=1$时，称为满流；当$h/D<1$时，

称为非满流。

在计算污水管道设计充满度时，不考虑短时突然增加的污水量，但当管径小于或等于300mm时，应按满流复核。作出这样规定的原因主要有以下几点。

（1）确保设计安全。污水流量时刻在变化，很难精确计算，而且雨水或地下水可能通过检查井或管道接口渗入污水管道，因此，有必要保留一部分管道断面，为未预见的水量增长留有余地，避免污水溢出，影响环境卫生。

（2）利于管道通风。污水管道内的沉积物可能会产生有害气体，故应留出适当空间，以便管道通风，排出有害气体。

（3）改善水力条件。管道部分充满时，管道内的水流速度在一定条件下会比满流时快一些。

（4）便于管道的疏通、维护和管理。

2.设计流速

与设计流量、设计充满度相应的水流平均速度称为设计流速。污水在管道内流动缓慢时，污水中所含的杂质可能会下沉，产生淤积。污水流速过大时，可能产生冲刷现象，甚至会损坏管道。为了避免上述两种情况的发生，设计流速不宜过小或过大。

（1）最小设计流速。最小设计流速是保证管道内不发生淤积的流速。最小设计流速不需要按照管径大小来确定。按照规定，污水管道在设计充满度下的最小设计流速为0.6m/s。

（2）最大设计流速。最大设计流速是保证管道不被冲刷损坏的流速。排水管道（包括污水管道、雨水管道和合流管道）的最大设计流速规定如下：金属管道 10m/s；非金属管道 5m/s；排水明渠的最大设计流速可按水流深度分为两种情况处理。

3.最小管径

污水管道系统上游管段设计流量较小，若根据流量计算，所得管径会很小，根据管道养护经验可知，管径过小极易引起堵塞。例如，管径150mm的支管堵塞概率约为管径200mm支管的2倍，而在施工时，同样埋深的情况下，两种管径的管道施工费用相差不大。此外，采用较大的管径可选用较小的坡度，减小埋深。因此，在实际施工中，常规定一个允许的最小管径。

4.最小设计坡度

在设计污水管道时，应尽可能减小管道敷设坡度，以减小管道埋深，使管道敷设坡度与该地区的地面坡度基本一致。但管道流速应等于或大于最小设计流速，以防管道内发生沉积。这一点在地势平坦或管道走向与地面坡度相反的情况下尤为重要。因此，管内流速为最小设计流速时相应的管道坡度称为最小设计坡度。

不同管径的污水管道应有不同的最小设计坡度。管径相同的管道，因设计充满度不同，其最小设计坡度也不同。在给定设计充满度条件下，管径越大，相应的最小设计坡度越小。

（四）污水管道的埋深

污水管道的埋深有两层含义：覆土厚度和埋设深度。

覆土厚度指管道外壁顶部到路面的距离。埋设深度指管道内壁底部到路面的距离。这二者都可以说明管道的埋深。为了减少造价，缩短工期，管道的埋深小一些较好，但又不能过小，应有一个最小限值，该最小限值称为最小埋深（或最小覆土厚度），它是为满足以下技术要求而提出的。

1.防止冰冻膨胀损坏管道

冰冻层内污水管道的埋深，应根据流量、水温、水流情况和敷设位置等因素确定，一般应符合以下规定。

（1）无保温措施的生活污水管道或水温与生活污水接近的工业废水管道，管底可敷设在冰冻线以上0.15m处。

（2）有保温措施或水温较高的管道，管底在冰冻线以上的距离可以加大，其数值应根据该地区或条件相似地区的经验确定。

2.防止管壁因地面荷载而遭到破坏

敷设在地下的污水管道同时承载着覆盖其上的土壤静荷载和地面上车辆运行造成的动荷载，为防止管壁被这些动、静荷载作用破坏，必须保证管道有一定的覆土厚度。覆土厚度取决于管材强度、地面荷载大小以及荷载的传递方式等因素。在车行道下，污水管道最小覆土厚度不宜小于0.7m；在人行道下，污水管道最小覆土厚度为0.6m。

3.满足街区污水连接管衔接的要求

城市住宅和公共建筑内产生的污水要顺畅地排入街道污水管道，就必须保证街道污水管道起点的埋深大于或等于街区污水干管终点的埋深。而街区污水支管起点的埋深又必须大于或等于建筑物污水出户管的埋深。从建筑安装技术角度考虑，要使建筑物首层卫生器具内的污水能够顺利排出，其出户管的最小埋深一般采用0.5～0.6m，所以街区污水支管起点的最小埋深至少应为0.6～0.7m。

第二节　雨水管道系统设计

一、雨水管道系统的设计步骤

雨水管道系统的设计通常按以下步骤进行。

（1）搜集并整理设计地区的各种原始资料，包括地形图、排水工程规划图、水文和地质条件、降雨状况等，以此作为基本的设计数据。

（2）划分排水流域，进行雨水管道定线。

（3）划分设计管段。

（4）划分并计算各设计管段的汇水面积。

（5）根据排水流域内各类地面的面积或其所占比例，确定该排水流域的平均径流系数，或根据规划的地区类别，选择合适的区域综合径流系数。

（6）确定设计重现期和地面集水时间。

（7）确定管道的埋深。

（8）确定单位面积径流量。

（9）选择管道材料。

（10）计算设计流量。

（11）进行雨水管道水力计算。

（12）绘制雨水管道平面图及纵剖面图。

二、雨量分析及暴雨强度公式

（一）雨量分析

1.降雨量

降雨量是指在一定时间内，单位地面面积上降雨的雨水体积，其计量单位为“体积/（时间·面积）”。由于体积除以面积等于长度，所以降雨量的单位又可以采用“长度/时间”，这样表示的降雨量又称为单位时间内的降雨深度。按时间范围不同，降雨量统计数据的计量方式有以下几种。

（1）年平均降雨量：指多年观测的各年降雨量的平均值，计量单位为mm/年。

（2）月平均降雨量：指多年观测的各月降雨量的平均值，计量单位为mm/月。

（3）最大日降雨量：指多年观测的各年中降雨量最大一日的降雨量，计量单位为mm/天。降雨量可用专用的雨量计（自记雨量计）测得。雨量计测得的数据一般是每场雨的降雨时间和累计降雨量之间的对应关系。以降雨时间为横坐标、累计降雨量为纵坐标绘制的曲线称为降雨量累计曲线。

2.降雨历时

降雨历时指的是连续降雨时间，可指一场雨的全部降雨时间，也可指全部降雨时间中的任一连续降雨时段，用t表示，其计量单位为min或h。

3.降雨强度与暴雨强度

降雨强度是指某一连续降雨时段内的平均降雨量，即单位时间内的平均降雨深度，用i表示，其计量单位为mm/min或mm/h，其计算公式为：

$$i=\frac{H}{t} \tag{4-3}$$

式中：i——降雨强度，mm/min；

H——降雨量，mm；

t——降雨历时，min。

工程设计中考虑的降雨多为暴雨性质，所以常用暴雨强度表示降雨强度。暴雨强度常用单位时间内单位面积上的降雨量q表示，计量单位为L/（s·hm^2）。在实际计算中，通常将用降雨深度表示的降雨强度i折算为用体积表示的暴雨强度q。设降雨量为mm/min，则用体积表示的暴雨强度q与降雨强度i的折算公式为：

$$q=\frac{10000\times1000i}{1000\times60}\approx167i \tag{4-4}$$

式中：q——暴雨强度，L/（s·hm^2）；

i——降雨强度，mm/min；

167——折算系数。

4.降雨面积与汇水面积

降雨面积指的是降雨所笼罩的面积，即接受雨水的地面面积。汇水面积指的是雨水管道汇集和排出雨水的面积，是降雨面积的一部分。降雨面积和汇水面积均可用F表示，单位为hm^{2}或km^2。

5.暴雨强度的频率和重现期

暴雨强度的频率指的是观测年限内，某种强度的暴雨和大于该强度的暴雨出现的次数占观测年限内降雨总次数的百分数，计算公式为：

$$P_n = \frac{m}{n} \times 100\% \tag{4–5}$$

式中：P_n——暴雨强度的频率；

m——观测年限内某种强度的暴雨和大于该强度的暴雨出现的次数，次；

n——观测年限内降雨总次数，次。

由式（4–5）可知，频率小的暴雨强度出现的可能性小，反之则大。

暴雨强度的重现期指的是某种强度的暴雨和大于该强度的暴雨重复出现的时间间隔。在工程设计中，常用重现期来代替频率。暴雨强度的重现期通常用P表示，单位为年，计算公式为：

$$P = \frac{N}{m} \tag{4–6}$$

式中：P——暴雨强度的重现期，年；

N——观测年限，年；

m——观测年限内某种强度的暴雨和大于该强度的暴雨出现的次数，次。

（二）暴雨强度公式

暴雨强度公式是反映设计暴雨强度、降雨历时、设计重现期这三者之间关系的数学表达式。我国采用的暴雨强度公式为：

$$q = \frac{167A_1(1 + C\lg P)}{(t + b)^n} \tag{4–7}$$

式中：q——设计暴雨强度，L/（s·hm^2）；

P——设计重现期，年；

t——降雨历时，min；

A_1，C，b，n——地方参数（待定参数），根据统计方法进行计算确定。

地方参数与城市的具体气象条件有关，附表中收集了我国若干城市的暴雨强度公式，可供设计时参考。对于目前尚无暴雨强度公式的城市，可借用气象条件相似地区的暴雨强度公式。

三、雨水管道的设计流量

降落在地面上的雨水，并非全部经雨水管道排出，一部分会渗透到地下，一部分会蒸发，还有一部分会滞留在地势低洼处，剩下的雨水才会进入附近的雨水口。因此，掌握降雨情况后，还要根据环境、地势等具体条件确定雨水管道的设计流量（简称雨水设计流量），这也是雨水管道设计中的重要内容。

城区和工业企业区的雨水管道属于小汇水面积上的排水构筑物，其雨水设计流量的计算公式为：

$$Q=\psi qF \tag{4-8}$$

式中：Q——雨水设计流量，L/s；

Ψ——径流系数，即径流量和降雨量的比值，其值小于1；

q——设计暴雨强度，L（s·hm²）；

F——汇水面积，hm²。

在计算雨水设计流量时，要从确定汇水面积、确定径流系数、确定设计暴雨强度、计算雨水管段设计流量、计算单位面积径流量这几部分完成。

四、雨水管道的水力计算

（一）雨水管道水力参数的相关规定

为保证雨水管道正常工作，避免发生淤积和冲刷等现象，雨水管道水力计算的各项参数应符合如下规定。

1.设计充满度

（1）雨水中主要含有泥沙等无机物，较污水清洁，而且暴雨径流量大，对于设计重现期较大的暴雨强度，其降雨历时一般不会很长。因此，雨水管道的充满度应按满流设计。

（2）明渠超高不得小于0.2m。

（3）街道边沟应有等于或大于0.03m的超高。

2.设计流速

为了防止雨水中的泥沙沉积，设计流速应高一些。雨水管道的最小设计流速为0.75m/s，若为明渠，最小设计流速可采用0.4m/s。最大设计流速可参考污水管道的最大设计流速。

雨水管道的实际设计流速应在最小设计流速与最大设计流速之间。

3.最小管径和最小设计坡度

为了保证管道养护的便利性，防止管道发生阻塞，雨水管道的最小管径为300mm，相应的最小设计坡度为0.003；雨水口连接管的最小管径为200mm，相应的最小坡度为0.01。

（二）雨水管道的水力计算

雨水管道的水力计算仍按匀流考虑，其计算公式与污水管道的计算公式相同，但要按满流计算。

雨水管道通常选用混凝土管或钢筋混凝土管，其管壁粗糙系数一般采用0.013。设计流量是经过计算后求得的已知数，因此只有管径、设计流速和设计坡度是未知的。

五、雨水径流调节

因为雨水设计流量中包含降雨高峰时段的雨水径流量，其值往往很大。随着城市的发展，不透水地面的面积会增加，这会使雨水的径流量增大，从而导致雨水设计流量增大，管道的断面尺寸也要随之增大，使得管道工程的造价增高。

因此，通过各种方法调节雨水径流，可减小下游管道的高峰雨水流量，进而可以减小下游管道断面尺寸，降低工程造价。

（一）雨水径流调节方法

雨水径流的调节方法主要是蓄洪，蓄洪除了可以解决原有管道不能满足排水需求的问题，还可以利用蓄存的雨水为缺水地区供水。蓄洪方法主要有管道容积调洪法和调节池蓄洪法。

1.管道容积调洪法

管道容积调洪法是利用管道本身的空隙容量调节最大流量蓄洪的方法，适用于地形坡度较小的地区。但它的调洪能力有限，如果一味加大排水管径，虽然可以排出降雨高峰期的雨水，但也会增高工程造价，所以此方法较少被采用。

2.调节池蓄洪法

调节池蓄洪法是在雨水管道系统上设置人工调节池，把雨水径流的高峰雨水流量暂存其内，待高峰流量下降至设计流量后，再将储存在调节池内的水慢慢排出。此方法具有如下特点。

（1）蓄洪能力强。

（2）可有效调节雨水径流，从而使其下游的管道断面减小，降低管道工程造价。

（3）在国内外工程实践中已得到广泛的应用。

（二）调节池设置位置

在下列情况下设置调节池，通常可以取得良好的技术经济效果。

（1）城市距离水体较远，需长距离输水时。

（2）需设置雨水泵站排出雨水时，应在泵站前设置调节池。

（3）城市附近有天然洼地、池塘、公园、水池等，可将这些地区设为调节池，这样既可调节径流，又可补充水体景观，美化城市。

（4）在雨水干管的中游或大流量交汇处设置调节池，可降低下游各管段的设计流量。

（5）处于发展或分期建设中的城区，设置调节池可解决原有雨水管道排水能力不足的问题。

（6）在干旱地区，设置调节池可用于蓄洪养殖和灌溉。

（三）调节池形式

1.溢流堰式调节池

溢流堰式调节池一般设置在干管一侧，有进水管和出水管。进水管较高，管顶一般与池内最高水位相平；出水管较低，管底一般与池内最低水位相平。

2.流槽式调节池

设Q_1为调节池上游雨水干管流量，Q_2为调节池下游雨水干管流量。其工作原理如下。

（1）当$Q_1 \leq Q_2$时，雨水经池底渐断面流槽全部流入下游雨水干管排走，池内流槽深度等于下游干管的直径。

（2）当$Q_1 > Q_2$时，雨水不能及时全部排出，当雨水在调节池内淹没流槽时，调节池开始蓄水。

（3）当Q_1达到最大值时，池内水位和流量也达到最大。

（4）随后Q_1减小，调节池内的蓄水开始经下游干管排出。

（5）当$Q_1 < Q_2$时，池内水位才逐渐下降，直到排空为止。这种调节池适用于地形

坡度较小，而管道埋深较大的地区。

六、城市防洪设计

（一）防洪设计原则

防洪设计的主要任务是防止暴雨形成巨大的地面径流而产生严重危害。在进行防洪设计时应遵循以下原则。

（1）应符合城市和工业企业的总体规划。防洪设计的规模、范围和布局都必须根据城市和工业企业的工程规划制定。

（2）应使近远期建设有机结合。因防洪工程的建设费用较大，建设周期较长，因此，要进行分期建设的安排，这既能节省初期投资，又能及早发挥工程设施的效益。

（3）应从实际出发，充分利用原有防洪、泄洪、蓄洪设施，在此基础上进行设计或改造。

（4）应尽量采用分洪、截洪、排洪相结合的方式。

（5）应尽可能与农业生产（如水土保持、植树、农田灌溉等）相结合，这样既能确保城市安全，又有利于农田水利建设。

（二）防洪标准

进行防洪设计时，需要根据该工程的性质、范围以及重要性等因素，选定某一降雨频率作为计算洪峰流量的标准，此标准称为防洪标准。在实际工程中，一般用暴雨强度重现期衡量防洪标准的高低，重现期越大，则防洪标准越高，即洪峰流量越大，对应的防洪规模也越大；反之，防洪标准越低，即洪峰流量越小，对应的防洪规模也越小。

在确定防洪标准时，应分析受洪水威胁地区的洪水特征、地形条件，以及河流、堤防、道路或其他地物的分隔作用，可以将地区分为几个部分单独进行防护时，应划分出独立的防洪保护区，各个防洪保护区的防洪标准应分别确定。

（三）设计洪峰流量计算

设计洪峰流量指的是相应于防洪设计标准的洪水流量。计算设计洪峰流量的方法较多，目前我国常用的计算方法有地区性经验公式法、推理公式法和洪水调查法三种。

1.地区性经验公式法

在缺乏水文资料的地区，洪峰小面积径流量的计算可采用以流域面积F为参数的一般地区性经验公式。一般地区性经验公式又可分为公路科学研究所的经验公式和水利科学院水文研究所经验公式。

（1）公路科学研究所的经验公式。

当没有暴雨资料，汇水面积小于10km²时，计算公式为：

$$Q_P = K_P \cdot F^m \tag{4-9}$$

式中：Q_p——设计洪峰流量，m³/s；

K_p——随地区及洪水频率而变化的流量模数；

F——流域面积，km²；

m——随地区及洪水频率而定的面积指数。

（2）水利科学院水文研究所经验公式。

在可对洪水进行一定程度调查的情况下，当汇水面积小于100km²时，可采用的经验公式为：

$$Q_P = K_P \cdot F^{\frac{2}{3}} \tag{4-10}$$

式中：Q_p、K_p、F的意义同式（4–9）。其中，K_p值除可通过调查、实测取得之外，还可以根据地形条件选用相应的数值。

2.推理公式法

我国水利科学院水文研究所提出的推理公式已得到广泛的应用，公式为：

$$Q = 0.278F\frac{\psi \cdot S}{\tau^n} \tag{4-11}$$

式中：Q——设计洪峰流量，m³/s；

F——流域面积，km²；

Ψ——径流系数；

S——暴雨雨力，即与设计重现期相应的最大1h降雨量，mm/h；

τ——流域的集流时间，h；

n——暴雨强度衰减指数。

用该公式求设计洪峰流量时，需要较多的基础资料，计算过程也较为烦琐。此公式在流域面积为40～50km²时，适用度较高。

3.洪水调查法

洪水调查是指对河流、山溪在历史上出现的特大洪水流量的调查和推算。调查工作主要包括以下方面。

（1）查阅历史上洪水的概况及洪水痕迹标高。

（2）调查访问在河道附近世代久居的群众。

（3）在以上两点基础上，还应沿河道两岸进行实地勘探，寻找和判断洪水痕迹，推导出洪水位出现的频率，选择和测量河道的过水断面及其他特征值，之后再通过流速和流量相关的公式进行计算。

（四）排洪沟设计要点

排洪沟是应用较为广泛的一种防洪、排洪工程设施，特别是山区城市和工业区应用更多。

1.结合城区总体规划

排洪沟的布置应与城区和工业企业的总体规划相结合，应尽量设在靠山坡一侧，不应穿绕建筑群，应避免穿越铁路、公路，并减少与建筑物的交叉，以免水流不通畅，造成小水淤、大水冲。

2.尽可能利用原有山洪沟

原有山洪沟多是山洪多年冲刷形成的自然冲沟，其形状、底床都比较稳定，设计时应尽可能将其用作排洪沟。当原有山洪沟的沟道不满足设计要求时，可进行必要的整修，但不宜大改，尽可能不改变沟道原本的水利条件。

3.合理选址

排洪沟宜选在地形平稳、地质较稳定的地带，这样可以防止坍塌，还可减少工程量。选址时还要注意保护农田水利工程，以不占或少占农田为宜。

4.利用自然地形坡度

要充分利用自然地形坡度，使洪水能尽快排入水体。一般情况下，排水沟上不设中途泵站。另外，当地形坡度较大时，排洪沟宜布置在汇水面积的中央，以扩大汇流范围。

5.明渠、暗渠的选择

排洪沟最好采用明渠，但当其穿过市区或厂区时，由于建筑密度较高，交通量大，可采用暗渠。

6.排洪沟平面布置的基本要求

（1）进口段

为使洪水能顺利进入排洪沟，应根据地形、地质及水力条件合理选择进口段的形式。常用的进口段形式有以下两种。

①排洪沟直插入山洪沟，接点高程为原山洪沟的高程，适用于排洪沟与山洪沟夹角较小的情况以及高速排洪沟。

②将进口设计为侧流堰形式，将截流坝的顶面做成侧流堰渠与排洪沟直接相连，适用于排洪沟与山洪沟夹角较大且进口高程高于原山洪沟沟底高程的情况。

在进口段上游一定范围内通常要进行必要的整修，以使其衔接良好，水流通畅，具有较好的水利条件。为防止洪水冲刷，进口段应选择在地形和地质条件良好的地段。

（2）出口段

①排洪沟出口段应避免水流冲刷排放地点的岸坡，因此出口段应选在地质条件良好的地段，并采取护砌措施。

②出口段宜设渐变段，逐渐增加宽度，以减小单宽流量，降低流速；或采用消能、加固等措施。

③出口标高应设在相应的排洪设计重现期的河流洪水位以上，但一般会设在河流常水位以上。

（3）连接段

①当排洪沟受地形限制，无法布置成直线走向时，应保证转弯处有良好的水利条件，不应使弯道处受到冲刷。

②排洪沟的宽度发生变化时，应设置渐变段。

③排洪沟穿越道路时应设桥涵，涵洞的断面尺寸应通过计算确定，并考虑到养护的便利性。

7.排洪沟纵坡的确定

排洪沟的纵坡应根据地形、地质、护砌、原有排洪沟坡度以及冲淤情况等条件确定，坡度一般不小于0.01。设计纵坡时，要使沟内水流速度均匀增加，以防沟内产生淤积。当纵坡坡度很大时，应考虑设置跌水槽或陡槽，但不得将其设在转弯处。

8.排洪沟断面形式、材料的选择

排洪沟的断面形式常为矩形或梯形。材料及加固形式应根据沟内最大流速、地形及地质条件、当地材料供应情况确定。排洪沟一般用片石、块石铺砌，不宜采用土明沟。

9.排洪沟设计流速的确定

为了不使排洪沟沟底产生淤积，最小设计流速一般不小于0.4m/s，为了防止山洪对排洪沟造成冲刷，宜根据不同铺砌方式的加固形式来确定其最大设计流速。

10.排洪沟水力计算

排洪沟的水力计算仍采用匀流公式，在计算时常遇到下述几种情况。

（1）已知设计流量、渠底坡度，计算渠道断面尺寸。

（2）已知设计流量或流速、渠道断面尺寸及渠壁粗糙系数，计算渠底坡度。

（3）已知渠道断面尺寸、渠壁粗糙系数及渠底坡度，计算渠道的输水能力。

第三节　合流制管道系统设计

合流制排水管渠系统是利用同一管渠排除生活污水、工业废水及雨水的排水方式。本节只介绍截流式合流制排水系统。

一、截流式合流制排水系统的工作情况与特点

截流式合流制排水系统，是在同一管渠内输送多种混合污水，集中到污水处理厂处理，从而消除了晴天时城市污水及初期雨水对水体的污染，在一定程度上满足环境保护方面的要求。另外，该排水系统还具有管线单一、管渠的总长度小等优点。因此，在节省投资、管道施工等方面较为有利。

截流式合流制排水系统的缺点是：在暴雨期间，会有部分混合污水通过溢流井排入水体，将造成水体周期性污染；由于截流式合流制排水管渠的过水断面很大，而在晴天时流量小、流速低，往往在管底形成淤积，降雨时，雨水将沉积在管底的大量污物冲刷起来，带入水体形成严重的污染。

另外，截流管、提升泵站以及污水处理厂的设计规模都比分流制排水系统大，截流管的埋深也比单设雨水管渠的埋深大。

排水体制（分流制或合流制）的选择，应根据城镇的总体规划，结合当地的地形特点、水文条件、水体状况、气候特征、原有排水设施、污水处理程度和处理后出水

利用等综合考虑后确定。同一城镇的不同地区可采用不同的排水体制。除降雨量少的干旱地区外，新建地区的排水系统应采用分流制。现有合流制排水系统，有条件的应按照城镇排水规划的要求，实施雨污分流改造；暂时不具备雨污分流条件的，应采取截流、调蓄和处理相结合的措施。

二、截流式合流制排水系统的使用条件

在下列情形下可考虑采用截流式合流制排水系统。

（1）排水区域内有充沛的水体，并且具有较大的流量和流速，一定量的混合污水溢入水体后，对水体造成的污染危害程度在允许范围内。

（2）街区、街道的建设比较完善，必须采用暗管排除雨水时，而街道的横断面又较窄，管渠的设置位置受到限制时。

（3）地面有一定的坡度倾向水体，当水体水位高，岸边不被淹没时。

（4）排水管渠能以自流方式排入水体，中途不需要泵站提升。

（5）降雨量小的地区。

（6）水体卫生要求特别高的地区，污水、雨水均需要处理。

显然，对于某个地区或城市来说，上述条件不一定能够同时满足，但可根据具体情况酌情选用合流制排水系统。在水体距离排水区域较远，水体流量、流速都较小，城市污水中的有害物质经溢流井排入水体的浓度超过水体允许卫生标准等情况下，则不宜采用。

三、截流式合流制排水系统布置

采用截流式合流制排水管渠系统时，其布置特点及要求是：

（1）排水管渠的布置应使排水面积上生活污水、工业废水和雨水都能合理地排入管渠，管渠尽可能以最短的距离坡向水体。

（2）在排水区域内，如果雨水可以沿道路的边沟排泄，这时可只设污水管道，只有当雨水不宜沿地面径流时，才布置合流管渠，截流干管尽可能沿河岸敷设，以便于截流和溢流。

（3）沿水体岸边布置与水体平行的截流干管，在截流干管的适当位置上设置溢流井，以保证超过截流干管的设计输水能力的那部分混合污水能顺利地通过溢流井就近排入水体。

（4）在截流干管上，必须合理地确定溢流井的位置及数目，以便尽可能减少对

水体的污染，减小截流干管的断面尺寸和缩短排放渠道的长度。

（5）在汛期，因自然水体的水位增高，造成截流干管上的溢流井，不能按重力流方式通过溢流管渠向水体排放时，应考虑在溢流管渠上设置闸门，防止洪水倒灌，还要考虑设置排水泵站提升排放，这时宜将溢流井适当集中，利于排水泵站集中抽升。

（6）为了彻底解决溢流混合污水对水体的污染问题，又能充分利用截流干管的输水能力及污水处理厂的处理能力，可考虑在溢流出水口附近设置混合污水贮水池，在降雨时，可利用贮水池积蓄溢流的混合污水，待雨后将贮存的混合污水再送往污水处理厂处理。此外，贮水池还可以起到沉淀池的作用，可改善溢流污水的水质。但一般所需贮水池容积较大，另外，蓄积的混合污水需设泵站提升至截流管。

四、截流式合流制管渠的水力计算要点

截流式合流制排水管渠一般按满流设计。水力计算方法、水力计算数据、设计流速、最小坡度、最小管径、覆土厚度以及雨水口布置要求与分流制中雨水管道的设计基本相同。

截流式合流制排水管渠水力计算内容包括以下几个方面。

（一）溢流井上游合流管渠计算

溢流井上游合流管渠的计算与雨水管渠计算基本相同，只是它的设计流量包括设计污水量、工业废水量和设计雨水量。

（二）截流式合流制管渠的雨水设计重现期

截流式合流制管渠的雨水设计重现期，可适当高于同一情况下雨水管道设计重现期的10%～25%。因为合流管渠一旦溢出，溢出混合污水比雨水管道溢出的雨水所造成的危害更为严重，所以为防止出现这种情况，应从严掌握合流管渠的设计重现期和允许的积水程度。

（三）截流干管和溢流井的计算

合理地确定所采用的截流倍数。

截流倍数应根据旱流污水的水质、水量、总变化系数、水体的卫生要求及水文气象等因素经计算确定。工程实践证明，截流倍数采用2.6～4.5时比较经济合理。

（1）合流管渠的雨水设计重现期可适当高于同一情况下的雨水管道设计重现期。

（2）提高截流倍数，增加截流初期雨水量。

（3）有条件地区可增设雨水调蓄池或初期雨水处理措施。

（四）晴天旱流流量的校核

晴天旱流流量应能满足污水管渠最小流速的要求，一般不宜小于0.35～0.5m/s，当不能满足时，可修改设计管渠断面尺寸和坡度。

第五章　综合管廊设计与管线综合设计

第一节　综合管廊设计

一、综合管廊概述

综合管廊是指在城市道路、厂区等地下建造的一个隧道空间，将电力、通信、燃气、给水、热力、排水等市政公用管线集中敷设在同一个构筑物内，并通过设置专门的投料口、通风口、检修口和监测系统保证其正常运行，实施市政公用管线的“统一规划、统一建设、统一管理”，以做到城市道路地下空间的综合开发利用和市政公用管线的集约化建设和管理，避免城市道路产生“拉链路”。

城市道路作为都市的交通网络，不仅担负着繁重的地面交通负荷，更为都市提供绿化空间及地震时的紧急避难场所。而社会民众所必需的各种管线，如自来水、燃气、电力、通信、有线电视、雨污水系统等，通常埋设在道路的下方。

道路红线宽度有限，在有限的道路红线宽度内，往往要同时敷设电力电缆、自来水管道、信息电缆、燃气管道、热力管道、雨水管道、污水管道等众多市政公用管线，有时尚要考虑地铁隧道、地下人防设施、地下商业设施的建设。道路下方浅层的地下空间由于施工方便、敷设经济，往往是大家争相抢夺的重点。

随着我国经济建设的高速发展和城市人口的不断增加，城市规模不断扩大，许多城市出现建设用地紧张、道路交通拥挤、城市基础设施不足、环境污染加剧等问题。解决这些问题的方式有以下两种：一种是继续扩大城市外延，另一种是走内涵式发展的道路，把开发利用城市地下空间提上重要议事日程。外延式的发展方式，靠扩展城市用地面积和向高空延伸，一方面使城市人口密度加大，城市容量急剧膨胀，另一方面也加剧了城市用地的矛盾；内涵式发展方式无论从城市生产、生活设施建设方面，还是从改善城市环境、减轻防灾压力方面，都迫切要求向地下空间发展。城市地下空间如能得到充分、合理的开发利用，其面积可达到城市地面面积的50%，相当于城市增加了一半的可用面积，这能有效缓解城市发展与我国土地资源紧张的矛盾，对提高土地利用率、扩大城市生存发展空间具有重要的意义。

综合管廊是21世纪新型城市市政基础设施建设现代化的重要标志之一。它避免了由于埋设或维修管线路面重复开挖的麻烦。由于管线不接触土壤和地下水，因此避免了土壤对管线的腐蚀，延长了使用寿命。同时，它还为规划发展需要预留了宝贵的发展空间。它不仅解决了道路的重复开挖问题，也解决了地上空间过密化问题，是一条创造和谐生态环境的新途径。

（一）综合管廊的类型

综合管廊根据其所收容的管线不同，其性质及结构也有所不同，大致可分为干线综合管廊、支线综合管廊、缆线综合管廊（电缆沟）三种。

1.干线综合管廊

干线综合管廊主要收容的管线为电力、通信、给水、燃气、热力等，有时根据需要也将排水管线收容在内。在干线综合管廊内，电力从超高压变电站输送至一、二次变电站，通信主要为转接局之间的信号传输，燃气主要为燃气厂至高压调压站之间的输送。

干线综合管廊的断面通常为圆形或多格箱形，综合管廊内一般要求设置工作通道及照明、通风等设备。

干线综合管廊的特点主要有：

（1）稳定、大流量的运输。

（2）高度的安全性。

（3）内部结构紧凑。

（4）兼顾直接供给到稳定使用的大型用户。

（5）一般需要专用的设备。

（6）管理及运营比较简单。

2.支线综合管廊

支线综合管廊主要负责将各种供给从干线综合管廊分配、输送至各直接用户，一般设置在道路的两旁，收容直接服务的各种管线。支线综合管廊的断面以矩形断面较为常见，一般为单格或双格箱形结构。综合管廊内一般要求设置工作通道及照明、通风等设备。

支线综合管廊的特点主要有：

（1）有效（内部空间）断面较小。

（2）结构简单、施工方便。

（3）设备多为常用定型设备。

（4）一般不直接服务大型用户。

3.缆线综合管廊

缆线综合管廊主要负责将市区架空的电力、通信、有线电视、电路照明等电缆收容至埋地的管道。缆线综合管廊一般设置在道路的人行道下面，其埋深较浅，一般在1.5m左右。

缆线综合管廊的断面以矩形断面较为常见，一般不要求设置工作通道及照明、通风等设备，仅增设供维修时用的工作手孔。

（二）综合管廊的特点

1.综合管廊的优点

（1）综合管廊建设可避免由于敷设和维修地下管线频繁挖掘道路而对交通和居民出行造成影响和干扰，保持路容完整和美观。

（2）降低了路面多次翻修的费用和工程管线的维修费用，保持了路面的完整性和各类管线的耐久性。

（3）便于各种管线的敷设、增减、维修和日常管理。

（4）综合管廊内管线布置紧凑合理，有效利用了道路下的空间，节约了城市用地。

（5）减少了道路的杆柱及各种管线的检查井、室等，美化了城市的景观。

（6）架空管线一起入地，减少了架空线与绿化的矛盾。

2.综合管廊的缺点

（1）建设综合管廊一次投资昂贵，而且各单位如何分担费用的问题较复杂。当综合管廊内敷设的管线较少时，管廊建设费用所占比重较大。

（2）由于各类管线的主管单位不同，统一管理难度较大。

（3）必须正确预测远景发展规划，否则将造成容量不足或过大，致使浪费或在综合管廊附近再敷设地下管线，而这种准确的预测比较困难。

（4）在现有道路下建设时，现状管线与规划新建管线交叉造成施工困难，增加工程费用。

（5）各类管线组合在一起，容易发生干扰事故，如电力管线打火就有引起燃气爆炸的危险，所以必须制定严格的安全防护措施。

3.综合管廊纳入管线

进入综合管廊的工程管线有电力电缆、电信电缆、燃气管线、给水管线、供冷供暖管线和排水管线等。另外，也可将管道化的生活垃圾输送管道敷设在综合管廊内。

（1）电力管线

随着城市经济综合实力的提升及对城市环境整治的严格要求，目前在国内许多大中城市都建有不同规模的电力隧道和电缆沟。电力管线从技术和维护角度而言，纳入综合管廊已经没有障碍。

电力管线纳入综合管廊需要解决的主要问题是防火防灾、通风降温。在工程中，当电力电缆数量较多时，一般将电力电缆单独设置一个仓位，实际就是分隔成为一个电力专用隧道。通过感温电缆、自然通风辅助机械通风、防火分区及监控系统来保证电力电缆的安全运行。

（2）供水管线

供水管线传统的敷设方式为直埋，管道的材质一般为钢管、球墨铸铁管等。由于给水管线线路比较长，因而在敷设时常有埋地、平管桥或敷设在城市桥梁等多种形式。

供水管线需要承受一定的压力，因而一般采用钢管、球墨铸铁管、PE管等，在施工验收阶段用高于正常工作压力2倍的压力进行试压，以确保管线的安全运行。

（3）通信管线

目前，国内通信管线敷设方式主要采用架空和埋地两种方式。架空敷设方式造价较低，但影响城市景观，而且安全性能较差，正逐步被埋地敷设方式所替代。

将通信管线纳入综合管廊需要解决信号干扰等技术问题，但随着光纤通信技术的普及，此类问题可以避免。

（4）燃气管线

目前，我国规范对于燃气管线能否纳入综合管廊没有明确规定，在国外的综合管廊中则有燃气管线敷设于综合管廊的工程实例，经过几十年的运行，并没有出现安全方面的事故。由于安全性与经济性的矛盾，对于燃气管线敷设，国内有两种处理方法，一种是采用分仓独用形式，这种方法在经济性上不具优势；另一种是将燃气管线放置在综合管廊的上方沟槽中。

（5）排水管线

排水管线包括雨水管线和污水管线，在一般情况下两者均为重力流，管线按一定坡度埋设，埋深一般较深，其对管材的要求一般较低。

采用分流制排水的工程，雨水管线基本就近排入水体，当地形条件允许时，雨水管线可设在综合管廊内。排水管线进入综合管廊，综合管廊就必须按一定坡度进行敷设以满足污水的输送要求，而综合管廊的敷设一般不设纵坡或纵坡很小。但污水管线是否设在综合管廊内，则还需考虑多方面因素，如污水管线的防渗漏措施、污水检查井和透气系统的设置、管线接入口较多等，必须考虑其对综合管廊方案的制约以及相应的结构规模扩大化等问题。

因此，能否将污水管线和雨水管线纳入市政综合管廊，需根据地形条件和工程具体条件决定：若地形条件有坡度，且建设的市政综合管廊有坡度，满足雨水、污水等重力流管线按一定坡度敷设的要求，可以纳入雨水、污水等重力流排水管线；若地形较平坦，从经济角度考虑，不宜纳入雨水、污水等重力流排水管线。

（6）热力管线

在我国北方的大多数城市，由于冬天供暖的需要，目前普遍采用集中供暖的方法，建有专业的供暖管廊。由于供暖管线维修频繁，因而，国外大多数情况下将供暖管线集中放置在综合管廊内。

供暖及供冷管线进入综合管廊并没有技术问题，值得考虑的是，这类管线的外包尺寸较大，进入综合管廊时要占用相当大的有效空间，对综合管廊工程的造价影响明显。

二、综合管廊规划

（一）综合管廊总体规划

1.基本原则

地下管线综合管廊规划是城市各种地下市政管线的综合规划，因此其线路规划应符合城市各种市政管线布局的基本要求，并应遵循如下原则。

（1）综合原则

地下管线综合管廊是对城市各种市政管线的综合，因此在规划布局时，应尽可能让各种管线进入管廊内，以充分发挥其作用。

（2）长远原则

地下管线综合管廊规划必须充分考虑城市发展对市政管线的要求。

（3）相结合原则

地下管线综合管廊应与地铁、道路、地下街等建设相结合，综合开发城市地下空间，提高城市地下空间开发利用的综合效益，降低地下管线综合管廊的造价。

2.布局形态

地下管线综合管廊是城市市政设施，因此其布局与城市的理念有关，与城市路网紧密结合，其主干地下管线综合管廊主要在城市主干道下，最终形成与城市主干道相对应的地下管线综合管廊布局形态。地下管线综合管廊布局形态主要有以下几种。

（1）树枝状

地下管线综合管廊以树枝状向其服务区延伸，其直径随着管廊延伸逐渐变小。树枝状地下管线综合管廊总长度短、管路简单、投资省，但当管网某处发生故障时，其以下部分受到的影响大，可靠性相对较差，而且越到管网末端，质量越差。这种形态常出现在城市局部区域内的支干地下管线综合管廊或综合电缆沟的布局。

（2）环状

环状布置的地下管线综合管廊的干管相互连通，形成闭合的环状管网，在环状管网内，任何一条管道都可以由两个方向提供服务，因而提高了服务的可靠性。环状网管路越长，投资越大，但系统的阻力越小，降低了动力损耗。

（3）鱼骨状

鱼骨状布置的地下管线综合管廊，以干线地下管线综合管廊为主骨，向两侧辐射出许多支线地下管线综合管廊或综合电缆沟。这种布局分级明确，服务质量高，且管网路线短、投资小，相互影响小。

3.总体规划

地下综合管廊的建设应根据城市经济发展状况及发展趋势量力而行，因此规划工作应建立在对城市现状的充分了解及对未来发展合理预测的基础上，把握适度超前的原则，以达到改善城市现状，促进城市发展并有效控制建设成本的规划目标。地下综合管廊的规划是一项系统工程，从整体到局部，从建设期到运营期，在空间与时间上综合考虑，逐步深化，并始终注意规划的可操作性。

（1）综合管廊规划前的调查与预测

规划地下综合管廊必须从各种角度收集研究管线资料，可先选定特定路段为研究对象进行分析并进一步规划。

①调查现有道路交通量的混杂情形，并预测将来施工时道路交通量的拥堵情形，以及现有地形及地质的调查。

②现有道路上构造物的调查。

③既有地下埋设管线设施的种类及数量，又有增建、维修计划。

在调查的基础上，预测未来50～75年或者更长期的地下综合管廊目标需求量。在推定未来需求量时，必须充分考虑社会经济发展的动向、城市的特性和发展趋势。

（2）综合管廊网络系统规划

地下综合管廊网络系统对一个城市的地下综合管廊建设乃至整个地下空间的开发利用都具有特别重要的意义。网络系统规划应根据城市的经济能力，确定合适的建设规模，并注意近期建设规划与远期规划的协调统一，使得网络系统具有良好的扩展性。

在城市里并非每一条道路皆可设置地下综合管廊，首先应明确设置的目的和条件，评估可行性，选择适当的时机，参照管线单位提出的预估需求量，然后才能确定规划原则，进行网络系统规划。道路级别对地下综合管廊网络系统规划具有重要的指导意义，根据道路级别确定再纳入规划网络，以及选取合适类型的地下综合管廊。一般而言，城市快速路宜优先规划建设干线地下综合管廊，以减少对交通动脉的反复开挖，并形成地下综合管廊网络系统的主体框架，以利于网络的延伸与拓展。

（3）管线收容规划

地下综合管廊内收容的管线，因管理、维护及防灾上的不同，应以同一种管线收容在同一管道空间为原则。但碍于断面等客观因素的限制，必须采取同室收容时，必须征得各管线单位同意后方可进行规划，并采取妥善的防范措施。

各类管线收容原则具体如下。

①电力及电信：电力与电信管线基本上可兼容于同一室。

②煤气：应以独立于一室为原则，必须特别规划设计防灾安全设施。

③自来水管（含污水下水道压力管线）：自来水管线与污水下水道管线亦可收容于同一室。上方为自来水管，下方为污水管线。

④雨污水下水道（含集尘管线）：一般可将污水下水道管线（压力管线）与集尘管（垃圾管）共同收容于一室内。

⑤警讯与军事通信：关于警讯与军事通信，因涉及机密问题，是否收于地下综合管廊内，需与相关单位磋商以决定单独或共室收容。

⑥路灯及交通标志（含有线电视）：根据断面容量，可一并考虑共室于电力、电信洞道内。

⑦其他：原则上油管是不允许收容于地下综合管廊内的；其他输气管若非民用维生管线，亦不收容，但若经主管单位允许，则可单独洞道收容，比照煤气管线收容原则规划。

（4）地下综合管廊线形与结构形式规划

①平面线形规划。干管平面线形规划，原则上设置于道路中心车道下方，其中心线平面线形应与道路中心线一致，干管和邻近建筑物的间隔距离一般应维持2m以上。干管断面因受收容管线的多寡或特殊部位变化的影响，一般需设渐变段加以衔接，其变化率1：3（横向1，纵向3）。干管做平面曲线规划，还应充分了解收容管线的曲率特性及曲率限制。

支管各结构体上方若以回填土方式来收容煤气管时，回填土沟盖板原则上应设置于人行道上，但因特别原因，在不影响道路行车安全及舒适的情况下，亦可设置于慢车道上。

缆线类地下综合管廊原则上仍设置于人行道上，其人行道的宽度至少要4m，其平面线形应配合人行道线形。缆线类地下综合管廊因沿线需拉出电缆接户，故其位置应靠近建筑线，外壁离建筑物应有至少30cm以上距离以利于电缆布设。

②纵断线形规划。地下综合管廊干（支）管纵断线形应视其覆土深度而定，一般标准段应保持2.5m以上，以利于横越其他管线或构造物通过，特殊段的硬土深度不得小于1m，而纵向坡度应维持0.2%以上，以利于管道内排水，规划时应尽量将开挖深度减到最小，干管与其他地下埋设物相交时，其纵断线形常有很大变化，为维持所收容各类管线的弯曲限制，必须设缓坡作为缓冲区间，其纵向坡度不得小于1：3（垂直与水平长度比）。

缆线类地下综合管廊纵向坡度应以配合人行道纵向坡度为原则，纵向曲线必须满足收容缆线铺设作业要求，特殊段（暗渠段）覆土厚度不小于路面（人行道）的铺面砖厚度。

③结构形式规划。地下综合管廊干管的结构形式，因施工方法不同或受到外在空间因素影响或收容管线特性不同，而有不同形式。其结构外形依道路宽度、地下空间限制、收容管线种类、布缆空间需求、施工方法、经济安全等因素而定。若采用明挖

施工，其结构形式以箱形为主；若采用盾构工法，以圆形为主。

支管地下综合管廊的结构型式因收容服务道路沿线用户的管线，一般采用较为轻巧简便型式，从接户的便利性、地下空间规模、经济性、安全性、布设性、施工性等因素来考虑。

缆线类地下综合管廊的结构型式一般采用单U字形或双U字形，结构可采用现浇或预制方式。

（5）地下综合管廊特殊部规划

地下综合管廊网络构成后，进行地下综合管廊特殊部规划，要考虑它的机能、配置位置、内部空间大小等，在满足必要条件的同时，还要与既有道路结构以及现场施工条件协调。

规划特殊部位时，必须确定设置各种管线的数量所必要的内部空间与维修作业的空间、电缆散热、管线的曲率半径、规范及准则，同时必须考虑邻接既有的或将设置构造物的形状、尺寸等条件。

（6）地下综合管廊管道安全规划

地下综合管廊在进行规划时，除考虑一般结构安全外，仍需考虑外在因素对管道造成的安全隐患，如洪水、外力的破坏、盗窃、火灾、防爆破，以及有毒气体的防护侦测等。

①防洪规划。地下综合管廊防洪规划应依循地下综合管廊系统网络区域内的防洪标准，开口部如人员出入口、通风口、材料投入口等为防止洪水浸入，必须有防洪闸门，规划高程为抗百年一遇洪水。

②防侵入、盗窃及破坏的规划。地下综合管廊是城市维生管线设备，未经管理单位许可不准随意进入地下综合管廊体内；因此必须进行防止侵入、防止窃盗及防止破坏的规划，以杜绝可能发生的情况。

③防火规划。为防止地下综合管廊内收容管线引发的火灾，除要求器材及缆线必须使用防火材料包覆外，管道内还应规划防火及消防设施。

④防爆规划。地下综合管廊内有时会产生沼气，为防止沼气爆炸，事先必须有防爆的规划，如防爆灯具插头等。

⑤管道内含氧量及有毒气体侦测规划。对于地下综合管廊内含氧量及有毒气体侦测在规划阶段均按照政府相关安全生产法令办理，以保证管道内作业人员的安全。

（7）地下综合管廊附属设施规划

地下综合管廊附属设施，包含下列各项：①电力配电设备；②照明设备；③换气设备；④给水设备；⑤防水设备；⑥排水设备；⑦防火、消防设备；⑧防灾安全设备；⑨标志辨别设备；⑩避难设备；⑪联络通信设备；⑫远程监控设备。

（8）地下综合管廊投资与运营管理规划

地下综合管廊建设投资大，运营和维护成本高，合理的投资与运营管理模式对推动地下综合管廊建设发挥至关重要的作用。由于受到财政能力的限制，完全由政府承担地下综合管廊的建设费用势必难以迅速推动地下综合管廊的建设。因此，寻求多元化的投资模式，引入市场化的操作手段，成为推动地下综合管廊建设的关键。根据市政设施投资经营的一般经验，结合国内外地下综合管廊的成功运作模式，地下综合管廊的建设及运营应进行公司化运作。由政府控股的建设运营公司进行运作，有利于拓宽融资渠道，引入市场规则。

（二）综合管廊总体布置

1.综合管廊的总体布置原则

（1）综合管廊平面中心线宜与道路中心线平行，不宜从道路一侧转到另一侧。

（2）综合管廊沿铁路、公路敷设时应与铁路、公路线路平行。

（3）综合管廊与铁路、公路交叉时宜采用垂直交叉方式布置，受条件限制时可倾斜交叉布置，其最小交叉角不宜小于60°。

（4）综合管廊穿越河道时应选择在河床稳定河段，最小覆土厚度应按不妨碍河道的整治和管廊安全的原则确定。

（5）埋深大于建（构）筑物基础的综合管廊，其与建（构）筑物之间的最小水平净距离应符合《城市综合管廊工程技术规范》（GB 50838-2015）的相关规定。

（6）干线综合管廊、支线综合管廊与相邻地下构筑物的最小间距应根据地质条件和相邻构筑物性质确定。

（7）综合管廊最小转弯半径，应满足综合管廊内各种管线转弯半径要求。

（8）综合管廊的监控中心与综合管廊之间宜设置直接联络通道，通道的净尺寸应满足管理人员的日常检修要求。

（9）干线综合管廊、支线综合管廊应设置人员逃生孔，逃生孔宜同投料口、通风口结合设置。

（10）综合管廊的投料口宜兼顾人员出入功能。投料口最大间距不宜超过400m，投料口净尺寸应满足管线、设备、人员进出的最小允许限界要求。

（11）综合管廊的通风口净尺寸应满足通风设备进出的最小允许限界要求，采用自然通风方式的通风口最大间距不宜超过200m。

（12）综合管廊的投料口、通风口、安全孔等露出地面的构筑物应满足城市防洪要求或设置防地面水倒灌的设施。

（13）综合管廊的管线分支口，应满足管线与预留数量、安装敷设作业空间的要求，相应管线工作井的土建工程宜同步实施。

（14）综合管廊同其他方式敷设的管线连接处，应做好防水和防止差异沉降的措施。

（15）综合管廊的纵向斜坡超过10%时，应在人员通道部位设防滑地坪或台阶。

2.综合管廊内管道的种类及选择

（1）城市地下管线种类

地下管线及其附属设施按照其功能可分为长输管线和城市管线两类。长输管线主要分布在城市郊区，其功能主要是为城市的经济和社会发展提供能源和能量供应；城市地下管线主要分布在城建区内的城市道路下，其主要承担城市的信息传递、能源输送、排涝减灾、废物排弃等任务，是发挥城市功能、确保社会经济和城市建设健康、协调和可持续发展的重要基础和保障。

采用线分类法，地下管线要素分类从其要素类型按从属关系依次分为大类、中类、小类。其中，大类包括长输管线和城市管线两类；长输管线又可分为输电、通信、输水、输油、输气和矿渣管线六个中类；城市管线又可分为给水、排水、燃气、热力、电信、电力、工业和综合管廊八个中类。

按照管线传输或排放物质的性质来分，城市地下管线可分为给水、排水、燃气、热力、电信、电力、工业和综合管廊八类管线，每一大类管线还可根据传输或排放物质的差异或其功能的差异分为不同的小类，如给水管线可分为生活水、循环水、消防水、绿化水和中水等；排水管线可分为雨水、污水和合流等；燃气管线可分为煤气、天然气、液化气和煤层气等；热力管线可分为热水、蒸汽和温泉等；电力管线可分为供电、照明、电车、信号、广告和直流专用线路等；电信管线可分为市话、长途、广播、有线电视、宽带、监控和专用等；工业管线可分为氢气、氧气、乙炔、石油、航油、排渣和垃圾等。

城市综合管廊容纳的管线应包括电力、有线电视、通信（含监控线路）、交通信号、燃气、供水、排水、中水、热力公共设施管线。严禁将燃气管道与其他市政管线同仓敷设。

①电力电缆、通信电缆。电力电缆、通信电缆具有可以变形、灵活布置、不易受

管廊纵横断面变化限制的优点，在市政管廊内设置的自由度和弹性较大，且不受空间变化（管道可弯曲）的限制。所以，较易纳入管廊的建设中。

传统的直埋方式受维修及扩容的影响，造成挖掘道路的频率较高。同时，电力、通信电缆是最容易受到外界破坏的城市管道，在信息时代，这两种管道的破坏所引起的损失也越来越大。由于电力电缆对通信电缆有干扰，在管廊内宜布置在两侧，并保持一定的安全距离。

②给水（生活给水、消防给水）、再生水管道（中水、雨水利用）。给水（生活给水、消防给水）、再生水管道是压力管道，布置较为灵活，且日常维修概率较高，适合纳入市政管廊。

管道入廊后可以克服管道漏水、避免因外界因素引起的管道爆裂及管道维修对交通的影响，可为管道升级和扩容提供方便。

③燃气管道。燃气管道是一种安全性要求较高的压力管道，容易受外界因素干扰和破坏造成泄漏，引发安全事故。所以，可以纳入市政管廊。

但由于燃气管道的特殊性，在管廊内必须设置独立的腔室，并不得与高压电力电缆同侧布置，而且应配备监控与燃气感应设备，随时掌握管道工况，维护运行成本较高。

④热力（供热、供冷）管道。热力管道的特点是要求补偿量大，需设置伸缩器，且自身散热较大，在市政管廊内，会引起管廊温度升高，对电缆安全性不利，需做保温隔热处理后入廊。

热力管道入廊后，可以克服管道直埋出现的易腐蚀现象，延长管道使用寿命，便于维修，减少对周围环境的影响；敷设位置应高于给水管道，如为蒸汽热力管道宜采用独立腔室敷设。

⑤污水管道。有压污水管道可以参照给水管道做法直接纳入管廊。

重力污水管道由于有一定的排水坡度，每隔一定的距离要求设置检查井，污水管道内会产生硫化氢、甲烷等有毒、易燃、易爆气体，影响管廊运行安全，对管廊的埋设深度产生不利影响，大大增加建设费用。因此，不宜纳入市政管廊。

⑥雨水管道。雨水管道与重力污水管道类似，需要有一定的坡度，每隔一定距离需要设置雨水收集口，同样，不宜纳入市政管廊。

⑦废物收集管道。近年来，随着科学技术的不断进步，发达国家在市政管廊的建设中，甚至纳入了垃圾的真空运输管道。我国在21世纪初开始，逐步在深圳、天津、上海等地推广应用。因此，输送生活垃圾的废物收集管道纳入市政管廊将成为可能和

未来发展的必然趋势。

（2）管线的选择

选择置于管廊内的管线时应注意：

①泥区的沼气管是压力管线，沼气一旦泄漏，将对人体造成危害，因此，需将其单独埋地敷设，不设在管廊内。

②氯气泄漏对人体也有危害，但由于氯气是负压输送，即管内压力低于大气压，因此可布置于管廊内。

③电力电缆（强电）对控制电缆（弱电）有干扰，应尽可能不布置在同侧，并保持一定的隔离距离。

④热力管线需设置膨胀弯头，且自身散热较大，如果设在管廊内，将引起管廊温度升高，对电缆敷设不利，所以，将它单独埋地敷设，不设在管廊内。

3.平面布置

大型污水处理厂为了尽可能地压缩占地，处理构筑物的型式大部分采用方形池子。因此，综合管廊可利用各处理构筑物的间隙，紧靠池壁布置，也可设在输、配水（泥）渠道下面，既节省占地，又利用空间；施工时还可与构筑物、建筑物同时开槽施工，不增加开槽土方量。

4.断面尺寸的确定

在确定管廊断面尺寸时，首先应确定设置在此段管廊内管线的种类、数量，然后根据管线种类（水管、泥管或电缆）、管径大小、管线坡度要求、管理便利等因素来布置。原则上应尽可能地把同性质的管线布置在一侧，电缆、控制、通信线路布置在另一侧；当管线种类多，不能满足上述要求时，则尽可能把电缆、控制、通信线路设在上侧；横穿管廊的管线应尽量走高处，以不妨碍通行为准；管线之间的上下间距及左右间距应满足工艺要求；当断面因一些因素限制，不可能加大而管线又太多布置不开时，还可将小口径管线并列布置，中间留出一定的人行通道宽度。

确定管廊通行宽度时，需考虑维修管理时便于通行，局部地段受条件限制可适当压缩，但应保证人能通行。一般高度应不小于1.8m，有条件处可做到2.0 ~ 2.5m。中间人行通道宽度应不小于1.0 ~ 1.5m。

（三）城市综合管廊专项规划

1.编制原则

管廊专项规划是城市规划的一部分，是城市管线综合规划、地下空间开发利用规划的重要内容。管廊专项规划的编制应当符合本市城市总体规划，坚持因地制宜、远近兼顾、统一规划、分期实施的原则。

一般情况下，管线的专项规划在总体规划的原则条件下进行编制，综合管廊的系统规划根据路网规划和管线专项规划确定，在此基础上反馈给相关管线专项规划，经过多次协调最终形成综合管廊的系统规划。

2.编制深度要求

（1）城市综合管廊专项规划

以城市总体规划为依据，与道路交通及相关市政管线专业规划相衔接，确定城市综合管廊系统总体布局。合理确定入廊管道，形成以干线管廊、支线管廊、缆线管廊、支线混合管廊为不同层次主体，点、线、面相结合的完善管廊综合体系。明确管廊断面形式、道路下位置、竖向控制，并提出规划层次的避让原则和预留控制原则。

①干线管廊。一般设置于机动车道或道路中央下方，主要连接原站（如自来水厂、发电厂、燃气制造厂等）与支线综合管廊。其一般不直接服务于沿线地区。沟内主要容纳电力、通信、自来水、热力等管线，有时根据需要也将排水管线容纳在内。干线综合管廊的断面通常为圆形或多格箱形，综合管廊内一般要求设置工作通道及照明、通风等设备。

②支线管廊。主要用于将各种供给从干线综合管廊分配、输送至各直接用户。其一般设置在道路的两旁，容纳直接服务于沿线地区的各种管线。支线综合管廊的截面以矩形较为常见，一般为单仓或双仓箱形结构。综合管廊内一般要求设置工作通道及照明、通风等设备。

③干支线管廊。一般设置于道路较宽的城市道路下方，介于干线综合管廊和支线综合管廊的特点之间，既能克服干线管廊不宜设置接口的问题，同时又可避免支线管廊多处接口的问题。应根据功能需要，合理确定管廊断面形式和尺寸，设置工作通道及照明、通风等设备。

④缆线管廊。主要负责将市区架空的电力、通信、有线电视、道路照明等电缆容纳至埋地的管道中。一般设置在道路的人行道下面，其埋深较浅，一般在1.5m左右。缆线综合管廊的截面以矩形较为常见，一般不要求设置工作通道及照明、通风等设备，仅设置供维修时用的工作手孔即可。

（2）城市地下空间利用规划

确定管廊与地铁、地下商业街、地下通道、地下车库、地下广场等城市地下空间的共建方式，并提出平面布置、竖向控制及交叉处理原则。

（四）系统布局

1.一般要求

各城市可根据实际需求，因地制宜合理选择城市综合管廊建设区域，优化方案。对于地下管道敷设矛盾突出、经济实力较强的城市可以进行较大规模的建设，但应从前期决策、规划设计到建设实施做出详细论证。暂无建设条件的城市，也应遵循统一规划、分期实施的原则，先在重点地段进行试点建设，逐步推广。

2.适建区域

（1）城市新区

新建地区需求量容易预测，建设障碍限制较少，应统一规划，分步实施，高起点、高标准地同步建设城市综合管廊。

（2）城市主干道或景观道路

在交通运输繁忙及工程管线设施较多的城市交通性主干道，为避免反复开挖路面，影响城市交通，宜建设城市综合管廊。

（3）重要商务商业区

为降低工程造价，促进地下空间集约利用，宜结合地下轨道交通、地下商业街、地下停车场等地下工程同步建设城市综合管廊。

（4）旧城改造

在旧城改造建设过程中，结合架空线路入地改造、旧管道改造、维修更新，尽可能建设城市综合管廊。

（5）其他区域

不宜开挖路面的路段、广场或主要道路的交叉处，需同时敷设两种以上工程管线及多回路电缆的道路、道路与铁路或河流的交叉处，可结合实际情况适当选择。

3.平面设置

（1）平面布置

管廊平面线形宜与所在道路平面线形一致，平面位置应考虑与建筑物的桩、柱、基础设施的平面位置相协调。

为了减少工程投资，节约道路下方地下空间，管廊均考虑布置在道路的单侧。同时，在道路建设时预留足够的进入地块的各类管道过路管。

（2）管廊在道路下位置

①干线管廊一般设置于机动车道或道路中央下方，一般不直接服务沿线地区。

②支线管廊一般设置在人行道或非机动车道，纳入直接服务沿线的各种管道。

③缆线管廊一般设置在道路的人行道下面。

④干支线混合管廊可设置于机动车道、人行道或非机动车道下方，可结合纳入管道特点选择敷设位置。

（3）平面间距

管廊与工程管道之间的最小水平净距应符合规定。干（支）线管廊与邻近建（构）筑物的间距应在2m以上，缆线管廊与邻近建（构）筑物的间距不应小于0.5m。

4.竖向控制

（1）覆土厚度

管廊的覆土厚度应根据设置位置、道路施工、行车荷载和管廊的结构强度等因素综合确定。

考虑各种管廊节点的处理以及减少车辆荷载对管廊的影响，兼顾其他市政管线从廊顶横穿的要求，管廊顶部覆土厚度一般为1.5～2.0m。缆线管廊一般设置在人行道下，覆土厚度一般不宜小于0.4m。

（2）交叉避让

管廊与非重力流管道交叉时，其他管道避让城市综合管廊。管廊与重力流管道交叉时，应根据实际情况，经过经济技术比较后确定解决方案。管廊一般从河道下部穿越河道。

（五）附属设施布局

1.种类

管廊附属设施种类包括三大类：附属用房，如控制中心、变电所等；附属设施，如投料口、通风口、人员出入口等；附属系统工程，如信息检测与控制系统（包括设备控制系统、现场检测系统、安保系统、电话系统、火灾报警系统）、排水系统、通风系统、照明系统、消防系统等。

2.设置要求

（1）总体要求

按照规范设立防火分区，以防火分区为单元设置投料口、通风口、人员出入口和排风设施。各类孔口功能应相互结合，满足投料间距、管道引出的要求，同时需满足景观要求。

除缆线管廊外，其他各类管廊应综合考虑各类管道分支、维修人员和设备材料进出的特殊构造接口要求，合理配置供配电、通风、给排水、防火、防灾、报警系统等配套设施系统。

（2）附属用房规划要求

附属用房应邻近管廊，其间应有便捷的联络通道。附属用房可以采用地上式或半地下式建筑，但其功能必须满足管廊使用要求，同时满足通风、采光等建（构）筑要求，并与周边环境相协调。

（3）附属设施规划要求

管廊投料口、通风口、人员出入口的设置位置和大小应满足管廊内所敷设管道的下管要求，均匀分布，有防火分区时，每个防火分区应分别设置，宜设置在防火分区的中段。

投料口位置应靠近设备及大管径管道安放处，尺寸以满足设备最大件或最长管道的进出要求为宜。

通风口应注意与地面建筑物、构筑物、道路之间的关系，使之与周围协调。

人员出入口应开启方便，宜兼具采光功能，均匀分布。具备人员出入条件的投料口也可作为人员出入口。

（4）附属系统规划要求

①信息检测与控制系统：按照可靠、先进、实用、经济的原则配置管廊附属设备监控系统、火灾报警系统、安保系统、配套检测仪表、电话系统。

②管廊设备监控系统：应能反映管廊内各设备的状态和照明系统的实时数据，同时具备管道报警、通信等功能。采集的信息包括温度、湿度、氧气浓度、易燃易爆气体浓度等；集水坑的水位上限信号、开/停泵水位；爆管检测专用液位开关报警信号；通风机、排水泵、区段照明总开关工况；投料口红外报警装置报警信号。

③管廊火灾报警系统：报警装置可选择烟感报警器或缆式报警器，但应保证其安全可靠，具备报警功能。

④管廊安保系统：投料口应设置探测器报警装置，其信号能通过控制器送入控制中心监控计算机，产生报警信号。

3.排水系统

为排除管廊内积水，管廊应有一定的坡度，其坡向宜与道路、周边地势坡向一致。管廊最低点处应设集水坑，廊底应保证一定的横向排水坡度，一般为2%左右。

积水收集到集水坑后应通过泵提升入就近雨水管内，条件许可时可重力排入附近水体，但必须有可靠的水封装置。

4.通风系统

管廊应有通风装置，以便换气散热。

干线管廊或干支线管廊宜采用机械通风，在两个风机之间设进气孔进气。进风孔应设在能够形成空气对流的位置，可利用管廊出入口作为进风孔。支线管廊可以采用自然通风。

5.照明系统

管廊内可采用自然采光或人工照明。绿地下的管廊上部宜采用自然采光。

6.消防系统

管廊应按照规范设置防火墙，同时安装室内消火栓，并在人员出入口处配备干粉灭火器。当有管道穿过防火墙时，应按照防火封堵相关规范或技术规程执行。

三、综合管廊工程设计

（一）综合管廊总体设计

综合管廊平面中心线宜与道路、铁路、轨道交通、公路中心线平行。综合管廊穿越城市快速路、主干路、铁路、轨道交通、公路时，宜垂直穿越；受条件限制时可斜向穿越，最小交叉角不宜小于60° 。综合管廊管线分支口应满足预留数量、管线进出、安装敷设作业的要求。相应的分支配套设施应同步设计。含天然气管道舱室的综合管廊不应与其他建（构）筑物合建。综合管廊设计时，应预留管道排气阀、补偿器、阀门等附件安装、运行、维护作业所需要的空间。综合管廊顶板处，应设置供管道及附件安装用的吊钩、拉环或导轨。吊钩、拉环相邻间距不宜大于10m。

1.空间设计

（1）综合管廊穿越河道时，应选择在河床稳定的河段，最小覆土厚度应满足河道整治和综合管廊安全运行的要求，并应符合下列规定。

①在Ⅰ～V级航道下面敷设时，顶部高程应在远期规划航道底高程2m以下。

②在V、VI级航道下面敷设时，顶部高程应在远期规划航道底高程1m以下。

③在其他河道下面敷设时，顶部高程应在河道底设计高程1m以下。

（2）综合管廊与相邻地下管线及地下构筑物的最小净距应根据地质条件和相邻构筑物性质确定。

（3）综合管廊最小转弯半径应满足综合管廊内各种管线的转弯半径要求。

综合管廊的监控中心与综合管廊之间宜设置专用连接通道，通道的净尺寸应满足日常检修通行的要求。综合管廊与其他方式敷设的管线连接处，应采取密封和防止差异沉降的措施。综合管廊内纵向坡度超过10%时，应在人员通道部位设置防滑地坪或台阶。

2.断面设计

综合管廊标准断面内部净高应根据容纳管线的种类、规格、数量、安装要求等综合确定，且不宜小于2.4m，标准断面内部净宽应根据容纳的管线种类、数量、运输、安装、运行、维护等要求综合确定。综合管廊通道净宽应满足管道、配件及设备运输的要求，并应符合下列规定。

（1）综合管廊内两侧设置支架或管道时，检修通道净宽不宜小于1.0m。

（2）单侧设置支架或管道时，检修通道净宽不宜小于0.9m。

（3）配备检修车的综合管廊检修通道宽度不宜小于2.2m。

3.节点设计

（1）综合管廊的每个舱室应设置人员出入口、逃生口、吊装口、进风口、排风口、管线分支口等。

（2）综合管廊的人员出入口、逃生口、吊装口、进风口、排风口等露出地面的构筑物应满足城市防洪要求，并应采取防止地面水倒灌及小动物进入的措施。

（3）综合管廊人员出入口宜与逃生口、吊装口、进风口结合设置，且不应少于2个。

（4）综合管廊逃生口的设置应符合下列规定。

①敷设电力电缆的舱室，逃生口间距不宜大于200m。

②敷设天然气管道的舱室，逃生口间距不宜大于200m。

③敷设热力管道的舱室，逃生口间距不应大于400m；当热力管道采用蒸汽介质时，逃生口间距不应大于100m。

④敷设其他管道的舱室，逃生口间距不宜大于400m。

⑤逃生口尺寸不应小于1m，当为圆形时，内径不应小于1m。

（5）综合管廊吊装口的最大间距不宜超过400m。吊装口净尺寸应满足管线、设备、人员进出的最小允许限界要求。

（6）综合管廊进、排风口的净尺寸应满足通风设备进出的最小尺寸要求。

（7）天然气管道舱室的排风口与其他舱室排风口、进风口、人员出入口以及周边建（构）筑物口部距离不应小于10m。天然气管道舱室的各类孔口不得与其他舱室连通，并应设置明显的安全警示标识。

（8）露出地面的各类孔口盖板应设置在内部使用时易于人力开启，且在外部使用时非专业人员难以开启的安全装置。

（二）主体工程设计

1.综合管廊结构作用力

结构设计时，对不同的作用应采用不同的代表值：对永久作用，应采用标准值作为代表值；对可变作用，应根据设计要求采用标准值、组合值或准永久值作为代表值。作用的标准值，应为设计采用的基本代表值。

当结构承受两种或两种以上可变作用时，在承载力极限状态设计或正常使用极限状态按短期效应标准值设计时，对可变作用应取标准值和组合值作为代表值。

当正常使用极限状态按长期效应准永久组合设计时，对可变作用应采用准永久值作为代表值。可变作用准永久值应为可变作用的标准值乘以作用的准永久值系数。

结构主体及收容管线自重可按结构构件及管线设计尺寸计算确定。

预应力综合管廊结构上的预应力标准值，应为预应力钢筋的张拉控制应力值扣除各项预应力损失后的有效预应力值。

2.综合管廊材料选用

综合管廊工程中的材料应根据结构类型、受力条件、使用要求和所处环境等加以选用，并考虑耐久性、可靠性和经济性。主要材料宜采用钢筋混凝土，在有条件的地区可采用纤维塑料筋、高性能混凝土等新型高性能工程建设材料。

砌体材料，前期成本低，实则耐久性、品质差，国内仍有一些城市采用。

钢筋混凝土结构的混凝土强度等级不应低于C30。预应力混凝土结构的混凝土强度等级不应低于C40；当采用钢绞线、钢丝、热处理钢筋作为预应力钢筋时，混凝土强度等级不应低于C40。

3.综合管廊标准断面结构型式

综合管廊横断面型式根据容纳管道的性质、容量、地质、地形情况及施工方式可分为圆形和矩形两种断面型式。

（1）干线综合管廊的结构型式

采用明挖覆盖法施工，其结构型式以矩形箱式为主。

采用盾构法施工，其结构型式以圆形为主

随着机械技术的发展，亦可采用矩形盾构方式。

（2）支线综合管廊的结构型式

支线综合管廊结构型式一般采用较为轻巧简便型结构。

（3）电缆沟结构型式

电缆沟结构型式一般采用单U字形或双U字形结构。矩形断面的空间利用效率高于其他断面，因而一般具备明挖施工条件时往往优先采用矩形断面。但是当施工条件制约必须采用非开挖技术（如顶管法和盾构法）施工综合管廊时，一般需要采用圆形断面。在地质条件适合采用暗挖法施工时，采用马蹄形断面更合适。

4.综合管廊断面尺寸设计

综合管廊标准断面内部净宽和净高应根据容纳管线的种类、数量，管线运输、安装、维护、检修等要求综合确定。一般情况下，干线综合管廊的内部净高不宜小于2.1m，支线综合管廊的内部净高不宜小于1.9m，综合管廊与其他地下构筑物交叉的局部区段，净高一般不应小于1.4m。当不能满足最小净高要求时，可改为排管连接。

（1）人行通道宽度

当综合管廊内双侧设置支架或者管道时，人行通道最小净宽不宜小于1.0m；当综合管廊内单侧设置支架或管道时，人行通道的净宽尚应满足综合管廊内的管道、配件、设备运输净高的要求。电缆沟情况比较特殊，一般情况下电缆沟不提供正常的人行通道。当电缆沟需要工作人员安装时，其盖板为可开启式。

（2）电缆支架空间要求

综合管廊内部电缆水平敷设的空间要求：

①最上层支架距综合管廊顶板或梁底的净距允许最小值，应满足电缆引接至上侧柜盘时的允许弯曲半径要求。

②最上层支架距其他设备的净距，不应小于300mm，当无法满足时应设防护板。

③水平敷设时电缆支架的最下层支架距综合管廊底板的最小净距，不宜小于100mm。

④中间水平敷设的电缆支架层间距根据电缆的电压等级、类别确定。

（三）综合管廊管线设计

综合管廊中的管线设计应以综合管廊总体设计为依据。纳入综合管廊的金属管道应进行防腐设计。管线配套检测设备、控制执行机构或监控系统应设置与综合管廊监控与报警系统连通的信号传输接口。

1.给水管道与再生水管道

给水、再生水管道设计应符合现行国家标准《室外给水设计规范》和《污水再生利用工程设计规范》的有关规定。给水、再生水管道可选用钢管、球墨铸铁管、塑料管等。接口宜采用刚性连接，钢管可采用沟槽式连接。

2.排水管渠

雨水管渠、污水管道设计应符合现行国家标准《室外排水设计标准》（GB 50014-2021）的有关规定。雨水管渠、污水管道应按规划最高日最高时设计流量确定其断面尺寸，并应按近期流量校核流速。排水管渠进入综合管廊前，应设置检修闸门或闸槽。雨水、污水管道可选用钢管、球墨铸铁管、塑料管等。压力管道宜采用刚性接口，钢管可采用沟槽式连接。

雨水、污水管道系统应严格密闭。管道应进行功能性试验。

雨水、污水管道的通气装置应直接引至综合管廊外部安全空间，并应与周边环境相协调。

雨水、污水管道的检查及清通设施应满足管道安装、检修、运行和维护的要求。重力流管道应考虑外部排水系统水位变化、冲击负荷等情况对综合管廊内管道运行安全的影响。

利用综合管廊结构本体排除雨水时，雨水舱结构空间应完全独立和严密，并应采取防止雨水倒灌或渗漏至其他舱室的措施。

3.天然气管道

（1）天然气管道应采用无缝钢管。天然气管道的阀门、阀件系统压力应按提高一个压力等级设计。

（2）天然气调压装置不应设置在综合管廊内。

（3）天然气管道分段阀宜设置在综合管廊外部。当分段阀设置在综合管廊内部时，应具有远程关闭功能。

（4）天然气管道进出综合管廊时应设置具有远程关闭功能的紧急切断阀。

（5）天然气管道进出综合管廊附近的埋地管线、放散管、天然气设备等均应满足防雷、防静电接地的要求。

4.热力管道

热力管道应采用无缝钢管、保温层及外护管紧密结合成一体的预制管。管道附件必须进行保温。管道及附件保温结构的表面温度不得超过50℃。当同舱敷设的其他管线有正常运行所需环境温度限制要求时，应按舱内温度限定条件校核保温层厚度。

当热力管道采用蒸汽介质时，排风管应引至综合管廊外部安全空间，并应与周边环境相协调。热力管道及配件保温材料应采用难燃材料或不燃材料。

5.电力电缆

电力电缆应采用阻燃电缆或不燃电缆。应对综合管廊内的电力电缆设置电气火灾监控系统。在电缆接头处应设置自动灭火装置。电力电缆敷设安装应按支架形式设计。

6.通信线缆

通信线缆应采用阻燃线缆。通信线缆敷设安装应按桥架形式设计。

（四）综合管廊附属设施设计

1.消防系统

当舱室内含有两类及以上管线时，舱室火灾危险性类别应按火灾危险性较大的管线确定。

天然气管道舱及容纳电力电缆的舱室应每隔200m采用耐火极限不低于3h的不燃性墙体进行防火分隔。防火分隔处的门应采用甲级防火门，管线穿越防火隔断部位应采用阻火包等防火封堵措施进行严密封堵。

干线综合管廊中容纳电力电缆的舱室，支线综合管廊中容纳6根及以上电力电缆的舱室应设置自动灭火系统；其他容纳电力电缆的舱室宜设置自动灭火系统。

综合管廊交叉口及各舱室交叉部位应采用耐火极限不低于3h的不燃性墙体进行防火分隔，当有人员通行需求时，防火分隔处的门应采用甲级防火门，管线穿越防火隔断部位应采用阻火包等防火封堵措施进行严密封堵。

综合管廊内应在沿线、人员出入口、逃生口等处设置灭火器材，灭火器材的设置间距不应大于50m。

2.通风系统

综合管廊宜采用自然进风和机械排风相结合的通风方式。天然气管道舱含有污水管道的舱室应采用机械进风、排风的通风方式。

综合管廊的通风量应根据通风区间、截面尺寸并经计算确定，且应符合下列规定。

（1）正常通风换气次数不应小于2次/h，事故通风换气次数不应小于6次/h。

（2）天然气管道舱正常通风换气次数不应小于6次/h，事故通风换气次数不应小于12次/h。

（3）舱室内天然气浓度大于其爆炸下限浓度值（体积分数）的20%时，应启动事故段分区及其相邻分区的事故通风设备。

（4）综合管廊的通风口处出风风速不宜大于5m/s。

（5）综合管廊的通风口应加设防止小动物进入的金属网格，网孔净尺寸不应大于10mm。综合管廊的通风设备应符合节能环保要求。天然气管道舱风机应采用防爆风机。当综合管廊内空气温度高于40℃或需进行线路检修时，应开启排风机，并应满足综合管廊内环境控制的要求。

综合管廊舱室内发生火灾时，发生火灾的防火分区及相邻分区的通风设备应能够自动关闭。综合管廊内应设置事故后机械排烟设施。

3.监控与报警系统

综合管廊监控与报警系统宜分为环境与设备监控系统、安全防范系统、通信系统、火灾自动报警系统、地理信息系统和统一管理信息平台等。

监控与报警系统的组成及其系统架构、系统配置应根据综合管廊建设规模、纳入管线的种类、综合管廊运营维护管理模式等确定。

监控、报警和联动反馈信号应送至监控中心。监控中心应对通风设备、排水泵、电气设备等进行状态监测和控制；设备控制方式宜采用就地手动、就地自动和远程控制。监控中心应设置与管廊内各类管线配套的检测设备、控制执行机构连通的信号传输接口；当管线采用自成体系的专业监控系统时，应通过标准通信接口接入综合管廊监控与报警系统统一管理平台。监控管廊内有毒有害气体探测器应设置在管廊内人员出入口和通风口处。

（1）综合管廊应设置安全防范系统，并应符合下列规定

①综合管廊内设备集中安装地点、人员出入口、变配电间和监控中心等场所应设置摄像机；综合管廊内沿线每个防火分区内应至少设置一台摄像机，不分防火分区的舱室，摄像机设置间距不应大于100m。

②综合管廊人员出入口、通风口应设置入侵报警探测装置和声光报警器。

③综合管廊人员出入口应设置出入口控制装置。

④综合管廊应设置电子巡查管理系统，并宜采用离线式。

（2）综合管廊应设置通信系统，并应符合下列规定

①应设置固定式通信系统，电话应与监控中心接通，信号应与通信网络连通。综合管廊人员出入口或每一防火分区内应设置通信点；不分防火分区的舱室，通信点设置间距不应大于100m。

②固定式电话与消防专用电话合用时，应采用独立通信系统。

③除天然气管道舱，其他舱室内宜设置用于对讲通话的无线信号覆盖系统。

（3）天然气管道舱应设置可燃气体探测报警系统，并应符合下列规定

①天然气报警浓度设定值（上限值）不应大于其爆炸下限值（体积分数）的20%。

②天然气探测器应接入可燃气体报警控制器。

③当天然气管道舱天然气浓度超过报警浓度设定值（上限值）时，应由可燃气体报警控制器或消防联动控制器联动启动天然气舱事故段分区及其相邻分区的事故通风设备。

④紧急切断浓度设定值（上限值）不应大于其爆炸下限值（体积分数）的25%。

4.排水系统

综合管廊内的排水系统主要满足排出综合管廊的渗水、管道检修放空水的要求，未考虑管道爆管或消防情况下的排水要求。

采用有组织的排水系统，主要是考虑将水流尽快汇集至集水坑。一般在综合管廊的单侧或双侧设置排水明沟，排水明沟的纵向坡度不小于0.3%。

综合管廊的排水区间应根据道路的纵坡确定，排水区间不宜大于400m，应在排水区间的最低点设置集水坑，并设置自动水位排水泵。集水坑的容量应根据渗入综合管廊内的水量和排水扬程确定。

综合管廊的底板宜设置排水明沟，并通过排水明沟将综合管廊内的积水汇入集水坑内，排水明沟的坡度不宜小于0.3%。综合管廊的排水应就近接入城市排水系统，并应在排水管的上端设置逆止阀。

地下管线构筑物的外露面均需要做外防水，防水应以防为主，以排为辅，遵循“防、排、截、堵相结合，因地制宜，经济合理”的原则，同时要坚持以防为主、多道设防、刚柔相济的方法。

（1）以防为主

按防水施工的重要性，地下工程的防水等级分为四级，无论哪个防水等级，混凝土结构自防水是根本防线，结构自防水是抗渗漏的关键，因此在施工中分析地下构筑物混凝土自防水效果的相关因素，采取相应预防措施，改善混凝土自身的抗渗能力，应当成为施工人员关注的重点。防水混凝土的自防水效果影响因素主要有以下几点。

①混凝土防水剂的选择及配合比的设计，通常采用C30、P8防水混凝土。

②原材料的质量控制及准确计量。

③浇筑过程中的振捣及细部结构（施工缝、变形缝、穿墙套管、穿墙螺栓等）的处理。

④混凝土保护层厚度不够，常常由于施工时不能保证而出现裂缝，造成渗漏。

⑤混凝土的拆模时间及拆模后的养护，养护不良易造成早期失水严重，形成渗漏。

从质量控制的角度来讲，如果采用防水抗渗的商品混凝土，只要混凝土本身是合格的材料，基本可以满足防水的要求。但是，为了防止防水混凝土的毛细孔、洞和裂缝渗水，还应在结构混凝土的迎水面设置附加防水层，这种防水层应是柔性或韧性的，来弥补防水混凝土的缺陷，因此地下防水设计应以防水混凝土为主，再设置附加防水层的封闭层和主防层。

（2）多道设防，刚柔相济

一般地下构筑物的外墙主要起抗水压或自防水作用，再做卷材外防水（迎水面处理），目前较为普遍的做法就是在构筑物主体结构的迎水面上粘贴防水卷材或涂刷涂料防水层，然后做保护层，再做回填土，达到多道设防，刚柔相济的目的。由于地下防水层长期受地下水浸泡，处于潮湿和水渗透的环境，而且常有一定水压力，除满足防水基本功能外，还应具备与外墙紧密黏结的性能。因防水层埋置在地下，具有永久性和不可置换性的特点，必须经久耐用。常用的防水卷材有合成高分子防水卷材和高聚物改性沥青防水卷材两大类。

5.供电系统设计

综合管廊供配电系统接线方案、电源供电电压、供电点、供电回路数、容量等应依据管廊建设规模、周边电源情况、管廊运行管理模式，经技术比较后合理确定。

（1）综合管廊附属设备配电系统应符合下列要求

①管廊内消防和监控设备、应急照明宜按二级负荷供电，其余用电设备可按三级负荷供电。

②管廊内低压配电系统宜采用交流220V/380V三相四线TN-S系统，并宜使三相负荷平衡。

③除在火灾时仍需继续工作的消防设备采用耐火电缆外，其余设备都采用阻燃电缆。

④管廊出入口和各防火分区防火门上方应有安全出口标志灯，灯光疏散指示标志距地坪高度应小于1.0m，间距不应大于20m。

⑤管廊中应装置检修插座，间距应小于60m，插座容量宜大于15kW，安装高度应

大于0.5m，插座和灯具保护等级都宜大于IP54。

（2）综合管廊内供配电设备应符合下列要求

①供配电设备防护等级应适应地下环境的使用要求。

②供配电设备应安装在便于维护和操作的地方，不应安装在低洼、可能受积水浸泡的地方。

③电源总配电箱宜安装在管廊进出口处。

综合管廊内应有交流220V/380V带剩余电流动作保护装置的检修插座，插座沿线间距不宜大于60m。检修插座容量不宜小于15kW，应防水防潮，防护等级不低于IP54，安装高度不宜小于500mm。

设备供电电缆宜采用阻燃电缆，火灾时需继续工作的消防设备应采用耐火电缆。在综合管廊每段防火分区各人员进出口处，均应设置本防火分区通风设备、照明灯具的控制按钮。综合管廊内通风设备应在火警报警时自动关闭。

综合管廊内的接地系统应形成环形接地网，接地电阻允许最大值不宜大于10Ω。接地网宜使用截面面积不小于40mm×5mm的热镀钵扁钢，在现场应采用电焊搭接，不得采用螺栓搭接的方法。金属构件、电缆金属保护皮、金属管道以及电气设备金属外壳均应与接地网连通。当敷设有系统接地的高压电网电力电缆时，综合管廊接地网尚应满足当地电力公司有关接地连接技术和故障时热稳定的要求。

6.标示系统设计

在综合管廊的主要出入口处应设置综合管廊介绍牌，对综合管廊建设的时间、规模、容纳的管线等情况进行简介。

纳入综合管廊的管线应采用符合管线管理单位要求的标志进行区分，标志铭牌应设置于醒目位置，间隔距离不应大于100m。标志铭牌应标明管线的产权单位名称、紧急联系电话。

在综合管廊的设备旁边应设置设备铭牌，铭牌内应注明设备的名称、基本数据、使用方式及其紧急联系电话。

在综合管廊内应设置“禁烟”“注意碰头”“注意脚下”“禁止触摸”等警示、警告标识。在人员出入口、逃生孔、灭火器材等部位应设置明确的标识。

第二节　管线综合设计

一、综合管线概述

城市工程管线种类很多，其功能和施工时间也不统一，在城市道路有限断面上需要综合安排、统筹规划，避免各种工程管线在平面和竖向空间位置上互相冲突和干扰，保证城市功能的正常运转。管线综合设计的目的是合理利用城市用地，统筹安排工程管线在城市地上和地下的空间位置，协调工程管线之间以及城市工程管线与其他各项工程之间的关系。

管线综合设计可分为两个阶段，一是城市总体规划（含分区规划）阶段的工程管线综合设计，二是详细规划阶段的工程管线综合设计。城市工程管线综合设计的主要内容包括：确定城市工程管线在地下敷设时的排列顺序和工程管线间的最小水平净距、最小垂直净距；确定城市工程管线在地下敷设时的最小覆土厚度；确定城市工程管线在架空敷设时管线及杆线的平面位置及周围建（构）筑物、道路、相邻工程管线间的最小水平净距和最小垂直净距。

城市工程管线综合设计应与城市道路交通、城市居住区、城市环境、给水工程、排水工程、热力工程、电力工程、燃气工程、电信工程、防洪工程、人防工程等专业规划相协调。

城市工程管线的敷设方式分为地下敷设和地上架空敷设，地下敷设又分为直埋敷设和综合管廊敷设两种方式。本节主要介绍采用直埋方式时的各类市政管线的排列顺序，通过规定其最小水平净距和最小垂直净距以及最小覆土厚度等参数来满足不同管线在城市空间位置上的要求，保证城市工程管线顺利施工及正常运转。

（一）管线综合的意义及目的

1.管线综合的意义

工程技术管线，就其输送介质的性质、工作条件、管径大小、敷设地点的环境和自然条件而言，任意管线或其任意部分，无不具有特殊性。这是管线综合布置的一个重要特点。管线综合布置是一项技术性、经济性都很突出的工作，为力求达到经济合理、节约用地、满足使用目的，除应严格执行有关专业管线技术规范标准及其综合布置原则之外，还须深入了解影响管线布置的各种因素，根据对工程实践的具体研究，因地制宜地采用灵活、多样的工程措施，合理地选择特定条件下管线走向和间距，正确处理管线平面和空间的关系，这也是场地设计工作的重要内容之一。

管线综合布置能否做到经济合理是衡量场地设计工作质量的重要依据之一，二者之间存在十分密切的辩证关系。管线综合布置以场地总平面布置为基础，而管线综合布置中提出的各种技术经济问题又为局部调整总平面布局提供依据，进而不断完善场地的总平面布局，使管线综合布置具有更切实的技术经济意义，并充分发挥其积极作用。

2.管线综合的目的

场地管线综合规划主要是将场地规划区范围内，工程管线在地上、地下空间布置上统一安排，确定其合理的水平净距和相互交叉时的垂直净距，这对于场地规划、建设与管理都是非常重要的。场地管线综合的目的是合理地利用场地用地、综合确定场地工程管线地上、地下空间位置，避免工程管线之间及其相关建筑物、构筑物之间相互矛盾和干扰，为各管线工程设计和规划管理提供依据。

场地管线综合规划设计，是在收集场地规划地区范围内各项工程管线的现状和规划设计资料（包括收集现状资料和各阶段设计资料）的基础上，加以分析研究，统一安排，发现并解决各项工程管线在规划设计上存在的矛盾，使各项工程管线在合理可行的基础上，互相避让，各行其道，为工程管线施工以及竣工后的管线管理工作创造有利条件。

场地管线综合规划设计具有复杂性。综合是将单项工程管线协调汇总，在个体合理的基础上实现整体合理。如果单项工程管线规划设计的走向、水平或垂直位置不合理，各管线之间位置冲突，或净距不足，管线综合规划设计部门必须提出调整位置、解决矛盾的方案，组织有关单位协商解决。如果单项工程管线的设计自身不存在矛盾，但与其他工程管线在水平和竖向上有冲突，则需要进行协调；若无冲突，需要明确肯定。

编制管线综合规划和设计，既要从整体出发，又要照顾局部的要求，因此在综合过程中，必须对不同问题进行具体的分析研究，采取相应的办法加以解决。只有这样，才能做好工程管线规划与设计工作。

（二）管线综合布置的原则与要求

1.管线地下布置的原则与要求

（1）规划中各种管线位置要求用统一的坐标系统和标高系统。居住区、厂区、道路及各种管线的平面位置和竖向位置也应采用统一的坐标系统和标高系统，避免发生混乱和互不衔接。如有几个不同的坐标系统和标高系统，必须加以换算，取得统一。

（2）充分利用现状管线。只有当原有管线不适应生产发展的要求和不能满足居民生活需要时，才考虑废弃和拆除。对于沿规划改直、拓宽的道路敷设的现状管线，应相应考虑拆迁和改造，可不受上述要求的限制。

对于建设期间用的临时管线，特别是道路、排水、桥涵等管线，必须予以妥善安排，使其尽可能和永久管线结合起来，成为永久性管线的一部分。

（3）远近结合，为将来发展留有余地。安排管线位置时，特别是确定人行道、非机动车道的宽度时，应考虑到今后埋设在下面的管线数量上的增长，应留有余地，但也要尽可能地节约用地。

在不妨碍今后运行和保证使用安全的前提下，应尽可能缩短管线长度，以节省建设费用。但要避免随便穿越和切割规划的工业、仓库和生活居住用地，避免布置零乱，给今后的建设、管理和维修带来不便。

（4）地下管线应与道路红线、中心线按一定顺序平行敷设。

地下管线尽可能布置在人行道、非机动车道和绿化带下面，不得已时才考虑将检修次数较少和埋置较深的管道（如污水、雨水、给水管等）布置在机动车道下面。

各种地下管线从建筑红线或道路红线向道路中心线方向平行布置的顺序，一般根据管线的性能、埋设深度等来决定。原则上可燃、易燃等对房屋基础、地下室和地面建筑有危害的管线，应离建筑物远一点，埋设较深的管线也应远离建筑物。接入支线少、检修周期长、检修时不需要开挖路面的工程管线也宜远离建筑物。

在各种工程管线走向初步确定以后，应根据场地所处的地理位置和特点，规划工程管线在城镇道路上的固定位置，仅在特殊情况下，根据需要并经有关部门同意，改变其管线的固定位置，宜安排如下。

东西向道路中心北侧或南北向道路中心西侧：电信管线、燃气管线、污水管线。

东西向道路中心南侧或南北向道路中心东侧：电力管线、热力管线、给水管线、雨水管线。居住区内的管线，首先考虑布置在街边道路下，其次为次干道，尽可能不将管线布置在交通频繁的主干道、机动车道下，以免施工或检修时开挖路面影响交通。

地下管线应敷设在分支线较多的道路一侧，或将管线分别布置在道路两侧，同一管线不宜自道路一侧转到另一侧，要尽量避免横穿道路，必须横穿时尽量与道路正交，有困难时，其交叉角不宜小于45°。

直埋式的地下管线一般不允许重叠布置，更不得与铁路、地面管线平行重叠布置；只在特殊情况（如改建、扩建工程）下才考虑短距离重叠，但必须将检修多、埋深浅、管径小的敷设在上面，而将有污染的管道敷设在下面。重叠敷设管道之间的垂直距，应考虑施工、检修和埋设深度等要求。

（5）应符合一定水平间距要求，管线综合布置时，管线之间或管线与建筑物、构筑物之间的水平距离须符合国防上的规定，电信管线还须符合有关涉外保密的规定。

在城镇干道、次干道上和城镇居住区里各种工程管线应尽量地下敷设，在工业区内，各种工业、生活等工程管线宜地下敷设。冰冻地区城镇应根据当地土壤冰冻深度，将给水、排水、煤气等有水和含有水分的工程管线深埋；热力管线、电信管线、电力电缆等不受冰冻影响的工程管线满足道路上面荷载要求时可浅埋。非冰冻地区城镇，若当地土壤性质和道路上荷载强度满足要求，可浅埋。

规划道路下面的工程管线应与道路中心线（或建筑物）平行，其主干线应靠近主管线较多一侧，并应通过其所承担负荷集中地区。工程管线不宜自道路一侧转到另一侧，道路红线宽30m以上的城镇干道，在道路两侧人行道或非机动车道下应安排一条配水管线和一条燃气管线，道路红线宽50m以上的城镇干道在道路两侧非机动车道或机动车道下应各安排一条排水管线。

（6）在规划各种管线位置时，宜避开土质松软地区、地震断裂带、沉陷区、滑坡危险带和地下水位高的不利地段。对于地势高差起伏较大的山城地区，应结合场地地形的特点布置工程管线，并应避开地质滑坡和洪峰口。

河底敷设工程管线应选择在稳定河段，埋设深度应按不妨碍河道的通航、保证工程管线安全的原则确定。对于Ⅰ～Ⅴ级的航道河流，管线或管沟应敷设在航道底标高2m以下；对于其他河流，管线或管沟应敷设在河底标高1m以下；对于灌溉渠等，可敷设在渠底标高0.5m以下。

（7）在旧区改造规划设计中，必须了解规划拆迁范围，对符合规范规定可利用的现状工程管线应结合规划予以保留。管径较小、无腐蚀损坏，且有较长管段与规划道路中心线平行的工程管线宜保留，可在规划道路位置允许的情况下，另外规划一条工程管线。对局部管段弯曲并满足容量要求，但无腐蚀损坏的管线，应结合规划道路将弯曲管线调直，其余管线原段利用。

2.其他管线综合布置的原则与要求

管线综合布置通常以总平面建筑布局为基础，又是场地设计的重要组成部分。管线综合布置也可以要求改变场地总平面中部分建筑物和道路等的布置，进而优化场地的总平面布局。因此，管线综合布置一般应遵循以下原则。

（1）应与场地总平面布置统一进行

①管线布置需与场地总平面的建筑、道路、绿化、竖向布置相协调，管线布置应尽量使管线之间及其与建（构）筑物之间，在平面和竖向关系上相协调，既要考虑节约用地、节省投资、减少能耗，又要考虑施工、检修和使用安全的要求，并且不影响场地的预留发展用地。在合理确定管线位置及其走向的同时，尚应考虑与绿化和人行道的协调关系。

②与城市管线妥善衔接，根据各管网系统的管线组成，妥善处理好与城市管线的衔接问题。

③合理选择管线的走向，根据管线的不同性质、用途、相互联系和彼此之间可能产生的影响，以及管线的敷设条件和敷设方式，合理地选择管线的走向，力求管线短捷、顺直、适当集中，并与道路、建筑物轴线和相邻管线相平行，尽量缩短主干管线的敷设长度，以减少管线营运中电能、热能的长期消耗。同时，干管宜布置在靠近主要用户和主管较多的一侧。

④尽量减少管线的交叉，尽量减少管线之间以及管线与道路、铁路、河流之间的交叉。当必须交叉处理时，一般宜为直角交叉，仅在场地条件困难时，可用不小于45° 的交角，并应视具体情况采取加固措施等。

⑤管线布置应与场地地形、地质状况相适应，管线线路应尽量避开塌方、滑坡、湿陷、深填土等不良地质地段。沿山坡、陡坎和地形高差较大地面布置管线时，宜尽量利用原有地形，并注意边坡稳定和防止冲刷。

（2）合理布置有关的工程设施，处理好近远期建设的关系

①避免管线附属建构筑物之间的冲突，管线附属构筑物（如补偿器、阀门井、检查井、膨胀伸缩节等）应交错布置、避免冲突，并尽量减少检查井的数量，节约建设用地。有条件时，可在建（构）筑物凸出部分两侧布置管线。当架空管线较多时，应尽可能共杆架设，并从场地景观出发，尽量采用地下埋设，合理利用地上、地下空

间。在地下管线较多、用地狭小的场地，应将允许同沟敷设的管线采用合槽、共沟或综合管沟等形式进行布置。

②处理好管线工程的近远期建设，分期建设的场地，管线布置应全面规划，近期为主，集中建设，近远期相结合；近期管线穿越远期用地时，不得影响远期用地的使用。

③合理布置改、扩建工程的管线。改、扩建工程的管线布置，需注意新增管线不应影响原有管线的使用，并满足施工和交通运输的要求。当间距不能满足要求时，应采取有效防护措施（如施工采用挡板、加设套管等）。在安全可靠的前提下，也可根据具体情况适当缩小其间距。

二、管线综合设计基础资料

城市工程管线综合规划的前提是要有较准确、完善的城市基础设施现状资料。据调查，目前我国大约2/3以上的城市已具备地下工程管线及相关工程设施较完善的实测1：1000、1：500地形图，另一部分城市也正在抓紧补测，并随着工程建设的实施随时补图，确保了工程管线综合规划的准确性。实践证明，城市基础设施资料越完善，工程管线规划越合理。

各城市的性质和气候不同，规划工程管线种类有可能不同（北方地区需设供热管线）、排水体制不同（污雨水是否分流）、埋设深度不同、敷设系统不同等都将影响城市工程管线的综合规划。作为城市规划的重要组成部分，工程管线规划既要满足城市建设与发展中工业生产与人民生活的需要，又要结合城市特点因地制宜、合理规划，充分利用城市用地。

三、管线综合设计原则

（1）应结合城市道路网规划，在不妨碍工程管线正常运行、检修和合理占用土地的情况下，使线路短捷。

（2）应充分利用现状工程管线。当现状工程管线不能满足需要时，经综合技术、经济比较后，可废弃或抽换。

（3）平原城市宜避开土质松软地区、地震断裂带、沉陷区以及地下水位较高的不利地带；起伏较大的山区城市，应结合城市地形的特点合理布置工程管线位置，并应避开滑坡危险地带和洪峰口。

（4）工程管线的布置应与城市现状及规划的地下铁道、地下通道、人防工程等地下隐蔽性工程协调配合。

（5）工程管线综合设计时，应减少管线在道路交叉口处交叉。当工程管线竖向位置发生矛盾时，宜按下列规定处理：压力管线让重力自流管线；可弯曲管线让不易弯曲管线；分支管线让主干管线；小管径管线让大管径管线。

四、管线综合设计基本流程

（一）管线综合修建性规划设计

（1）管线专项规划和本工程管线建设计划。简述本工程所属区域的各类工程管线专项规划，并根据各专项规划和管线权属单位初步建设计划确定各类工程管线建设规模。

（2）管线综合规划方案。根据确定的各类工程管线建设规模和规范要求，合理安排其平面和断面布置，需要明确修建范围内的现状管线废、改、迁、扩建方案和规划管线容量、管径、位置、走向、长度和重力流管线控制点高程，以及影响管线布置的管线附属设施（检查井、设备箱等）的平面位置及尺寸。

（3）根据区域功能规划、管线专项规划等确定综合管廊规划，提出管廊系统规模、断面布置等。

（二）管线综合初步设计

场地管线综合初步设计，是在总平面布置图（建构筑物、铁路、道路定位图）的基础上，用各种管线的表示符号，将其走向、排列、间距和转点相互位置表示出来。

在总平面布置图中为了突出管线的重要性，一般常用较粗的实线表示管线，用较细的实线表示建（构）筑物、铁路、道路。在管线综合布置较复杂的地段或具有代表性的地段，为了更明确地表示设计意图，必要时应绘制有关地段的断面图。

管线的种类很多，很难用变化不多的几种线条图例把全部管线分别表示出来，因此在设计中用线条上标注字母或在线条上标注字母和数字的图例来表示各种具体的管线。在管线图例中，不同类型的管线分别在线条上标注字母，这些图例符号各专业有相应的规定或习惯标注方法，设计中应按本单位有关规定和习惯标注方法执行。对于一项工程或一个设计项目，各专业所用的管线图例应当一致。

由于管线综合初步设计图是施工图的依据，同时在设计和施工方面还起着全面的组织管理作用，所以在绘制过程中，管线综合人员与专业管线人员之间资料往返、相互协商、综合平衡的工作量很大。具体的绘制程序分以下几步。

（1）管线综合人员首先将总平面布置图分别提供给各有关的管线专业。该总平面布置图，可以是正式确定的初步设计总平面布置图，最好是总平面布置图[建（构）筑物、铁路、道路定位图]。对于变动较小、精度较高的总平面布置图，宜作各管线专业布置管线的资料图。

（2）各管线专业，在接到由管线综合专业提供的总平面布置图后，应将本专业所设计的管线及其有关附属的重要设备，根据技术要求和合理的敷设方式，结合总平面布置的具体情况布置在该图上。该图可以按管线专业分别绘制，也可以按某一种管线分别绘制。对于管线在敷设上的特殊要求应明确表示。绘制时要尽可能考虑到管线综合时将会对自己布置的管线产生的影响。各管线专业把这张布置有本专业设计的管线图（或管网图）作为综合管线的原始资料之一，返回给管线综合专业，以便进行各种管线的综合布置。

（3）根据管线综合布置的原则和具体技术要求，管线综合专业进行初步的管线综合布置。把各管线专业提供的所有管线，布置在一张平面图上，然后将经过综合布置的图返给各有关的管线专业，再由各有关的管线专业审查本专业所负责设计的管线经过管线综合专业设计后，是否仍然满足其技术要求。如果按管线综合专业设计的管线综合布置图，设计本管线专业的管线没有问题，能满足其技术要求，就应该服从管线综合布置，初步为本专业的管线确定走向、位置等，准备进行该管线的施工设计。如果按管线综合专业设计的管线综合布置图来设计本管线专业的管线，不能满足其有关的技术要求，就应该向管线综合专业提出具体问题和理由并进行协商。

由于管线综合专业在管线综合时，对各种管线之间出现的矛盾用“几让”的原则处理。“让”了的管线，在某些管段或某些技术条件上，可能不合理或者不能满足其基本的技术要求。因此，这个阶段的管线综合工作，需要多次征求意见，反复研究，协商处理。当问题较多且涉及面较广时，则需要经过工程负责人，由管线综合专业召集各有关管线设计人员召开综合平衡会议来解决，反复协商得到最终结果。总图专业提出各管线专业都同意的管线综合方案。据此方案各管线专业应按要求设计各自的管线施工图。

（4）管线综合根据各专业管线都同意的管线综合方案，进行干管线控制点的定位计算。该定位计算不包括铁路、道路的定位。如需要铁路、道路的位置坐标，可查阅有关部分的定位图。

五、管线综合设计要求

（一）管线直埋敷设

（1）严寒或寒冷地区给水、排水、燃气等工程管线应根据土壤冰冻深度确定管线的覆土厚度；热力、电信、电力电缆等工程管线以及严寒或寒冷地区以外地区的工程管线应根据土壤性质和地面承受荷载的大小确定管线的覆土厚度。

（2）工程管线在道路下面的规划位置，应布置在人行道或非机动车道下面。电信电缆、给水输水、燃气输气、污雨水排水等工程管线可布置在非机动车道或机动车道下面。

（3）工程管线在道路下面的规划位置宜相对固定。从道路红线向道路中心线方向平行布置的次序，应根据工程管线的性质、埋设深度等确定。分支线少、埋设深、检修周期短、可燃、易燃和损坏时，对建筑物基础安全有影响的工程管线应远离建筑物。其布置次序宜为：电力电缆、电信电缆、燃气配气、给水配水、热力干线、燃气输气、给水输水、雨水排水、污水排水。

（4）工程管线在庭院内建筑线向外方向平行布置的次序，应根据工程管线的性质和埋设深度确定，其布置次序宜为：电力、电信、污水排水、燃气、给水、热力。

（5）当燃气管线在建筑物两侧中任一侧引入均满足要求时，燃气管线应布置在管线较少的一侧。

（6）沿城市道路规划的工程管线应与道路中心线平行，其主干线应靠近分支管线多的一侧，工程管线不宜从道路一侧转到另一侧。

道路红线宽度超过30m的城市干道宜两侧布置给水配水管线和燃气配气管线，道路红线宽度超过50m的城市干道应在道路两侧布置排水管线。

（7）各种工程管线不应在垂直方向上重叠直埋敷设。

（8）沿铁路、公路敷设的工程管线应与铁路、公路线路平行。当工程管线与铁路、公路交叉时，宜采用垂直交叉方式布置；受条件限制时，可倾斜交叉布置，其最小交叉角宜大于30°。

（9）河底敷设的工程管线应选择在稳定河段，埋设深度应按不妨碍河道的整治和管线安全的原则确定。当在河道下面敷设工程管线时，应符合下列规定：在Ⅰ～Ⅴ级航道下面敷设时，应在航道底设计高程2m以下；在其他河道下面敷设时，应在河底设计高程1m以下；在灌溉渠道下面敷设时，应在渠底设计高程0.5m以下。

（二）管线直埋水平净距要求

（1）工程管线之间及其与建（构）筑物之间的最小水平净距：当受道路宽度、断面以及现状工程管线位置等因素限制，难以满足要求时，可根据实际情况采取安全措施后减少其最小水平净距。

（2）对于埋深大于建（构）筑物基础的工程管线，其与建（构）筑物之间的最小水平距离应按下式计算。

$$L = \frac{H-h}{\tan\alpha} + \frac{A}{2} \quad (5\text{-}1)$$

式中：L——管线中心至建（构）筑物基础边的水平距离，m；

H——管线敷设深度，m；

h——建（构）筑物基础底砌置深度，m；

A——开挖管沟宽度，m；

α——土壤内摩擦角，°。

（3）当工程管线交叉敷设时，自地表面向下的排列顺序宜为：电力管线、热力管线、燃气管线、给水管线、雨水排水管线、污水排水管线。

（4）工程管线在交叉点的高程应根据排水管线的高程确定。

（三）管线架空敷设

（1）城市规划区内沿围墙、河堤、建（构）筑物墙壁等不影响城市景观地段架空敷设的工程管线，应与工程管线通过地段的城市详细规划相结合。

（2）沿城市道路架空敷设的工程管线，其位置应根据规划道路的横断面确定，并应保障交通畅通、居民安全以及工程管线的正常运行。

（3）架空线线杆宜设置在人行道上距路缘石不大于1m的位置；有分车带的道路，架空线线杆宜布置在分车带内。

（4）电力架空杆线与电信架空杆线宜分别架设在道路两侧，且与同类地下电缆位于同侧。

（5）同一性质的工程管线宜合杆架设。

（6）架空热力管线不应与架空输电线、电气化铁路的馈电线交叉敷设；当必须交叉时，应采取保护措施。

（7）工程管线跨越河流时，宜采用管道桥或利用交通桥梁进行架设，并应符合下列规定。

①可燃、易燃工程管线不宜利用交通桥梁跨越河流。

②工程管线利用桥梁跨越河流时，其规划设计应与桥梁设计相结合。

③架空管线与建（构）筑物等的最小水平净距应符合相关规定。

第六章　建筑给水系统

第一节　建筑给水系统的分类及组成

一、建筑给水系统分类

给水系统按其用途可分为三类。

（一）生活给水系统

生活给水系统即提供给人们在不同场合的饮用、烹饪、盥洗、洗涤、沐浴等日常生活用水的给水系统。其水质必须符合国家规定的生活饮用水卫生标准。

（二）生产给水系统

供给各类产品生产过程中所需的用水、生产设备的冷却、原料和产品的洗涤及锅炉用水等的给水系统。生产用水对水质、水量、水压及安全性随工艺要求的不同，有较大的差异。

（三）消防给水系统

供给各类消防设备扑灭火灾用水的给水系统。消防给水对水质的要求不高，但必须按照现行《建筑设计防火规范》（GB 50016–2014）保证供应足够的水量和水压。

上述三类基本给水系统可以独立设置，也可根据各类用水对水质、水量、水压、水温的不同要求，结合室外给水系统的实际情况，经技术经济比较，或兼顾社会、经济、环境等因素的综合考虑，设置成组合各异的共用系统。如生活、生产共用给水系统，生活、消防共用给水系统，生产、消防共用给水系统，生活、生产、消防共用给水系统。还可按供水用途、系统功能的不同，设置生活饮用水给水系统、杂用水（中水）给水系统、消火栓给水系统、自动喷水灭火给水系统、水幕消防给水系统，以及循环或重复使用的生产给水系统等。

二、给水系统的组成

建筑内部的给水系统由下列各部分组成。

（一）水源

指城镇市政给水管网、室外给水管网或自备水源。

（二）引入管

也称进户管，对于一幢单体建筑而言，引入管是将室外给水管的水引入建筑室内的管段。

（三）水表节点

水表节点是安装在引入管的水表及前后设置的阀门（新建建筑应在水表前设置管道过滤器）和泄水装置的总称。水表用以计量该幢建筑的总用水量。水表前后的阀门用于水表检修、拆换时关闭管路。泄水装置主要用于室内管道系统检修时放空水，也可用来检修水表精度和测定管道进户时的水压值。设置管道过滤器的目的是保证水表正常工作及其量测精度。水表节点一般设在水表井中。温暖地区的水表井一般设在室外，寒冷地在非住宅建筑内部给水系统中，需计量水量的某些部位和设备的配水管上也要安装水表。住宅建筑每户均应安装分户水表（水表安装前亦宜设置管道过滤器）。分户水表以前大都设在每户住家之内，现在的分户水表宜相对集中设在户外容易读取数据处。对仍需设在户内的水表，宜采用远传水表或IC卡水表等智能化水表。

（四）给水管道

室内给水管道包括干管、立管和横支管。

（五）用水设备、配水装置和给水附件

用水设备包括各种卫生器具，如洗手盆、洗涤盆、浴盆、淋浴器、大便器、小便器等，此外还有生产设备和消防设备等用水设备。配水装置即配水水嘴、淋浴喷头

等。不同的用水设备配置不同的水龙头。给水附件包括消火栓、消防喷头以及各类阀门（控制阀、减压阀、止回阀）等。

（六）增（减）压和贮水设备

当室外给水管网的水量、水压不能满足建筑用水要求，或用户要求压力稳定、需确保供水安全可靠时，应根据需要，在给水系统中设置水泵、气压给水装置、变频调速给水装置、水池、水箱等增压和贮水设备。当某些部位水压太高时，需设置减压设备。

（七）给水局部处理设施

当有些建筑对给水水质要求很高、超出我国现行生活饮用水卫生标准或其他原因造成水质不能满足要求时，需设置一些给水局部处理设备、构筑物等进行给水深度处理。

第二节　建筑给水系统的给水压力

一、建筑给水系统所需压力

室内给水系统的压力，必须保证将需要的水量输送到建筑物内最不利配水点（通常为引入管起端最高最远点）的配水龙头或用水设备处，并保证有足够的流出水头。所谓流出水头，是指各种配水龙头或用气设备，为获得规定的出水量（额定流量）而必需的最小压力。它是为供水时克服配水管内的摩擦、冲击、流速变化等阻力所需的静水头。在有条件时，还可考虑一定的富余压力。一般取15～20kPa。

对于住宅的生活给水，在未进行精确的计算前，为了选择给水方式，可按建筑物的层数，粗略估计自室外地面算起所需的最小保证压力值，一般一层建筑物为100kPa；二层建筑物为120kPa；三层及三层以上的建筑物，每增加一层增加40kPa。对于引入管或室内管道较长或层高超过3.5m时，上述值应适当增加。

二、水泵

在建筑给水系统中，当现有水源的水压较小，不能满足给水系统对水压的需要时，常通过设置水泵增高水压来满足给水系统对水压的需求。

（一）适用建筑给水系统的水泵类型

在建筑给水系统中，一般采用离心式水泵。为节省占地面积，可采用结构紧凑，安装管理方便的立式离心泵或管道泵；当采用设水泵、水箱的给水方式时，通常是水泵直接向水箱输水，水泵的出水量与扬程几乎不变，可选用恒速离心泵；当采用不设水箱而需设水泵的给水方式时，可采用调速泵组供水。

（二）水泵的选择

选择水泵除满足设计要求外，还应考虑节约能源，使水泵在大部分时间保持高效运行。要达到这个目的，正确地确定其流量和扬程至关重要。

1.流量的确定

在生活（生产）给水系统中，当无水箱（罐）调节时，其流量均应按设计秒流量确定；有水箱调节时，水泵流量应按最大时流量确定；当调节水箱容积较大，且用水量均匀时，水泵流量可按平均小时流量确定。消防水泵的流量应按室内消防设计水量确定。

2.扬程的确定

水泵的扬程应根据水泵的用途、与室外给水管网连接的方式确定。

3.水泵的设置

水泵机组一般设置在水泵房内，泵房应远离需要安静、要求防震防噪声的房间，并有良好的通风、采光、防冻和排水的条件；泵房的条件和水泵的布置要便于起吊设备的操作，其间距要保证检修时能拆卸、放置泵体和电机，并能进行维修操作，每台水泵一般应设独立的吸水管，如必须设置成几台水泵共用吸水管时，吸水管应管顶平接；水泵装置宜设计成自动控制运行方式，间歇抽水的水泵应尽可能设计成自灌式（特别是消防泵），自灌式水泵的吸水管上应装设阀门。在不可能时才设计成吸上式，吸上式的水泵均应设置引水装置；每台水泵的出水管上应装设阀门、止回阀和压力表，并宜有防水击措施（但水泵直接从室外管网吸水时，应在吸水管上装设阀门、倒流防止器和压力表，并应绕水泵设装有阀门和止回阀的旁通管）。与水泵连接的管道力求短、直；水泵基础应高出地面0.1～0.3m；水泵吸水管内的流速宜控制在

1.0～1.2m/s以内，出水管内的流速宜控制在1.5～2.0m/s以内。为减少水泵运行时振动产生的噪声，应尽量选用低噪声水泵，也可在水泵基座下安装橡胶、弹簧减振器或橡胶隔振器（垫），在吸水管、出水管上装设可曲挠橡胶接头，采用弹性吊（拖）架以及其他新型的隔振技术措施等。当有条件和必要时，建筑上还可采取隔振和吸声措施。

三、贮水池

贮水池是贮存和调节水量的构筑物。当一幢（特别是高层建筑）或数幢相邻建筑所需的水量、水压明显不足，或者用水量很不均匀（在短时间内特别大），城市供水管网难以满足时，应当设置贮水池。贮水池可设置成生活用水贮水池、生产用水贮水池、消防用水贮水池等。贮水池的形状有圆形、方形、矩形和因地制宜的异形。小型贮水池可以是砖石结构、混凝土抹面，大型贮水池应该是钢筋混凝土结构。不管是哪种结构，均必须牢固，保证不漏（渗）水。

（一）贮水池的容积

贮水池的容积与水源供水能力、生活（生产）调节水量、消防贮备水量和生产事故备用水量有关，可根据具体情况加以确定：消防贮水池的有效容积应按消防的要求确定；生产用水的有效容积应按生产工艺、生产调节水量和生产事故用水量等情况确定；生活用水贮水池有效容积应按进水量与用水量变化曲线经计算确定。当资料不足时，宜按建筑最高日用水量的20%～25%确定。

（二）贮水池的设置

贮水池可布置在室内地下室或室外泵房附近，不宜毗邻电气用房或在其上方。生活贮水池不得兼作他用，消防和生产事故贮水池可兼作喷泉池、水景镜池和游泳池等，但不得少于两格；消防贮水池中包括室外消防用水量时，应在室外设有供消防车取水用的吸水口；昼夜用水的建筑物贮水池和贮水池容积大于500m^{3}时应分成两格，以便清洗、检修。

贮水池外壁与建筑本体结构墙面或其他池壁之间的净距，应满足施工或装配的需要；无管道的侧面，其净距不宜小于0.6m；设有人孔的池顶顶板面与上面建筑本体板底的净空不应小于0.8m。贮水池的设置高度应利于水泵自灌式吸水，且宜设置高度≥1.0m的集（吸）水坑，以保证水泵的正常运行和水池的有效容积；贮水池应设进水管、出（吸）水管、溢流管、泄水管、人孔、通气管和水位信号装置。溢流管应比进水管大一号，溢流管出口应高出地坪0.10m；通气管直径应为200mm，其设置高度应距覆盖层0.5m以上；水位信号应反映到泵房和操作室；必须保证污水、尘土、杂物不得通过人孔、通气管、溢流管进入池内；贮水池进水管和出水管应布置在相对位置，以便贮水经常流动，避免滞留和死角，以防池水腐化变质。

四、吸水井

若室外给水管网水压不足但能够满足建筑内所需水量，可不设置贮水池，若室外管网不允许直接抽水时，即可设置仅满足水泵吸水要求的吸水井。吸水井的容积应大于最大一台水泵3min的出水量。吸水井可设在室内底层或地下室，也可设在室外地下或地上，对于生活用吸水井，应有防污染的措施。吸水井的尺寸应满足吸水管的布置、安装和水泵正常工作的要求。

五、水箱

按不同用途，水箱可分为高位水箱、减压水箱、冲洗水箱、断流水箱等多种类型。其形状多为矩形和圆形，制作材料有钢板（包括普通、搪瓷、镀锌、复合与不锈钢板等）、钢筋混凝土、玻璃钢和塑料等。这里主要介绍在给水系统中广泛使用的起到保证水压和贮存、调节水量作用的高位水箱。

（一）水箱的有效容积

水箱的有效容积，在理论上应根据用水和进水流量变化曲线确定。但变化曲线难以获得，故常按经验确定。对于生活用水的调节水量，由水泵联动提升进水时，可按不小于最小时用水量的50%计；仅在夜间由城镇给水管网直接进水的水箱，生活用水贮水量应按用水人数和最高日用水定额确定；生产事故备用水量应按工艺要求确定；当生活和生产调节水箱兼作消防用水贮备时，水箱的有效容积除生活或生产调节水量外，还应包括10min的室内消防设计流量（这部分水量平时不能动用）。水箱内的有效水深一般采用0.70～2.50m。水箱的保护高度一般为200mm。

（三）水箱的配管与附件

1.进水管

进水管一般由水箱侧壁接入，也可从顶部或底部接入。进水管的管径可按水泵出水量或管网设计秒流量计算确定。当水箱直接利用室外管网压力进水时，进水管出口应装设液压水位控制阀（优先采用，控制阀的直径应与进水管管径相同）或浮球阀，进水管上还应装设检修用的阀门，当管径≥50mm时，控制阀（或浮球阀）不少于2个。从侧壁进入的进水管其中心距箱顶应有150～200mm的距离。当水箱由水泵供水，并利用水位升降自动控制水泵运行时，不得装水位控制阀。

2.出水管

出水管可从侧壁或底部接出，出水管内底或管口应高出水箱内底且应大于50mm；出水管管径应按设计秒流量计算；出水管不宜与进水管在同一侧面；为便于维修和减少阻力，出水管上应装设阻力较小的闸阀，不允许安装阻力大的截止阀；水箱进、出管宜分别设置；如进水、出水合用一根管道，则应在出水管上装设阻力较小的旋启式止回阀，止回阀的标高应低于水箱最低水位1.0m以上；消防和生活合用的水箱除了确保消防贮备水量不作他用的技术措施外，还应尽量避免产生死水区。

3.溢流管

水箱溢流管可从底部或从侧壁接出，溢流管的进水口宜采用水平喇叭口集水（若溢流管从侧壁接出，喇叭口下的垂直距离不宜小于溢流管管径的4倍）并应高出水箱最高水位50mm，溢流管上不允许设置阀门，溢流管出口应设网罩，管径应比进水管大一级。

4.泄水管

水箱泄水管应自底部接出，管上应安装设闸阀，其出口可与溢水管相接，但不得与排水系统直接相连，其管径应≥50mm。

5.水位信号装置

该装置是反映水位控制阀失灵报警的装置。可在溢流管管口（或内底）齐平处设信号管，一般自水箱侧壁接出，常用管径为15mm，其出口接至经常有人值班房间内的洗涤盆上。若水箱液位与水泵连锁，则应在水箱侧壁或顶盖上安装液位继电器或信号器，并应保持一定的安全容积：最高电控水位应低于溢流水位100mm；最低电控水位应高于最低设计水位200mm以上。为了就地指示水位，应在观察方便、光线充足的水箱侧壁上安装玻璃液位计。

6.通气管

供生活饮用水的水箱，当储量较大时，宜在箱盖上设通气管，以使箱内空气流通。其管径一般≥50mm，管口应朝下并设网罩。

7.人孔

为便于清洗、检修，箱盖上应设人孔。

（四）水箱的布置与安装

1.水箱间

水箱间的位置应结合建筑、结构条件和便于管道布置来考虑，能使管线尽量简短，同时应有良好的通风、采光和防蚊蝇条件，室内最低气温不得低于5℃。水箱间的净高不得低于2.20m，并能满足布管要求。水箱间的承重结构应为非燃烧材料。

2.水箱的布置

对于大型公共建筑和高层建筑，为保证供水安全，宜将水箱分成两格或设置两个水箱。

3.金属水箱的安装

用槽钢（工字钢）梁或钢筋混凝土支墩支撑。为防水箱与支撑接触面发生腐蚀，应在它们之间垫以石棉橡胶板、橡胶板或塑料板等绝缘材料。

第三节　建筑给水系统的给水方式

一、直接给水方式

建筑内部只设给水管道系统，不设加压及贮水设备，室内给水管道系统与室外供水管网直接相连，利用室外管网压力直接向室内给水系统供水，是最简单经济的给水方式。这种给水方式的优点是给水系统简单，投资少，安装维修方便，能充分利用室外管网水压，供水较为安全可靠；缺点是系统内部无贮备水量，当室外管网停水时，室内系统立即断水。这种给水方式适用于室外管网水量和水压充足，能够保证室内用户全天用水要求的地区。

二、设水箱的给水方式

建筑物内部设有管道系统和屋顶水箱（亦称高位水箱），且室内给水系统与室外给水管网直接连接。当室外管网压力能够满足室内用水需要时，则由室外管网直接向室内管网供水，并向水箱充水，以贮备一定水量。当高峰用水时，室外管网压力不足，则由水箱向室内系统补充供水。为了防止水箱中的水回流至室外管网，要在引入管上设置单向阀。

这种给水方式具有一定的贮备水量，供水的安全可靠性较好；缺点是系统设置了高位水箱，增加了建筑物的结构荷载，并给建筑物的立面处理带来一定的困难。设水箱的给水方式适用于室外管网水压周期性不足及室内用水要求水压稳定，并且允许设置水箱的建筑物。在室外管网给水压力周期性不足的建筑中，可采用建筑物下面的几层由室外管网直接供水，建筑物上面的几层有水箱的给水方式，这样可以减小水箱的体积。

三、设水泵的给水方式

建筑物内部设有给水管道系统及加压水泵，当室外管网水压不足时，利用水泵加压后向室内给水系统供水。当室外给水管网允许水泵直接吸水时，水泵宜直接从室外给水管网吸水，但室外给水管网的压力不得低于100kPa（从地面算起）。此时，应绕水泵设旁通管，并在旁通管上设阀门，当室外管网水压较大时，可停泵直接向室内系统供水。在水泵出口和旁通管上应装设单向阀，以防水泵停止运转时，室内给水系统中的水产生回流。当水泵直接从室外管网吸水而造成室外管网压力大幅度波动，影响其他用户使用时，必须设置贮水池，设置贮水池可增加供水的安全性。

当建筑物内用水量较均匀时，可采用恒速水泵供水；当建筑物内用水不均匀时，宜采用自动变频调速水泵供水，以提高水泵的运行效率，达到节能的目的。在电源可靠的条件下，可选用装有自动调速装置的离心式水泵。目前调速装置主要采用变频调速器，根据相似定律，水泵的流量、扬程和功率分别与其转速的1次方、2次方和3次方成正比，所以，调节水泵的转速可改变水泵的流量、扬程和功率，使水泵变流量供水时，保持高效运行。调速装置的工作原理是：在水泵出水口或管网末端安装压力传感器，将测定的压力值H转换成电信号输入压力控制器，与控制器内根据用户需要设定的压力值H_1比较，当$H>H_1$时，控制器向调速器输入降低转速的信号，使水泵降低转速，出水量减少；当$H<H_1$时，则向调速器输入提高转速的控制信号，使水泵转速提高，出水量增加。由于保持了水泵出口压力或管网末端压力恒定，使配水最不利点始终保持所需的流出压力，节能效果明显。但其控制系统较复杂，且配水最不利点一般远离泵房，信号传递系统安装、检查、维修不便，管理难度增大。因水泵只有在一

定的转速变化范围内才能保持高效运行，故选用高速泵与恒速泵组合供水方式可取得更好的效果。

为避免在给水系统微量用水时，水泵工作效率低，轴功率产生的机械热能使水温上升，导致水泵出现故障，可选用并联运行的小型气压水罐，并配有小型加压水泵变频供水装置。在微量用水时，变频高速泵停止运行，利用气压水罐中压缩空气向系统供水。当给水系统中流量发生变化时，扬程也随之发生变化，压力传感器不断向微机控制器输入水泵出水管压力的信号，如果测得的压力值大于设计给水量对应的压力值时，则微机控制器向变频调速器发出降低电流频率的信号，从而使水泵转速降低，水泵出水量减少，水泵出水管压力下降，反之亦然。

四、设贮水池、水泵和水箱的给水方式

当室外给水管网水压经常不足，而且不允许水泵直接从室外管网吸水或室内用水不均匀时，常采用设贮水池、水泵和水箱联合工作的给水方式。水泵从贮水池吸水，经加压后送给系统用户使用。当水泵供水量大于系统用水量时，多余的水充入水箱贮存；当水泵供水量小于系统用水量时，则由水箱向系统补充供水，以满足室内用水要求。此外，贮水池和水箱又起到了贮备一定水量的作用，使供水的安全可靠性更好。这种给水方式由水泵和水箱联合工作，水泵及时向水箱充水，可以减小水箱体积。同时，在水箱的调节下，水泵的工作稳定、工作效率高、节省电耗。在高位水箱上采用水位继电器控制水泵启动，易于实现管理自动化。当允许水泵直接从外网吸水时，可采用水泵和水箱联合工作的给水方式。

五、设气压给水装置的给水方式

气压给水装置是利用密闭压力水罐内空气的可压缩性贮存、调节和压送水量的给水装置，其作用相当于高位水箱，水泵从贮水池或由室外给水管网吸水，经加压后送至给水系统和气压水罐内，停泵时，再由气压水罐向室内给水系统供水，由气压水罐调节贮存水量及控制水泵运行。这种给水方式的优点是设备可设在建筑物的任何高度、便于隐蔽、安装方便、水质不易受污染、投资省、建设周期短、便于实现自动化等。这种给水方式适用于室外管网水压经常不足、不宜设置高位水箱的建筑（如隐蔽的国防工程，地震区的建筑，对外部形象要求较高的建筑）。

六、分区给水方式

在层数较多的建筑物中，当室外给水管网的压力只能满足建筑物下面几层供水要求时，为了充分利用室外管网水压，可将建筑物供水系统划分为上、下两个区域，下区由外网直接供水，上区由升压、贮水设备供水。将上、下两区的一根或几根立管连通，在分区处装设阀门，以备下区进水管发生故障或外网水压不足时打开阀门由高区水箱向低区供水。

第四节　高层建筑给水方式

一、高层建筑给水系统的特点

高层建筑是指10层及10层以上的居住建筑或建筑高度超过24m的公共建筑。高层建筑对室内给水的设计、施工、材料及管理方面提出了更高的要求。与多层建筑比较，高层建筑有以下特点。

（1）高层建筑室内卫生设备较完善，用水标准较高，使用人数较多，所以供水安全可靠性要求高。

（2）高层建筑层数多，如果从底层到顶层采用一套管网系统供水，则管网下部管道及设备的静水压力很大，一般管材、配件及设备的强度难以适应，所以，给水管网必须进行合理的竖向分区。

（3）高层建筑对防振、防沉降、防噪声、防漏等要求较高，需要具有可靠的保证。

（4）高层建筑对消防要求较高，必须设置可靠的室内消防给水系统以保证有效扑灭火灾。

高层建筑内给水系统的竖向分区，原则上应根据建筑物使用材料、设备的性能、维护管理条件，并结合建筑物层数和室外给水管网水压等情况来确定。如果分区压力过高，不仅出水量过大，而且阀门启闭时易产生水锤，使管网产生噪声和振动，甚至造成损坏，既增加了维修的工作量，又缩短了管网使用寿命，同时，也将给用户带来不便；如果分区压力过低，势必增加给水系统的设备、材料及相应的建设费用以及维护管理费用。

高层建筑由于其建筑上的特点，在失火时会出现火灾迅速蔓延、扑救范围受到限制、及时灭火有困难等情况，建筑高度在50m以下时，消防车应能通过水泵接合器向室内消防系统供水；当建筑高度超过50m时，系统必须贮有足够的水量以保证自救能力。

因此，高层建筑消防给水系统应以室内消火栓系统为主，对于重要的高层民用建筑和建筑高度超过50m的其他建筑，常同时设有自动喷水灭火装置，以提高灭火的可靠性。高层建筑消防给水设计标准在原则上与低层建筑消防给水有所不同，它除了要求在火灾起火10min内能保证供给足够的消防水量和水压外，还应满足火灾延续时间内的消防用水要求。

二、高层建筑给水系统简介

高层建筑给水系统必须解决低层管道中静水压力过大的问题，其技术上采用竖向分区供水的方法，即按建筑物的垂直方向分成几个供水区，各分区分别组成各自的给水系统。确定分区范围时应考虑充分利用室外给水管网水压，在确保供水安全可靠的前提下，使工程造价和管理费用最省，要使各区最低卫生器具或用水设备配水装置处的静水压力小于产品标准中规定的允许工作压力。高层建筑生活给水系统竖向分区压力，对住宅、旅馆、医院为300～350kPa，办公楼为350～450kPa。高层建筑给水系统竖向分区常用方式有以下几种。

（一）串联分区给水方式

各分区均设有水泵和水箱，分别安装在相应的技术设备层内。上区水泵从下区水箱中抽水供本区使用，低区水箱兼作上区水池。因而各区水箱容积为本区使用水量与转输到以上各区水量之和，水箱容积从上向下逐区加大。这种给水方式的主要优点是无须设置高压水泵和高压管线，各区水泵的流量和压力可按本区需要设计，供水逐级加压向上输送；水泵可在高效区工作，耗能少，设备及管道比较简单，投资较省。缺点是由于水泵分散在各区技术层内，占用建筑面积较多，振动及噪声干扰较大，因此，各区技术层应采取防振、防噪声、防漏的技术措施；由于水箱容积较大，增加了结构负荷和建筑造价；上区供水受到下区限制，一旦下区发生事故，则上区供水就会受到影响。

（二）并联分区给水方式

按水泵与水箱供水干管的布置不同，并联分区给水分为单管式和平行式两种基本类型。

1.并联分区单管给水方式

各区分别设有高位水箱，给水经设在底层的泵房统一加压后，由一根总干管将水分别输送至各区高位水箱，在下区水箱进水管上需设减压阀。这种给水方式供水较为可靠，管道长度较短，设备型号统一，数量较少，因而维护管理方便，投资较省。其缺点是各区要求的水压相差较大，而全部流量均按最高区水压供水，因而在低区能量浪费较大，各区合用一套水泵与干管，如果发生事故，则断水影响范围大。该给水方式适用于分区数目较少的高层建筑。

2.并联分区平行给水方式

每区设有专用水泵和水箱，各区水泵集中设置在建筑物底层的总泵房内，各区水泵与水箱设独立管道连接，各区均用水泵和水箱联合式供水。这种给水方式使各独立运行的水泵在本区所需要的流量和压力下工作，因而效率较高，水泵运行管理方便，供水安全，一处发生事故，影响范围小。其缺点是水泵型号较多，压水管线较长。由于这种给水方式优点较显著，因而得到广泛的应用。

（三）减压给水方式

建筑物的用水由设置在底层的水泵加压后，输送至最高水箱，再由此水箱依次向下区供水，并通过各区水箱或减压阀减压。减压给水方式的水泵型号统一，设备布置集中，便于管理；与前面各种给水方式比较，水泵及管道投资较省；如果设减压阀减压，各区可不设水箱，节省建筑面积。其缺点是设置在建筑物高层的总水箱容积大，增加了建筑底层的结构荷载；下区供水受上区限制；下区供水压力损失大，所以能源消耗大。

（四）分区无水箱给水方式

各分区设置单独的供水水泵，不设置水箱，水泵集中设置在建筑物底层的水泵房内，分别向各区管网供水。这种给水方式省去了水箱，因而节省了建筑面积，设备集中布置，便于维护管理；能源消耗较少。其缺点是水泵型号及数量较多，投资较大。

第五节 建筑给水系统管网的布置

一、给水管道的布置

室内给水管道的布置一般应符合下列原则。

（一）满足良好的水力条件，确保供水的安全，力求经济合理

引入管布置在用水量最大处或尽量靠近不允许间断供水处，给水干管的布置也是如此。给水管道的布置应力求短而直，尽可能与墙、梁、柱、桁架平行。不允许间断供水的建筑，应从室外环状管网不同管段接出两条或两条以上引入管，在室内将管道连成环状或贯通枝状双向供水，若条件达不到，可采取设贮水池（箱）或增设第二水源等安全供水设施。

（二）保证建筑物的使用功能和生产安全

给水管道不能妨碍生产操作、生产安全、交通运输和建筑物的使用。故管道不应穿越配电间，以免因渗漏造成电气设备故障或短路；不应穿越电梯机房、通信机房、大中型计算机房、计算机网络中心和音像库房等；不能布置在遇水易引起燃烧、爆炸、损坏的设备、产品和原料上方，还应避免在生产设备上面布置管道。

（三）保证给水管道的正常使用

生活给水引入管与污水排出管管道外壁的水平净距不小于1.0m，室内给水管与排水管之间的最小净距，平行埋设时，应为0.5m；交叉埋设时，应为0.15m，且给水管应在排水管的上面。埋地给水管道应避免布置在可能被重物压坏处，为防止振动，管道不得穿越生产设备基础，如必须穿越时，应与有关专业人员协商处理并采取相应保护措施。管道不宜穿过伸缩缝、沉降缝，如必须穿过，应采取保护措施，常用的措施有：软接头法即用橡胶软管或金属波纹管连接沉降缝、伸缩缝两边管道；丝扣弯头法，在建筑沉降过程中，两边的沉降差由丝扣弯头的旋转来补偿，适用于小管井的管

道；活动支架法，在沉降缝两侧设立支架，使管道只能垂直位移，不能水平横向位移，以适应沉降、伸缩之应力。为防止管道腐蚀，管道不得设在烟道、风道、电梯井和排水沟内，不宜穿越橱窗、壁柜，不得穿过大小便槽，给水立管距大、小便槽端部不得小于0.5m。

塑料给水管应远离热源，立管距灶边不得小于0.4m，与供暖管道、燃气热水器边缘的净距不得小于0.2m，且不得因热辐射使管外壁温度大于40℃；塑料给水管道不得与水加热器或热水炉直接连接，应有不小于0.4m的金属管段过渡；塑料管与其他管道交叉敷设时，应采取保护措施或用金属套管保护，建筑物内塑料立管穿越楼板和屋面处应为固定支承点；给水管道的伸缩补偿装置，应按直线长度、管材的线膨胀系数、环境温度和管内水温的变化、管道节点的允许位移量等因素经计算确定，应尽量利用管道自身的折角补偿温度变形。

（四）便于管道的安装与维修

布置管道时，其周围要留有一定的空间，在管道井中布置管道要排列有序，以满足安装维修的要求。需进入检修的管道井，其通道不宜小于0.6m。管道井每层应设检修设施，每两层应有横向隔断。检修易开向走廊。给水管道与其他管道和建筑结构的最小净距应满足安装操作需要且不宜小于0.3m。

（五）管道布置形式

给水管道的布置按供水可靠程度要求可分为枝状和环状两种形式。前者单向供水，供水安全可靠性差，但节省管材、造价低；后者管道互相连通，双向供水，安全可靠，但管线长，造价高。一般底层或多层建筑内给水管网宜采用枝状布置。高层建筑、重要建筑宜采用环状布置。

按水平干管的敷设位置又可分为上行下给、下行上给和中分式三种形式。干管设在顶层顶棚下、吊顶内或技术夹层中，由上向下供水的为上行下给式。适用于设置高位水箱的居住与公共建筑和地下管线较多的工业厂房；干管埋地、设在底层或地下室中，由下向上供水的为下行上给式。适用于利用室外给水管网水压直接供水的工业与民用建筑；水平干管设在中间技术层内或中间某层垫层内，由中间向上、下两个方向供水的为中分式，适用于屋顶用作露天茶座、舞厅或设有中间技术层的高层建筑。

二、给水管道的敷设

（一）敷设形式

给水管道的敷设有明装和暗装两种形式。明装即管道外露，其优点是安装维修方便，造价低。但外露的管道影响美观，表面易结露、积尘。一般用于对卫生、美观没有特殊要求的建筑。暗装即管道隐蔽，如敷设在管道井、技术层、管沟、墙槽、顶棚或夹壁墙中，或直接埋地或埋在楼板的垫层里，其优点是管道不影响室内的美观、整洁，但施工复杂、维修困难、造价高。适用于对卫生、美观要求较高的建筑，如宾馆、高层公寓和要求无尘、洁净的车间、实验室、无菌室等。

（二）敷设要求

给水横管穿承重墙或基础、立管穿楼板时均应预留孔洞，暗装管道在墙中敷设时，也应预留墙槽，以免临时打洞、刨槽影响建筑结构的强度。引入管进入建筑内，一种情形是从建筑物的浅基础下通过，另一种是穿越承重墙或基础。在地下水位高的地区，引入管穿地下室外墙或基础时，应采取防水措施，如设防水管套等。

室外埋地引入管要防止地面活荷载和冰冻的影响，车行道下管顶覆土厚度不宜小于0.7m，并应敷设在冰冻线以下0.2m。建筑内埋地管在无活荷载和冰冻影响时，其管顶离地面高度不宜小于0.3m。当将交联聚乙烯管或聚丁烯管用作埋地管时，应将其设在管套内，其分支处宜采用分水器。

给水横管穿承重墙或基础、立管穿楼板时均应预留孔洞。暗装管道在墙中敷设时，也应预留墙槽，以免临时打洞、刨槽影响建筑结构的强度。横管穿过预留洞时，管顶上部净空不得小于建筑物的沉降量，以保护管道不致因建筑沉降而损坏，其净空一般不小于0.10m。

给水横干管宜敷设在地下室、技术层、吊顶或管沟内，宜有0.002～0.005的坡度坡向泄水装置；立管可敷设在管道井内，冷水管应在热水管右侧；给水管道与其他管道同沟或共架敷设时，宜敷设在排水管、冷冻管的上面或热水管、蒸汽管的下面；给水管不宜与输送易燃、可燃或有害的液体或气体的管道同沟敷设；通过铁路或地下构筑物下面的给水管道，宜敷设在套管内。管道在空间敷设时，必须采取固定措施，以确保施工方便与安全供水。给水钢质立管一般每层需安装1个管卡，当层高大于5.0m时，每层须安装2个。明装的复合管管道、塑料管管道亦须安装相应的固定卡架，塑料管道的卡架相对密集一些。各种不同的管道都有不同要求，使用时，请按生产厂家的施工规程进行安装。

三、给水管道的防护

（一）防腐

金属管道的外壁容易氧化锈蚀，必须采取措施予以防护，以延长管道的使用寿命。通常明装的、暗装的金属管道外壁都应进行防腐处理。常见的防腐做法是管道除锈后，在外壁涂刷防腐涂料。铸铁管及大口径钢管管内可采用水泥砂浆衬里防腐。

明装焊接钢管和铸铁管外刷防锈漆一道，银粉面漆两道；镀锌钢管外刷银粉面漆两道；暗装和埋地管道均刷沥青漆两道。管道外壁所做的防腐层数，应根据防腐的要求确定。当给水管道及配件设在含有腐蚀性气体房间内时，应采用耐腐蚀管材或在管外壁采取防腐措施。

（二）防冻、防结露

当管道及其配件设置在温度低于0℃以下的环境时，为保证使用安全，应当采取保温措施。在湿热的气候条件下，或在空气湿度较高的房间内，给水管道内的水温较低，空气中的水分会凝结成水附着在管道表面，严重时会产生滴水。这种管道结露现象，不仅会加速管道的腐蚀，还会影响建筑物的使用，如使墙面受潮、粉刷层脱落，影响墙体质量和建筑美观，有时还可能造成地面少量积水或影响地面上的某些设备、设施的使用等。因此，在这种场所就应当采取防露措施（具体做法与保温相同）。

（三）防漏

如果管道布置不当，或者管材质量和敷设施工质量低劣，都可能导致管道漏水。这不仅浪费水量、影响正常供水，严重时还会损坏建筑，特别是湿陷性黄土地区，埋地管漏水将会造成土壤湿陷，影响建筑基础的稳定。防漏的办法：一是避免将管道布置在易受外力损坏的位置，或采取必要且有效的保护措施，免其直接承受外力；二是要健全管理制度，加强管材质量和施工质量的检查监督；三是在湿陷性黄土地区，可将埋地管道设在防水性能良好的简陋管沟内，一旦漏水，水可沿沟排至检漏井内，便于及时发现和检修（管径较小的管道，也可敷设在检漏套管内）。

（四）防振

当管道中水流速度过大，关闭水嘴、阀门时，易出现水击现象，会引起管道、附件的振动，不仅会损坏管道、附件造成漏水，还会产生噪声。为防止管道的损坏和噪声的污染，在设计时应控制管道的水流速度，尽量减少使用电磁阀或速闭型阀门、水嘴。住宅建筑进户支管阀门后，应装设一个家用可曲挠橡胶接头进行隔振，并可在管道支架、吊架内衬垫减振材料，以减小噪声的扩散。

第六节　建筑给水系统的水力计算

一、设计秒流量计算

（一）最高日用水量

建筑内生活用水的最高日用水量可按式（6–1）计算。

$$Q_d=mq_d \tag{6–1}$$

式中：Q_d——最高日用水量，L/d；

m——用水单位数、人、床位数；

q_d——最高日生活用水定额，L/（人·d）、L/（床·d）等。

（二）生活给水设计秒流量

给水管道的设计流量是确定各管段管径、计算管路水头损失，进而确定给水系统所需压力的主要依据。因此，设计流量的确定应符合建筑内的用水规律。建筑内的生活用水量在一定时间段（如1昼夜，1小时）内是不均匀的，为了使建筑内瞬时高峰的用水都有保证，其设计流量应为建筑内卫生器具配水最不利情况组合出流时的最大瞬时流量，此流量又称设计秒流量。

1.建筑内给水管道设计流量的确定方法

（1）经验法：按卫生器具数量确定管径，或以卫生器具全部给水流量与假定设计流量间的经验数据确定给水管道的设计流量。经验法简捷方便，但不精确，不能区分建筑物的类型、不同标准、不同用途和卫生器具种类、使用情况、所在层次和位置。

（2）平方根法：此法计算给水管道的设计流量的基本形式是设计流量与卫生器具给水当量总数的平方根成正比，但计算结果偏小。

（3）概率法：运用数学概率理论确定建筑给水管道的设计流量。方法为：影响建筑给水流量的主要参数即任一幢建筑给水系统中的卫生器具总数量（n）和放水使用概率（p），在一定条件下有多少个同时使用，应遵循概率随机事件数量规律性。

该方法理论正确、符合实际，是一大发展趋势；目前一些发达国家主要采用概率法建立设计秒流量公式，再结合一些经验数据，制成图表供设计者使用。

2.我国生活给水管网设计秒流量的计算方法

对于住宅、集体宿舍、旅馆、宾馆、医院、疗养院、办公楼、幼儿园、养老院、商场、客运站、会展中心、中小学教学楼、公共厕所等建筑，由于用水设备使用不集中，用水时间长，同时给水百分数随卫生器具数量增加而减少。为简化计算，将1个直径为15mm的配水水嘴的额定流量0.2L/s作为一个当量，其他卫生器具的给水额定流量与它的比值，即为该卫生器具的当量。这样，便可把某一管段上不同类型卫生器具的流量换算成当量值，如式6–2所示。

$$U_0=\frac{q_0 m K_h}{0.2N_g T3600} \tag{6–2}$$

式中：U_0——生活给水管道的最大用水时卫生器具给水当量平均出流概率，%；

q_0——最高用水日的用水定额；

m——每户用水人数；

K_h——小时变化系数；

N_g——每户设置的卫生器具给水当量数；

T——用水小时数，h；

0.2——一个卫生器具给水当量的额定流量，L/s。

二、管网水力计算

室内给水管网的水力计算是在满足各配水点用水要求的前提下，确定给水管道的直径和管路的水头损失，校核室外给水管网是否满足所需压力，计算设置升压设备和高位水箱的参数，选择设备型号和确定水箱安装高度。

（一）确定管径

在求得各管段的设计流量后，根据式（6–3）计算管道直径。

$$d_j=\sqrt{\frac{4q_g}{\pi v}} \tag{6–3}$$

式中：d_j——计算管段的管内径，m；

q_g——计算管段的设计秒流量，m^3/s；

v——管道水流速，m/s。

管道的流量确定后，流速的大小直接影响管道系统技术、经济的合理性。流速过大易产生水锤，引起噪声，损坏管道或附件，并增加管道的水头损失，提高建筑内给水系统所需压力和增压设备的运行费用；流速过小，会使管道直径过大，增加工程投资。综合考虑以上因素，建筑内给水管道流速最大不要超过2m/s。

（二）水力计算的方法和步骤

（1）根据建筑平面图初定给水方式，绘制给水管道平面布置图和轴测图，列出水力计算表，以便进行下一步骤的计算。

（2）根据轴测图选择最不利配水点，确定计算管路。若在轴测图中难以判断最不利配水点，则应同时选择几条计算管路，分别计算各管路所需压力，压力的最大值即为建筑内给水系统所需压力。

（3）根据建筑性质选用计算秒流量公式，计算各管段的设计秒流量。

（4）以流量变化处为节点，从配水最不利点开始，进行节点编号，将计算管路划分成计算管段，并标出两节点间计算管段的长度。

（5）确定各管段直径。

（6）计算沿程水头损失、局部水头损失、管路总水头损失。

（7）确定给水系统所需压力、选择升压设备、确定水箱设置高度。

（8）确定非计算管路各管段的直径。

第七节　建筑热水系统

一、热水供应系统的分类及组成

（一）分类及特点

热水供应系统按供水范围的大小可分为局部热水供应系统、集中热水供应系统和区域热水供应系统。局部热水供应系统供水范围小，热水分散制备，一般靠近用水点采用小型加热器供局部范围内一个或几个配水点使用，系统简单，造价低，维修管理方便，热水管路短，热损失小，适用于使用要求不高、用水点少而分散的建筑，其热源宜采用蒸汽、煤气、炉灶余热或太阳能等。集中热水供应系统供水范围大，热水集中制备，用管道输送到各配水点。一般在建筑内设专用锅炉房或热交换器将水集中加热后通过热水管道将水输送到一幢或几幢建筑使用。这种系统加热设备集中，管理方便，设备系统复杂，建设投资较高，管路热损失较大，适用于热水用量大、用水点多且分布较集中的建筑。

区域热水供应系统中水在热电厂或区域性锅炉房或区域热交换站加热，通过室外热水管网将热水输送至城市街坊、住宅小区各建筑中。该系统便于集中统一维护管理和热能综合利用，并且消除分散的小型锅炉房，减少环境污染，设备、系统复杂，需敷设室外供水和回水管道，基建投资较高，适用于要求供热水的集中区域住宅和大型工业企业。

（二）系统组成

这里以应用普遍的集中热水供应系统为例介绍热水供应系统的组成，它一般由第一循环系统、第二循环系统、附件等组成。

1.第一循环系统

第一循环系统又称热媒循环系统，由热源、水加热器（热交换器）和热媒管网组成。

2.第二循环系统

第二循环系统又称热水供应系统，由热水配水管网和回水管网组成。

3.附件

热水供应系统中为满足控制、连接和使用的需要，以及由于温度的变化而引起的水的体积膨胀，常设置有温度自动调节器、疏水器、减压阀、安全阀、膨胀罐、闸阀、水嘴和自动排气装置等附件。

（1）温度自动调节器：当热水采用蒸汽直接加热或采用容积式水加热器间接加热时，为了控制水加热器的出口水温，调节蒸汽进量时，可在水加热器上安装温度自动调节器。温度自动调节器可分为直接式和间接式两种类型。直接式温度自动调节器适宜在温度为-20～150° C的环境内使用，温度调节器必须直立安装。间接式自动温度调节器由温包、电触点温度计、阀门、电机控制箱等组成。

（2）减压阀：若热水供应系统采用蒸汽为热媒进行加热，且蒸汽供应管网的压力远大于水加热器所规定的蒸汽压力要求时，应在水加热器的蒸汽入口管上安装减压阀，以把蒸汽压力降到规定值，确保设备运行安全。减压阀是利用流体通过阀体内的阀瓣时产生局部阻力，损耗流体的能量而减压。工程上常用的减压阀有波纹管式、活塞式和膜片式等类型。

（3）膨胀管和膨胀水箱：在开式热水供应系统中应设置高位冷水箱和膨胀管或开式加热水箱，以缓解给水管道中水压的波动，保证用户用水压力的稳定。膨胀管上严禁装设任何阀门，且应防冻，以确保热水供应系统的安全。如果闭式热水供应系统或膨胀管安装不便，也可以设置隔膜式压力膨胀水箱（罐）来代替。

（4）自动排气阀：为了及时排除上行下给式热水管网中热水汽化或原溶解于水中的气体逸出而产生的气体，保证管内热水畅通，应在管网的最高处安装自动排气阀。

（5）补偿器：热水系统中常在管道上每隔一定的距离安装热力补偿器，以补偿管道因温度变化而产生的伸缩量，保护热水管道系统的正常工作。常用补偿器的类型有自然补偿器、方型补偿器、套管式补偿器和波形补偿器等。自然补偿器就是利用管道敷设时形成的自然弯曲，对直线管段部分的伸缩量进行补偿。自然补偿器一般分为L形和Z形两种形式，一般L形臂和Z形平行伸长臂不宜大于20～25m。

（6）疏水器的作用是保证凝结水及时排放，同时又阻止蒸汽漏失，在蒸汽的凝结水管道上应装设疏水器。疏水器根据其工作压力可分为低压和高压两种，热水系统中常采用高、低压两种。疏水器的种类较多，但常用的有机械型吊桶式疏水器和热动力型圆盘式疏水器。

二、热水加热方式与供应方式

（一）热水加热方式

热水加热可分为直接加热方式和间接加热方式。直接加热也称一次换热，是利用以燃气、燃油、燃煤为燃料的热水锅炉把冷水直接加热到所需要的温度，或将蒸汽直接通入冷水混合制备热水。间接加热也称二次换热，是将热媒通过水加热器把热量传递给冷水达到加热冷水的目的，在加热过程中热媒与被加热水不直接接触。

（二）热水供应方式

1.全循环、半循环和非循环方式

热水供应系统中根据是否设置循环管网或如何设置循环管网，可分为全循环、半循环和非循环热水供应方式。全循环热水供应方式是指热水供应系统中所有的热水配水干管、立管和支管均设有相应的回水管道，使配水系统的任一管段中都有循环流量，以保证配水管网中任意点的水温均能满足使用的要求。该方式适用于要求能随时获得不低于规定温度热水的建筑，如高级宾馆、医院、疗养院、饭店、高级住宅等。

半循环热水供应方式又分为立管循环和干管循环两种。立管循环热水供应方式是指热水干管和热水立管内均保持有热水的循环，打开配水龙头时只需放掉热水支管中少量的存水就能获得规定水温的热水。该方式多用于设有全日供应热水的建筑和设有定时供应热水的高层建筑中。干管循环热水供应方式是指仅保持热水干管内的热水循环，多用于采用定时供应热水的建筑中。

非循环热水供应方式是指在热水配水管网中不设置任何回水管道，系统中无循环流量，使用时只有将系统中的冷水全部放掉后才能有规定温度的热水放出。该方式适用于热水供应系统较小、使用要求不高的定时供应系统，如公共浴室、洗衣房等。

2.自然循环和机械循环方式

根据热水循环系统中采用的循环动力不同，可分为自然循环和机械循环两种方式。自然循环方式是利用配水管和回水管中水的温度差所形成的水的密度差，从而产生压力差，形成循环作用水头，使管网内维持一定量的循环流量，以补偿配水管道的热损失，保证用户对水温的要求，该系统一般适用于系统较小、用户对水温要求不严格的热水供应系统。机械循环方式是在回水干管上设置循环水泵，利用水泵作为循环动力强制一定量的热水在管网系统中不停地循环流动，以补偿配水管道的热损失，保证管中热水的温度要求。该方式适用于大、中型且对水温要求较严格的热水供应系统。

3.开式和闭式

热水供应系统按管网压力工况特点的不同，可分为开式和闭式两种形式。开式热水供应方式是指在热水配水系统中所有的配水点关闭后，系统内仍有与大气相连通的装置。一般是在系统的顶部设有开式水箱，管网与大气相连通，系统内的压力仅取决于水箱的设置高度，不受给水管网中水压波动的影响。该方式适用于用户要求水压稳定，而给水管网中水压波动较大的热水供应系统。该方式的供水系统因水温低于100° C，水压也不会超过系统的最大静水压力或水泵压力，所以在系统内不必另设安全阀。闭式热水供应方式是指在热水配水系统中各配水点关闭后，整个系统与大气隔绝，形成一个密闭的系统。该方式的配水管网不与大气相通，冷水直接进入水加热器，故系统应设安全阀，必要时还可以考虑设置隔膜式压力膨胀罐和膨胀管，以确保系统的安全运转。闭式热水供应方式具有管路简单、水质不易受外界污染等优点，但其供水水压的稳定性和安全可靠性较差，适用于不宜设置屋顶水箱的热水供应系统。

4.同程式和异程式

在全循环热水供应系统中，根据各循环环路布置的长度不同可分为同程式和异程式两种形式。同程式热水供应方式是指在热水循环系统中每一个循环环路的长度均相等，所有环路的水头损失均相同。异程式热水供应方式是指在热水循环系统中每一个循环环路的长度各不相同，所有环路的水头损失也各不相同。

5.全日制供应和定时供应方式

热水供应系统根据其在一天中所供应的时间长短可分为全日制供应方式和定时供应方式两种形式。

三、热水管网的布置与敷设

（一）热水管网的布置

热水管网的布置方式分为上行下给式和下行上给式两种形式。下行上给式热水系统布置时水平干管可布置在地沟内或地下室的顶部，但不允许埋地。为了利用系统最高配水点进行排气，系统的循环回水管应在配水立管最高配水点以下大于或等于0.5m处连接。水平干管应有大于或等于3%的坡度，其坡向与水流的方向相反，并在系统的最低处设泄水阀门，以便检修时泄空管网存水。热水管道通常与冷水管道平行布置，热水管道在上、左，冷水管道在下、右。上行下给式热水系统水平干管可布置在建筑最高层吊顶内或专用技术设备层内，水平干管应有大于或等于3%的坡度，其坡向与水流的方向相反，并在系统的最高点处设自动排气阀进行排气。

高层建筑热水供应系统与冷水供应系统一样，应采用竖向分区，以保证系统冷、热水的压力平衡，便于调节冷、热水混合龙头的出水温度，并要求各区的水加热器和贮水器的进水均应由同区的给水系统供应；当不能满足要求时，应采取保证系统冷、热水压力平衡的措施。

（二）热水管网的敷设

根据建筑物的使用要求，热水管道的敷设可分为明装和暗装两种形式。明装管道应尽可能地敷设在卫生间和厨房内，并沿墙、梁或柱敷设，一般与冷水管道平行。暗装管道可敷设在管道竖井或预留沟槽内。热水给水立管与横管连接时，为了避免管道因伸缩应力而破坏管网，应采用乙字弯管。管道穿过墙、基础和楼板时应设套管，穿过卫生间楼板的套管应高出室内地面5～10cm，以避免地面积水从套管渗入下层。

热水管网的配水立管始端、回水立管末端和支管上装设多于五个配水龙头的支管始端均应设置阀门，以便于调节和检修。为了防止热水倒流或串流，水加热器或热水贮罐的进水管、机械循环的回水管、直接加热混合器的冷热水供水管，都应装设止回阀。为了避免热胀冷缩对管件或管道接头的破坏作用，热水干管应考虑装设自然补偿管道或装设足够的管道补偿器。

第八节　建筑消防给水系统

一、室内消火栓消防系统

室内消火栓消防系统由于建筑高度和消防车扑灭火灾能力的限制，又分为低层建筑室内消火栓消防系统和高层建筑室内消火栓消防系统。低层建筑室内消火栓消防系统是指9层及9层以下的住宅建筑、高度在24m以下的其他民用建筑和高度不超过

24m的厂房、车库以及单层公共建筑的室内消火栓消防系统。这类建筑物的火灾能依靠一般消防车的供水能力直接进行灭火。高层建筑室内消火栓消防系统是指10层及10层以上的住宅建筑、高度在24m以上的其他民用建筑和工业建筑的室内消火栓消防系统。高层建筑中高层部分的火灾扑救因一般消防车的供水能力达不到，因而应立足于自救。

（一）消火栓给水系统的设置范围

此种消防系统是最基本的系统，广泛应用于各类建筑中。下列建筑应设消火栓给水系统。

（1）高度不超过24m的厂房、仓库和高度不超过24m的科研楼（存有与水接触能引起燃烧爆炸的物品除外）。

（2）超过800个座位的剧院、电影院、俱乐部和超过1200个座位的礼堂和体育馆。

（3）体积超过5000m³的车站码头、机场建筑物、展览馆、商店、病房楼、门诊楼、教学楼、图书馆和书库等建筑物。

（4）超过7层的单元式住宅楼、超过6层的塔式住宅、通廊式住宅、底层设有商店的单元式住宅等。

（5）超过5层或体积超过10000m³的其他民用建筑。

（6）国家级文物保护单位的重点砖木或木结构的古建筑。

（二）消火栓给水系统的组成

室内消火栓给水系统一般由水枪、水带、消火栓、消防管道、消防水池、高位水箱、水泵接合器和增压水泵等组成。

1.消火栓设备

消火栓设备由水枪、水带和消火栓组成，均安装于消火栓箱内。水枪一般为直流式，喷嘴口径有13mm、16mm、19mm三种，水带口径有50mm和65mm两种。口径13mm的水枪配备直径50mm的水带，16mm的水枪可配直径50mm或65mm的水带，19mm的水枪配备直径65mm的水带。水带长度一般为15m、20m、5m和30m四种；水带材质有麻质和化纤两种，有衬胶与不衬胶之分，衬胶水带阻力较小。水带长度应根据水力计算选定。

2.消防水箱

消防水箱对扑救初期火灾起着重要作用，为确保其自动供水的可靠性，应采用重力自流供水方式。消防水箱宜与生活（或生产）高位水箱合用，以保持箱内贮水经常流动，防止水质变坏。水箱的安装高度应满足室内最不利点消火栓所需的水压要求，且应储存有室内10min的消防用水量。

3.水泵接合器

当建筑物发生火灾，室内消防水泵不能启动或流量不足时，消防车可从室外消火栓、水池或天然水体取水，通过水泵接合器向室内消防给水管网供水。水泵接合器一端与室内消防给水管道连接，另一端供消防车加压向室内管网供水。水泵接合器的接口直径有DN65和DN80两种，分地上式、地下式和墙壁式三种类型。

（三）消火栓给水系统的供水方式

室内消火栓系统的供水方式也称为消火栓系统的给水方式，它是指消火栓系统的供水方案是根据室外给水管网所能提供的水压、水量和室内消火栓给水系统所需的水量和水压的要求综合考虑而确定的。

1.由室外给水管网直接给水的消火栓供水方式

当建筑物的高度不大，且室外给水管网的压力和流量在任何时候均能够满足室内最不利点消火栓所需的设计流量和压力时，宜采用此种方式。

2.仅设水箱的消火栓供水方式

当室外给水管网的压力变化较大，但其水量能满足室内用水的要求时，可采用此种供水方式。在室外管网压力较大时，室外管网向水箱充水，由水箱贮存一定水量，以备消防使用。

3.设有消防水泵和水箱的消火栓供水方式

当室外给水管网的压力经常不能满足室内消火栓系统所需的水量和水压的要求时，宜采用此种供水方式。当消防用水与生活、生产用水共用室内给水系统时，其消防水泵应保证供应生活、生产、消防用水的最大秒流量，并应满足室内最不利点消火栓的水压要求。水箱的设置高度应满足室内最不利点消火栓所需的水压要求。

4.分区供水的消火栓供水方式

当建筑高度超过50m或建筑物最低处消火栓静水压力超过0.80MPa时，室内消火栓系统难以得到消防车的供水支援，宜采用分区给水方式。常见的有三种。

（1）并联供水方式适用于建筑高度不超过100m的情况。

（2）串联供水方式特点是系统内设中转水箱（池），中转水箱（池）的蓄水由生活泵补给。消防时，生活给水补给流量不能满足消防要求，随着水位下降，形成信号使下一区的消防泵自动启动供水。

（3）设置减压阀供水方式其特点是无须按分区设置水泵与中转水箱（池），初期投资较少，此种方式不宜用于分区数超过两个的建筑。

二、自动喷水灭火系统

自动喷水灭火系统是一种在发生火灾时能自动打开喷头喷水灭火并同时发出火警信号的消防灭火设施，其扑灭初期火灾的效率在97%以上。

（一）自动喷水灭火系统的分类及组成

1.闭式自动喷水灭火系统

闭式自动喷水灭火系统是指在自动喷水灭火系统中采用闭式喷头，平时系统封闭，火灾发生时喷头打开，使得系统为敞开式系统喷水。闭式自动喷水灭火系统由水源、加压贮水设备、喷头、管网、报警装置等组成。

（1）湿式自动喷水灭火系统：这是喷头常闭的灭火系统，管网中充满有压水。当建筑物发生火灾，火点温度达到开启闭式喷头时，喷头出水灭火。该系统有灭火及时、扑救效率高的优点，但由于管网中充有有压水，一旦渗漏就会损坏建筑装饰部位和影响建筑的使用。

（2）干式自动喷水灭火系统：这是喷头常闭的灭火系统，管网中平时不充水，充入有压空气（或氮气）。当建筑物发生火灾且着火点温度达到开启闭式喷头时，喷头开启，排气、充水、灭火。该系统灭火时需先排气，故喷头出水灭火不如湿式系统及时。但管网中平时不充水，对建筑物装饰无影响，对环境温度也无要求，适用于采暖期长而建筑内无采暖的场所。

（3）预作用喷水灭火系统：这是喷头常闭的灭火系统，管网中平时不充水（无压）。发生火灾时，火灾探测器报警后，自动控制系统控制阀门排气、充水，由干式变为湿式系统。只有当着火点温度达到开启闭式喷头时才开始喷水灭火。该系统弥补了上述两种系统的缺点，适用于对建筑装饰要求高、灭火要求及时的建筑物。

2.开式自动喷水灭火系统

开式自动喷水灭火系统是指在自动喷水灭火系统中采用开式喷头，平时系统为敞开状态，报警阀处于关闭状态，管网中无水，火灾发生时报警阀开启，管网充水，喷头喷水灭火。开式喷水灭火系统由开式喷头、管道系统、控制阀、火灾探测器报警控制装置、控制组件和供水设备等组成。

（1）雨淋喷水灭火系统：这是喷头常开的灭火系统，当建筑物发生火灾时，由自动控制装置打开集中控制阀门，使整个保护区域所有喷头喷水灭火。该系统具有出水量大、灭火及时的优点，适用于火灾蔓延快、危险性大的建筑或部位。

（2）水幕系统：该系统喷头沿线状布置，发生火灾时主要起阻火、冷却、隔离作用，该系统适用于需防火隔离的开口部位，如舞台与观众之间的隔离水帘、消防防火卷帘的冷却等。

（3）水喷雾灭火系统：该系统用喷雾喷头把水粉碎成细小的水雾滴之后喷射到正在燃烧的物质表面，通过表面冷却、窒息以及乳化、稀释的同时作用实现灭火。该系统不仅可以提高扑灭固体火灾的灭火效率，同时在扑灭可燃液体火灾、电气火灾中均得到了广泛的应用，如飞机发动机试验台、各类电气设备、石油加工场所等。

（二）喷头及控制配件

1.喷头

闭式喷头的喷口用由热敏元件组成的释放机构封闭，当达到一定温度时能自动开启，如玻璃球爆炸、易熔合金脱离。其构造按溅水盘的形式和安装位置有直立型、下垂型、边墙型、普通型、吊顶型和干式下垂型洒水喷头之分。开式喷头根据用途又分为开启式喷头、水幕喷头和喷雾喷头三种类型。

2.报警阀

报警阀的作用是开启和关闭管网的水流，传递控制信号至控制系统并启动水力警铃直接报警，有湿式、干式、干湿式和雨淋式四种类型。湿式报警阀用于湿式自动喷水灭火系统；干式报警阀用于干式自动喷水灭火系统；干湿式报警阀由湿式、干式报警阀依次连接而成，在温暖季节用湿式装置，在寒冷季节则用干式装置；雨淋阀用于雨淋、预作用、水幕、水喷雾自动喷水灭火系统。报警阀安装在消防给水立管上，距地面的高度一般为1.2m。

3.水流报警装置

水流报警装置主要有水力警铃、水流指示器和压力开关。水力警铃主要用于湿式喷水灭火系统，宜装在报警阀附近（其连接管不宜超过6m）。当报警阀打开消防水源后，具有一定压力的水流冲动叶轮打铃报警。水力警铃不得由电动报警装置替代。水流指示器用于湿式喷水灭火系统中，通常安装于各楼层的配水干管或支管上。当某个喷头开启喷水或管网发生水量泄漏时，管道中的水产生流动，引起水流指示器中桨片随水流而动作，接通电信号报警并指示火灾楼层。压力开关垂直安装于延迟器和报警阀之间的管道上。在水力警铃报警的同时，依靠警铃管内水压的升高自动接通电触点，完成电动警铃报警，向消防控制室传送电信号或启动消防水泵。

4.延迟器

延迟器是一个罐式容器，安装于报警阀与水力警铃（或压力开关）之间，用来防止水压波动引起报警阀开启而导致的误报。报警阀开启后，水流需经30s左右充满延迟器后方可冲打水力警铃。

5.火灾探测器

火灾探测器有感烟和感温两种类型，布置在房间或走道的顶棚下面。

第九节　建筑中水系统

一、中水系统的分类及组成

（一）中水系统的分类

中水系统按照其服务的范围不同，可分为建筑物中水系统、小区中水系统和城镇中水系统三类。

1.建筑物中水系统

建筑物中水系统是指单幢（或几幢相邻建筑）所形成的中水供应系统。根据其系统的设置情况不同可分为以下两种形式。

（1）具有完善排水设施的建筑，中水系统指建筑物内部的排水系统为分流制，生活污水单独排入小区排水管网或化粪池，以杂排水或优质杂排水（不含粪便污水）作为中水的水源，这种杂排水经过收集汇流后，通过设置在建筑物地下室内或邻近建筑物室外水处理设施的处理，又输送到该建筑内或周围，用以冲洗厕所、刷洗拖布绿化、洗车、水景布水等。建筑物内部的供水采用生活饮用水给水系统和中水给水系统的双管分质给水系统。

（2）排水设施不完善的建筑中水系统指建筑物内的排水采用合流制排水系统，建筑物内的生活污水排入污水局部处理构筑物，如沉砂池、沉淀池、隔油井或化粪池等，以通过污水局部处理构筑物简单处理过的水作为建筑物中水的水源，然后再通过设置在建筑物地下室内或邻近建筑物室外的水处理设施的处理，采用双管分质供水的方式将中水输送到建筑物内，作为杂用水之用。

2.小区中水系统

小区中水系统是指在居住小区、院校和机关大院等建筑区内建立的中水系统。设置小区中水给水系统建筑区的排水系统大多采用分流制的排水体制，小区建筑物内的排水方式应根据居住小区内排水设施的完善程度来确定，但应使居住小区给排水系统与建筑物内的给排水系统相配套。小区中水系统以小区内各建筑物排放的优质杂排水或杂排水作为水源，经过中水系统后，通过小区配水管网分配到各个建筑物内使用。小区内的中水给水系统可采用全部完全分流系统、部分完全分流系统、半完全分流系统和无分流系统的简化系统等形式。

3.城镇中水系统

城镇中水系统是以城镇二级污水处理厂（站）的出水和雨水作为中水的水源，再经过城镇中水处理设施的处理，达到中水水质标准后，作为城镇杂用水使用。设置中水系统的城镇供水采用双管分质、分流的供水系统，但城镇排水和建筑物内的排水系统不要求必须采用分流制。

（二）中水系统的组成

中水系统一般是由中水原水系统、中水处理系统和中水供水系统三部分组成。

1.中水原水系统

中水原水系统是指收集、输送中水原水到中水处理设施的管道系统和附属构筑物，分为污废水分流制和合流制两类系统。建筑中水系统多采用分流制中的优质杂排水或杂排水作为中水水源。

2.中水处理系统

中水处理工艺按组成段可分为预处理、主处理和后处理三个阶段。预处理阶段主要是用来截留中水原水中较大的漂浮物、悬浮物和杂物，分离油脂，调节水量和pH值等，其处理设施主要有格栅、滤网、沉砂池、隔油井、化粪池等。主处理阶段主要是用来去除原水中的有机物、无机物等，其主要处理设施包括沉淀池、混凝池、气浮池和生物处理设施等。后处理阶段主要是对中水水质要求较高的用水进行的深度处理，常用的处理方法或工艺有膜滤、活性炭吸附和消毒等，其主要处理设施包括过滤池、吸附池、消毒设施等。

3.中水供水系统

中水供水系统是指将中水处理站处理后的中水输送到各中水用水点的管网系统，包括中水输配水管道系统、中水贮水池、高位水箱、中水加压泵站或气压给水设备等。中水供水管道系统应单独设置，管网系统的类型、供水方式、系统组成、管道敷设形式和水力计算的方法均与给水系统基本相同，只是在供水范围、水质、使用等方面有些限定和特殊要求。中水供水管道必须具有耐腐蚀性，一般宜采用塑料给水管、塑料和金属复合管或其他给水管材，不得采用非镀锌钢管。中水贮存池（箱）宜采用耐腐蚀、易清垢的材料制作，钢板池（箱）的内外壁及其附配件均应进行防腐蚀处理。中水管道上不得装设取水龙头，当装有取水接口时，必须采取严格的防止误饮、误用的措施。中水用水点宜采用使中水不与人直接接触的密闭器具，冲洗汽车、浇洒道路和绿化等的用水处宜采用有防护功能的壁式或地下式给水栓。

二、中水水源、水质、处理工艺及防护

（一）中水水源

中水水源的选用应根据原排水的水质、水量排水状况和中水所需的水质、水量等来确定。一般生产冷却水和生活废、污水，其取舍顺序为：冷却水—淋浴排水—盥洗排水—洗衣排水—厨房排水—厕所排水等。医院污水不宜作为中水水源，严禁将工业污水、传染病医院污水和放射性污水作为中水的水源。

（二）中水水质

1.原水水质

建筑中水原水的水质应以实测资料为准。由于在不同的地区人们的生活习惯不同，污水中污染物成分也不尽相同，所以生活污水的分项水质相差很大，但人均排出的污染浓度比较稳定。建筑物排水的污染浓度与用水量有关，用水量越大，其污染浓度越低，反之则越高。

2.中水水质标准

中水的水质必须在卫生方面安全可靠，无有害物质，外观上无使人不快的感觉，不得引起管道设备结垢和腐蚀。中水用于采暖系统补水等其他用途时，其水质应达到

相应使用要求的水质标准，当中水同时满足多种用途时，其水质应按最高水质标准确定。

（三）中水处理工艺流程

中水处理工艺流程，应在充分了解本地区的用水环境、节水技术的应用情况、城市污水及污泥的处理程度、当地的技术与管理水平是否符合处理工艺的要求等的基础上，再根据中水原水的水质、水量和要求的中水水质、水量及使用要求等因素，经技术经济比较，并参考已经应用成功的处理工艺流程确定。当以优质杂排水或杂排水作为中水原水时，可采用以物化处理为主的工艺流程，或采用生物处理与物化处理相结合的工艺流程。

当以生活污水为中水水源时，因原水中悬浮物和有机物的浓度都很高，中水处理的目的是去除水中的悬浮物和有机物，此时宜采用二段生物处理或生物处理与物化处理相结合的工艺流程。

（四）中水系统的安全防护

中水管道严禁与生活饮用水管道连接，避免造成因中水管道系统与生活饮用水系统误接，污染生活饮用水水质。向中水池（箱）内补水的自来水管道应采取防污染措施，补水管出水口应高于中水贮存池（箱）内溢流水位，其间距不得小于2.5倍管径，严禁采用淹没式浮球阀补水。中水管道与生活饮用水给水管道、排水管道等平行埋设时，其水平净距不得小于0.5m；交叉埋设时，中水管道应位于生活饮用水管道下面、排水管道的上面，其净距均不得小于0.15m。中水管道外壁应按有关标准的规定涂色和做标志，一般情况下，若中水管道采用外壁为金属的管材时，其外壁的颜色应涂浅绿色；当采用外壁为塑料的管材时，应采用浅绿色的管道，并应在其外壁模印或打印明显耐久的“中水”标志，避免与其他管道混淆。在中水贮存池（箱）、阀门、水表、给水栓、取水口等处均应有明显的“中水”标志。公共场所及绿化的中水取水口应设带锁装置。中水贮存池（箱）设置的溢流管、泄水管均应采用间接排水方式排出，溢流管应设隔网。为了保证中水系统运行管理的安全，保证中水的供水水质，中水处理站的管理人员和中水供应系统日常维护的从业人员应经过专门的岗前培训，学习中水的有关知识和运行管理中应注意的事项，在取得相关部门颁发的合格证书后方可上岗。

第七章　建筑排水系统

第一节　建筑排水系统的分类及组成

一、排水系统的分类

建筑排水系统的任务是将建筑内生活、生产中使用过的水收集并排放到室外的污水管道系统。

根据系统接纳的污废水类型，可分为以下三大类。

（1）生活排水系统用于排除居住、公共建筑及工厂生活间的盥洗、洗涤和冲洗便器等污废水，可进一步分为生活污水排水系统和生活废水排水系统。

（2）工业废水排水系统用于排除生产过程中产生的工业废水。由于工业生产门类繁多，所排水质极为复杂，根据其污染程度又可分为生产污水排水系统和生产废水排水系统。

（3）雨水排水系统用于收集排除建筑屋面上的雨雪水。

二、排水体制及其选择

（一）排水体制

建筑内部的排水体制可分为分流制和合流制两种，分别称为建筑内部分流排水和建筑内部合流排水。建筑内部分流排水是指居住建筑和公共建筑中的粪便污水和生活废水及工业建筑中的生产污水和生产废水各自由单独的排水管道系统排除。建筑内部合流排水是指建筑中两种或两种以上污、废水合用一套排水管道系统排除。建筑物宜设置独立的屋面雨水排水系统，迅速、及时地将雨水排至室外雨水管渠或地面。在缺水或严重缺水地区宜设置雨水贮水池。

（二）排水体制选择

建筑内部排水体制，应综合考虑污水性质、污染程度，结合建筑外部排水系统体制、有利于综合利用、中水系统的开发和污水的处理要求等方面加以确定。

（1）下列情况，宜采用分流排水体制。

①两种污水合流后会产生有毒有害气体或其他有害物质时；

②污染物质同类，但浓度差异大时；

③医院污水中含有大量致病菌或含有放射性元素超过排放标准规定的浓度时；

④不经处理和稍经处理后可重复利用的水量较大时；

⑤建筑中水系统需要收集原水时；

⑥餐饮业和厨房洗涤水中含有大量油脂时；

⑦工业废水中含有贵重工业原料需回收利用及夹有大量矿物质或有毒和有害物质需要单独处理时；

⑧锅炉、水加热器等加热设备排水水温超过40℃等。

（2）下列情况，宜采用合流排水体制。

①城市有污水处理厂，生活废水不需回用时；

②生产污水与生活污水性质相似时。

（三）排水系统的组成

完整的排水系统一般由下列部分组成。

1.卫生器具和生产设备受水器

它们是用来承受用水和将用后的废水、废物排泄到排水系统中的容器。建筑内的卫生器具应具有内表面光滑、不渗水、耐腐蚀、耐冷热、便于清洁卫生、经久耐用等特点。

2.排水管道

排水管道由器具排水管（连接卫生器具和横支管之间的一段短管，除坐式大便器外，其间含有一个存水弯）、横支管、立管、埋设在地下的总干管和排出管等组成，其作用是将污（废）水能迅速安全地排除到室外。

3.通气管道

卫生器具排水时，需向排水管系补给空气，减小其内部气压的变化，防止卫生器具水封破坏，使水流畅通；需将排水管系中的臭气和有害气体排到大气中去，使管系内经常有新鲜空气和废气对流，可减轻管道内废气造成的锈蚀。因此，排水管系要设置一个与大气相通的通气系统。通气管道有以下八种类型。

（1）伸顶通气管：污水立管顶端延伸出屋面的管段称为伸顶通气管，作为通气及排除臭气用，为排水管系最简单、最基本的通气方式。生活排水管道或散发有害气体的生产污水管道均应设置伸顶通气管，当无条件设置时，可设置吸气阀。

（2）专用通气立管指仅与排水立管连接，为污水立管内空气流通而设置的垂直通气管道。当生活排水立管所承担的卫生器具排水设计流量超过无专用通气立管的排水立管最大排水能力时，应设专用通气立管。

（3）主通气立管指为连接环形通气管和排水立管，并为排水支管和排水立管内空气流通而设置的垂直管道。建筑物各层的排水横支管上设有环形通气管时，应设置连接各层环形通气管的主通气立管或副通气立管。

（4）副通气立管指仅与环形通气管连接，为使排水横支管内空气流通而设置的通气管道。建筑物各层的排水横支管上设有环形通气管时，应设置连接各层环形通气管的主通气立管或副通气立管。

（5）环形通气管指在多个卫生器具的排水横支管上，从最始端卫生器具的下游端接至通气立管的那一段通气管段。在连接4个及4个以上卫生器具并与立管的距离大于12m的排水横支管连接6个及6个以上大便器的污水横支管、设有器具通气管的排水管道上均应设置环形通气管。

（6）器具通气管指卫生器具存水弯出口端一定高度处与主通气立管连接的通气管段，可以防止卫生器具产生自虹吸现象和噪声。对卫生、安静要求较高的建筑物内，生活污水宜设置器具通气管。

（7）结合通气管指排水立管与通气立管的连接管段。其作用是，当上部横支管排水，水流沿立管向下流动，水流前方空气被压缩时，通过它释放被压缩的空气至通气立管。凡设有专用通气立管或主通气立管时，应设置连接排水立管与专用通气立管或主通气立管的结合通气管。

（8）汇合通气管连接数根通气立管或排水立管顶端通气部分，并延伸至室外大气的通气管段。不允许设置伸顶通气管或不可能单独伸出屋面时，可设置将数根伸顶通气管连接后排到室外的汇合通气管。

4.清通设备

为疏通建筑内部排水管道，保障排水畅通，常需设置检查口、清扫口及带有清通门的90° 弯头或三通接头、室内埋地横干管上的检查井等。

5.提升设备

当建筑物内的污（废）水不能自流排至室外时，需设置污水提升设备。建筑内部污废水提升包括污水泵的选择、污水集水池容积确定和污水泵房设计，常用的污水泵有潜水泵、液下泵和卧式离心泵。

6.污水局部处理构筑物

当室内污水未经处理不允许直接排入城市排水系统或水体时，需设置局部水处理构筑物。常用的局部水处理构筑物有化粪池、隔油井和降温池。化粪池是一种利用沉淀和厌氧发酵原理去除生活污水中悬浮性有机物的最初级处理构筑物，由于目前我国许多小城镇还没有生活污水处理厂，所以建筑物卫生间内所排出的生活污水必须经过化粪池处理后才能排入合流制排水管道。隔油井的工作原理是使含油污水流速降低，并使水流方向改变，使油类浮在水面上，然后将其收集排除，适用于食品加工车间和餐饮业的厨房排水、由汽车库排出的冲洗汽车污水和其他一些生产污水的除油处理。一般城市规定排水管道允许排入的污水温度不大于40° C，所以当室内排水温度高于40℃（如锅炉排污水）时，首先应尽可能将其热量回收利用。如不可能回收时，在排入城市管道前应采取降温措施，一般可在室外设降温池加以冷却。

第二节　建筑排水系统管材、管件、排水器具

一、排水管材和管件

（一）塑料管

目前在建筑内使用的排水塑料管是硬聚氯乙烯管（简称UPVC管）。它具有质量轻、不结垢、不腐蚀、外壁光滑、容易切割、便于安装、可制成各种颜色、投资省和节能等优点，正在全国推广使用。但塑料管也有强度低、耐温性差（适用于连续排放

温度不大于40℃，瞬时排放温度不大于80℃的生活排水）、立管产生噪声、暴露于阳光下管道易老化、防火性能差等缺点。目前市场供应的塑料管有实壁管、心层发泡管、螺旋管等。

（二）柔性抗震排水铸铁管

对于建筑内的排水系统，铸铁管正在逐渐被排水硬聚氯乙烯塑料管取代，只在某些特殊的地方使用，下面介绍在高层和超高层建筑中应用的柔性抗震排水铸铁管。随着高层和超高层建筑迅速兴起，一般以石棉水泥或青铅为填料的刚性接头排水铸铁管已不能适应高层建筑各种因素引起的变形。尤其是有抗震要求的地区的建筑物，对重力排水管道的抗震要求已成为最应引起重视的问题。

（三）钢管

钢管主要用作洗脸盆、小便器、浴盆等卫生器具与横支管间的连接短管，管径一般为32mm、40mm、50mm。在工厂车间内振动较大的地点也可用钢管代替铸铁管。

（四）带釉陶土管

带釉陶土管耐酸碱、耐腐蚀，主要用于腐蚀性工业废水排放。室内生活污水埋地管也可采用陶土管。

二、排水附件

（一）存水弯

存水弯是建筑内排水管道的主要附件之一，有的卫生器具构造内已有存水弯（例如坐式大便器），构造中不具备者和工业废水受水器与生活污水管道或其他可能产生有害气体的排水管道连接时，必须在排水口以下设存水弯。其作用是在其内形成一定高度的水柱（一般为50～100mm），该部分存水高度称为水封高度，它能阻止排水管道内各种污染气体以及小虫进入室内。为了保证水封正常功能的发挥，排水管道的设计必须考虑配备适当的通气管。

存水弯的水封除水封深度不够等原因容易遭受破坏外，有的卫生器具使用间歇时间过长，尤其是地漏，长时期没有补充水，水封水面不断蒸发而失去水封作用，这是造成臭气外逸的主要原因，故要求管理人员应有这方面的常识，有必要定时向地漏的存水弯部分注水，保持一定水封高度。近年来，我国有些厂家生产的双通道和三通道地漏解决了补水和臭气外逸等问题，有的国家对起点地漏亦有采用专设注水管的做法。

（二）检查口和清扫口

为了保持室内排水管道排水畅通，必须加强经常性的维护管理，在设计排水管道时做到每根排水立管和横管一旦堵塞时有便于清掏的可能，因此在排水管规定的必要场所均需配置检查口和清扫口。

1.检查口

一般装于立管、供立管或立管与横支管连接处，供有异物堵塞时清掏用，多层或高层建筑的排水立管上每隔一层就应装一个，检查口间距不大于10m。但在立管的最底层和设有卫生器具的两层以上坡顶建筑物的最高层必须设置检查口，平顶建筑可用通气口代替检查口。另外，立管如装有乙字管，则应在该层乙字管上部装设检查口。检查口设置高度一般从地面至检查口中心lm为宜。当排水横管管段超过规定长度时，也应设置检查口。

2.清扫口

一般装于横管，尤其是各层横支管连接卫生器具较多时，横支管起点均应装置清扫口（有时亦可用能供清掏的地漏代替）。对于连接2个及2个以上大便器或3个及3个以上卫生器具的污水横管、水流转角小于135° 的污水横管，均应设置清扫口。清扫口安装不应高出地面，必须与地面平齐。为了便于清掏，清扫口与墙面应保持一定距离，一般不宜小于0.15m。

3.地漏

地漏通常装在地面须经常清洗或地面有水须排泄处，如淋浴间、水泵房、盥洗间、卫生间等装有卫生器具处。地漏的用处很广，是排水管道上可供独立使用的附件，不但具有排泄污水的功能，装在排水管道端头或管道接点较多的管段可代替地面清扫口起到清掏作用。地漏安装时，应放在易溅水的卫生器具附近的地面最低处，一般要求其箅子顶面低于地面5～10mm。地漏的形式较多，一般有以下五种。

（1）普通地漏：这种地漏水封较浅，一般为25～30mm，易发生水封被破坏或水面蒸发造成水封干燥等现象，目前这种地漏已被新结构形式的地漏所取代。

（2）高水封地漏其水封高度不小于50mm，并设有防水翼环，地漏盖为盒状，可随不同地面做法所需要的安装高度进行调节，施工时将翼环放在结构板面，板面以上的厚度可按建筑所要求的面层做法调整地漏盖面标高。这种地漏还附有单侧通道和双侧通道，可按实际情况选用。

（3）多用地漏：这种地漏一般埋设在楼板的面层内，其高度为110mm，有单通道、双通道、三通道等多种形式，水封高度为50mm，一般内装塑料球以防回流。三通道地漏可供多用途使用，地漏盖除能排泄地面水外，还可连接洗脸盆或洗衣机的排出水，其侧向通道可连接浴盆的排水，为防止浴盆放水时洗浴废水可能从地漏盖面溢出，故设有塑料球来封住通向地面的通道，其缺点是所连接的排水横支管均为暗设，一旦损坏维修比较麻烦。

（4）双箅杯式水封地漏：这种地漏的内部水封盒采用塑料制作，形如杯子，水封高度50mm，便于清洗，比较卫生，地漏盖的排水分布合理，排泄量大、排水快，采用双箅有利于阻截污物。此地漏另附塑料密封盖，施工时可利用此密封盖防止水泥砂石等物从盖的箅子孔进入排水管道，造成管道堵塞而排水不畅。平时用户不需要使用地漏时，也可利用塑料密封盖封死。

（5）防回流地漏适用于地下室或为深层地面排水，如用于电梯井排水及地下通道排水等，此种地漏内设防回流装置，可防止污水干浅、排水不畅、水位升高而发生的污水倒流。一般附有浮球的钟罩形地漏或附塑料球的单通道地漏，亦可采用一般地漏附回流止回阀。

三、卫生器具

（一）便溺器具

便溺器具设置在卫生间和公共厕所，用来收集粪便污水。便溺器具包括便器和冲洗设备，其中便器包括大便器、大便槽、小便器、小便槽。

（1）坐式大便器按冲洗的水力原理可分为冲洗式和虹吸式两种。坐式大便器都自带存水弯。后排式坐便器与其他坐式大便器不同之处在于排水口设在背后，便于排水横支管敷设在本层楼板上时选用。

（2）蹲式大便器一般用于普通住宅、集体宿舍、公共建筑物的公用厕所和防止接触传染的医院内厕所。蹲式大便器比坐式大便器的卫生条件好，但蹲式大便器不带存水弯，设计安装时需另外配置存水弯。

（3）大便槽用于学校、火车站、汽车站、码头、游乐场所及其他标准较低的公共厕所，可代替成排的蹲式大便器，常用瓷砖贴面，造价低。大便槽一般宽

200～300mm，起端槽深350mm，槽的末端设有高出槽底150mm的挡水坎，槽底坡度不小于0.015，排水口设存水弯。

（4）小便器设于公共建筑的男厕所内，有的住宅卫生间内也需设置。小便器有挂式、立式和小便槽三类。其中立式小便器用于标准高的建筑，小便槽用于工业企业、公共建筑和集体宿舍等建筑的卫生间。

（二）盥洗器具

（1）洗脸盆一般用于洗脸、洗手、洗头，常设置在盥洗室、浴室、卫生间和理发室等场所。洗脸盆有长方形、椭圆形和三角形，安装方式有墙架式、台式和柱脚式。

（2）盥洗台有单面和双面之分，常设置在同时有多人使用的地方，如集体宿舍、教学楼、车站、码头、工厂生活间内。

（三）淋浴器具

（1）浴盆设在住宅、宾馆、医院等卫生间或公共浴室，供人们清洁身体用。浴盆配有冷热水或混合龙头，并配有淋浴设备。

（2）淋浴器多用于工厂、学校、机关、部队的公共浴室和体育馆内。淋浴器占地面积小，清洁卫生，避免疾病传染，耗水量小，设备费用低。在建筑标准较高的建筑物的淋浴间内也可采用光电式淋浴器，在医院或疗养院为防止疾病传染可采用脚踏式淋浴器。

（四）洗涤器具

（1）洗涤盆常设置在厨房或公共食堂内，用来洗涤碗碟、蔬菜等。医院的诊室、治疗室等处也需设置洗涤盒。洗涤盆有单格和双格之分。

（2）化验盆设置在工厂、科研机关和学校的化验室或实验室内，根据需要可安装单联、双联、三联鹅颈龙头。

（3）污水盆又称污水池，常设置在公共建筑的厕所、盥洗室内，供洗涤拖把、打扫卫生或倾倒污水之用。

第三节　污（废）水提升及局部处理

一、检查井

不散发有害气体或大量蒸汽的工业废水排水管道，在下列情况下，可在建筑物内设检查井：在管道转弯和连接支管处；在管道的管径、坡度改变处。室外生活排水管道管径小于等于150mm时，检查井间距不宜大于20m；管径大于等于200mm时，检查井间距不宜大于30m。生活排水管道不宜在建筑物内设检查井。当必须设置时，应采取密闭措施。生活排水管道的检查井内应做导流槽。

检查井的内径应根据所连接的管道管径、数量和埋设深度确定。井深小于或等于1.0m时，井内径可小于0.7m；井深大于1.0m时，井内径不宜小于0.7（井深系指盖板面至井底的深度，方形检查井的内径指内边长）。

二、化粪池

化粪池是一种利用沉淀和厌氧发酵原理去除生活污水中悬浮性有机物的最低级处理构筑物。化粪池有矩形和圆形两种。对于矩形化粪池，当日处理污水量小于或等于$10m^3$时，采用双格；当日处理污水量大于$10m^3$时，采用三格。

化粪池应设在室外，外壁距建筑物外墙不宜小于5m，并不得影响建筑物基础。化粪池外壁距室外给水构筑物外壁宜有不小于30m的距离。当受条件限制化粪池不得不设置在室内时，必须采取通气、防臭、防爆等措施。化粪池应根据每日排水量、交通、污泥清掏等因素综合考虑或集中设置，且宜设置在接户管的下游端便于机动车清掏的位置。

矩形化粪池的长度与深度、宽度的比例应按污（废）水中悬浮物的沉降条件和积存数量，以水力计算确定，但深度（水面至池底）不得小于1.3m，宽度不得小于0.75m，长度不得小于1.0m，圆形化粪池直径不得小于1.0m。采用双格化粪池时，第一格的容量为有效设计容量的75%；采用三格化粪池时，第一格的容量为有效设计容量的60%，第二格和第三格各等于有效设计容量的20%；且格与格之间、池与连接井之间应设置通气孔洞。化粪池池壁和池底应防止渗漏，顶板上应设有人孔和盖板。进水口、出水口应设置连接井与进水管、出水管相连；进口处应设导流装置，出水口处及格与格之间应设拦截污泥浮渣设施。

三、隔油池

公共食堂和饮食业排放的污水中含有植物油和动物油脂，污水中含油量的多少与地区、生活习惯有关，一般在50～150mg/L，厨房洗涤水中含油量约750mg/L，据调查，含油量超过400mg/L的污水排入下水道后，随着水温的下降，污水中夹带的油脂颗粒便开始凝固，黏附在管壁上，使管道过水断面减少，堵塞管道。故含油污的水应经除油装置（隔油池）除油后方可排入污水管道。除油装置还可以回收废油脂，变废为宝。汽车修理厂、汽车库及其他类似场所排放的污水中含有汽油、煤油等易爆物质，也应经除油装置进行处理。

隔油池设计应符合下列规定。

（1）污水流量应按设计秒流量计算。

（2）含食用油污水在池内的流速不得大于0.005m/s，在池内停留的时间宜为2～10min。

（3）人工除油的隔油池内存油部分的容积，不得小于该池有效容积的25%。

（4）隔油池应设活动盖板。进水管应考虑有清通的可能，出水管管底至池底的深度不得小于0.6m。

四、降温池

降温池用于排除排水温度高于40℃的污（废）水在排入室外管网之前的降温。降温池应设置于室外。降温池有虹吸式和隔板式两种类型。虹吸式降温池适用于冷却废水较少，主要靠自来水冷却降温的场合；隔板式降温池适用于有冷却废水的场合。

降温池的设计应符合下列规定。

（1）温度高于40℃的排水，应首先考虑将所有热量回收利用，如不可能或回收不合理时，在排入城镇排水管道之前应设降温池。降温池应设置于室外。

（2）降温宜采用较高温度排水与冷水在池内混合的方法进行。冷却水应尽量利用低温废水。降温所需的冷水量，应按热平衡方程计算确定。

（3）降温池的容积应按下列规定确定。

①间接排放污水时，应按一次最大排水量与所需冷却水量的总和计算有效容积。

②连续排放污水时，应保证污水与冷却水充分混合。

（4）降温池的管道设计应符合下列要求。

①有压高温污水进水管口宜装设消声设施，有两次蒸发时，管口应向上露出水面并采取防止烫伤人的措施。无两次蒸发时，管口宜插进水中深度200mm以上。

②冷却水与高温水混合可采用穿孔管喷洒，如采用生活饮用水作冷却水时，应采取防回流污染措施。

③降温池虹吸排水管管口应设在水池底部。

④应设排气管，排气管排出口位置应符合安全、环保要求。

设置生活污（度）水处理设施时，应使其靠近接入市政管道的排放点。居住小区处理站的位置宜在该地区常年最小频率的上风向，且应用绿化带与建筑物隔开，也可设置在绿地、停车坪及室外空地的地下。处理站如布置在建筑物地下室时，应有专用隔间。处理站与给水泵站及清水池水平距离不得小于10m。

五、污（废）水提升

（一）污水泵

建筑内部常用的污水泵有潜水排污泵、液下排水泵、立式污水泵和卧式污水泵等。

1.污水泵房的位置

污水泵房应设在有良好通风的地下室或底层单独的房间内，并应有卫生防护隔离带，且宜靠近集水池；应使室内排水管道和水泵出水管尽量简短，并考虑方便维修检测。污水泵房不得设在对卫生环境有特殊要求的生产厂房和公共建筑内，也不得设在有安静和防震要求的房间内。

2.污水泵的管线和控制

污水泵的排出管为压力排水，宜单独排至室外，不要与自流排水合用排出管，排出管的横管段应有坡度坡向出口。由于建筑物内场地一般较小，排水量不大，故污水泵可优先选用潜水排污泵和液下排水泵，其中液下排水泵一般在重要场所使用。当两台或两台以上水泵共用一条出水管时，应在每台水泵出水管上装设阀门和单向阀；单台水泵排水有可能产生倒灌时，应设置单向阀。为了保证排水，公共建筑内应以每个生活污水集水池为单位设置一台备用泵，平时宜交互运行。地下室、设备机房、车库冲洗地面的排水，如有两台或两台以上污水泵时可不设备用泵。当集水池不能设事故排出管时，污水泵应有不间断的动力供应，但在能关闭污水进水管时，可不设不间断动力供应，但应设置报警装置。污水水泵的启闭，应设置自动控制装置。多台水泵可并联交替或分段投入运行，使备用机组也能经常投入运行，不至于因长期搁置而发生故障。

3.污水水泵的选择

（1）污水水泵流量。居住小区污水水泵的流量应按小区最大小时生活排水流量选定。建筑物内污水水泵的流量应按生活排水设计秒流量选定。当有排水量调节时，可按生活排水最大小时流量选定。

（2）污水水泵扬程。污水水泵扬程与其他水泵一样，按提升高度、管路系统水头损失另加2～3m流出水头计算。污水水泵吸水管和出水管流速不应小于0.7m/s，并不宜大于2.0m/s。

（二）集水池

（1）集水池的位置：集水池宜设在地下室最底层卫生间、淋浴间的底板下或邻近位置。地下厨房集水池不宜设在细加工和烹炒间内，但应在厨房邻近处。消防电梯井集水池设在电梯邻近处，但不能直接设在电梯井内，池底低于电梯井底不宜小于0.7m；车库地面排水集水池应设在使排水管、沟尽量简洁的地方。收集地下车库坡道处的雨水集水池应尽量靠近坡道尽头处。

（2）集水池的有效容积根据流入的污水量和水泵工作情况确定。当水泵自动启动时，其有效容积不宜小于最大一台污水水泵5min的出水量，且污水泵每小时启动次数不宜超过6次。除此之外，集水池设计还应考虑满足水泵设置、水位控制器、格栅等安装、检查要求。集水池设计最低水位，应满足水泵吸水要求。当污水泵为人工控制起停时，应根据调节所需容量确定，但不得大于6h生活排水平均小时污水量，以防止污水因停留时间过长而产生沉淀腐化。生活排水调节池的有效容积不得大于6h生活排水平均小时流量。

（3）集水池构造要求：因生活污水中有机物易分解成酸性物质，腐蚀性大，所以生活污水集水池内壁应采取防腐防渗漏措施。集水池底应有不小于0.05的坡度坡向泵位，并在池底设置自冲管。集水坑的深度及其平面尺寸，应按水泵类型而定。集水池应设置水位指示装置，必要时应设置超警戒水位报警位置，将信号引至物业管理中心。集水池如设置在室内地下室时，池盖应密封，并设通气管；室内有敞开的集水池时，应设强制通风装置。

第四节 高层建筑排水系统

一、苏维托排水系统

苏维托排水系统是采用一种气水混合或分离的配件来代替一般零件的单立管排水系统，包括气水混合器和气水分离器两个基本配件。

（一）气水混合器

苏维托排水系统中的混合器是由长约80cm的连接配件装设在立管与每层楼横支管的连接处。横支管接入口有三个方向；混合器内部有三个特殊构造—乙字弯、隔板和隔板上部约1cm高的孔隙。自立管下降的污水经乙字弯管时，水流撞击分散并与周围空气混合成水沫状气水混合物，相对密度变小，下降速度减缓，减小抽吸力。横支管排出的水受隔板阻挡，不能形成水舌，能保持立管中气流通畅，气压稳定。

（二）气水分离器

苏维托排水系统中的跑气器通常装设在立管底部，它是由具有凸块的扩大箱体及跑气管组成的一种配件。跑气器的作用是：沿立管流下的气水混合物遇到内部的凸块溅散，从而把气体（70%）从污水中分离出来，由此减少了污水的体积，降低了流速，并使立管和横干管的泄流能力平衡，气流不致在转弯处被阻塞；另外，将释放出的气体用一根跑气管引到干管的下游（或返向上接至立管中去），这就达到了防止立管底部产生过大反（正）压力的目的。

二、旋流排水系统

旋流排水系统也称为“塞克斯蒂阿”系统，是法国建筑科学技术中心于1967年提出的一项新技术，后来广泛应用于10层以上的居住建筑。这种系统是由各个排水横支管与排水立管连接起来的“旋流排水配件”和装设于立管底部的“特殊排水弯头”组成的。

（一）旋流接头

旋流连接配件由底座及盖板组成，盖板上设有固定的导旋叶片，底座支管和立管接口处沿立管切线方向有导流板。横支管污水通过导流板沿立管断面的切线方向以旋流状态进入立管，立管污水每流过下一层旋流接头时，经导旋叶片导流，增加旋流，污水受离心力作用贴附管内壁流至立管底部，立管中心气流通畅，气压稳定。

（二）特殊排水弯头

在立管底部的排水弯头是一个装有特殊叶片的45° 弯头。该特殊叶片能迫使下落水流溅向弯头后方流下，这样就避免了出户管（横干管）中发生水跃而封闭立管中的气流，以致造成过大的正压。

三、心形排水系统

心形（CORE）单立管排水系统于20世纪70年代初首先在日本使用，在系统的上部和下部各有一个特殊配件组成。

（一）环流器

其外形呈倒圆锥形，平面上有2～4个可接入横支管的接入口（不接入横支管时也可作为清通用）的特殊配件。立管向下延伸一段内管，插入内部的内管起隔板作用，防止横支管出水形成水舌，立管污水经环流器进入倒锥体后形成扩散，气水混合成水沫，密度减轻、下落速度减缓，立管中心气流通畅，气压稳定。

（二）角笛弯头

外形似犀牛角，小口径承接立管，大口径连接横干管。由于大口径以下有足够的空间，既可对立管下落水流起减速作用，又可将污水中所携带的空气集聚、释放。又由于角笛弯头的小口径方向与横干管断面上部也连通，可减小管中正压强度。这种配件的曲率半径较大，水流能量损失比普通配件小，从而提升了横干管的排水能力。

四、UPVC螺旋排水系统

UPVC螺旋排水系统是韩国在20世纪90年代开发研制的，由偏心三通和内壁有6条间距50mm呈三角形凸起的导流螺旋线的管道组成。由排水横管排出的污水经偏心三通从圆周切线方向进入立管，旋流下落，经立管中的导流螺旋线的导流，管内壁形成较稳定的水膜旋流，立管中心气流通畅、气压稳定。同时由于横支管水流以圆周切线方式流入立管，减少了撞击，从而有效克服了排水塑料管噪声大的缺点。

第五节　建筑雨水排水系统

一、雨水外排水系统

外排水是指屋面不设雨水斗，建筑物内部没有雨水管道的雨水排放方式。按屋面有无天沟，又分为普通外排水（檐沟外排水系统）和天沟外排水两种方式。

（一）檐沟外排水系统

普通外排水系统由檐沟和雨落管组成。降落到屋面的雨水沿屋面集流到檐沟，然后流入沿外墙设置的雨落管排至地面或雨水口。雨落管多用镀锌铁皮管或塑料管，镀锌铁皮管为方形，断面尺寸一般为80mm×100mm或80mm×120mm，塑料管管径为75mm或100mm。根据经验，民用建筑雨落管间距为8～12m，工业建筑为18～24m。普通外排水方式适用于普通住宅、一般公共建筑和小型单跨厂房。

（二）天沟外排水系统

天沟外排水系统由天沟、雨水斗和排水立管组成。天沟设置在两跨中间并坡向端墙，雨水斗沿外墙布置。降落到屋面上的雨水沿坡向天沟的屋面汇集到天沟，沿天沟流至建筑物两端（山墙、女儿墙），入雨水斗，经立管排至地面或雨水井。天沟外排水系统适用于长度不超过100m的多跨工业厂房。天沟的排水断面形式多为矩形和梯形，天沟坡度不宜太大，一般在0.003～0.006。

天沟内的排水分水线应设置在建筑物的伸缩缝或沉降缝处，天沟的长度一般不超过50m。为了排水安全，防止天沟末端积水太深，在天沟端部设置溢流口，溢流口比天沟、上檐低50～100mm。采用天沟外排水方式，在屋面不设雨水斗，排水安全可靠，不会因施工不善造成屋面漏水或检查井冒水，且节省管材，施工简便，有利于厂房内空间利用，也可减小厂区雨水管道的埋深。但因为天沟有一定的坡度，而且较长，排水立管在山墙外，也存在屋面垫层厚结构负荷增大的问题，使得晴天屋面堆积灰尘多，雨天天沟排水不畅，在寒冷地区排水立管有被冻裂的可能。

二、雨水内排水系统

内排水是指屋面设雨水斗，建筑物内部有雨水管道的雨水排放方式。对于跨度大、特别长的多跨工业厂房，在屋面设天沟有困难的锯齿形或壳形屋面厂房及屋面有天窗的厂房，应考虑采用内排水形式。对于建筑立面要求高的建筑、大屋面建筑及寒冷地区的建筑，在墙外设置雨水排水立管有困难时，也可考虑采用内排水形式。

（一）内排水系统组成

内排水系统由雨水斗、连接管、悬吊管、立管、排出管、埋地干管和检查井组成。降落到屋面上的雨水沿屋面流入雨水斗，经连接管、悬吊管进入排水立管，再经排出管流入雨水检查井或经埋地干管排至室外雨水管道。

（二）分类

内排水系统按雨水斗的连接方式可分为单斗和多斗雨水排水系统。单斗系统一般不设悬吊管，多斗系统中悬吊管将雨水斗和排水立管连接起来。多斗系统的排水量大约为单斗的80%，在条件允许的情况下，应尽量采用单斗排水。按排除雨水的安全程度，内排水系统分为敞开式和密闭式两种。敞开式内排水系统利用重力排水，雨水经排出管进入普通检查井，但基于设计和施工的原因，当暴雨发生时会出现检查井冒水现象，造成危害。这种系统也有在室内设悬吊管、埋地管和室外检查井的做法，这种做法虽可避免室内冒水现象，但管材耗量大且悬吊管外壁易结露。密闭式内排水系统利用压力排水，埋地管在检查井内用密闭的三通连接。当雨水排泄不畅时，室内不会发生冒水现象。其缺点是不能接纳生产废水，需另设生产废水排水系统。为了安全可靠，一般宜采用密闭式内排水系统。

（三）布置与敷设

1.雨水斗

雨水斗是一种专用装置，设在屋面雨水由天沟进入雨水管道的入口处。雨水斗有整流格栅装置，具有整流作用，避免形成过大的漩涡，稳定斗前水位，并拦截树叶等杂物。雨水斗有65型、79型和87型，有75mm、100mm、150mm和200mm四种规格。内排水系统布置雨水斗时应以伸缩缝、沉降缝和防火墙为天沟分水线，自成排水系统。如果分水线两侧两个雨水斗需连接在同一根立管或悬吊管上时，应采用伸缩接头，并保证密封不漏水。防火墙两侧雨水斗连接时，可不用伸缩接头。布置雨水斗时，除了按水力计算确定雨水斗的间距和个数外，还应考虑建筑结构特点，使立管沿墙柱布置，以固定立管。接入同一立管的斗，其安装高度宜在同一标高层。在同一根悬吊管上连接的雨水斗不得多于四个，且雨水斗不能设在立管顶端。

2.连接管

连接管是连接雨水斗和悬吊管的一段竖向短管。连接管一般与雨水斗同径，但不宜小于100mm，连接管应牢固固定在建筑物的承重结构上，下端用斜三通与悬吊管连接。

3.悬吊管

悬吊管连接雨水斗和排水立管，是雨水内排水系统中架空布置的横向管道。其管径不小于连接管管径，也不应大于300mm，坡度不小于0.005。在悬空管的端头和长度大于15m的悬吊管上设检查口或带法兰盘的三通，位置宜靠近墙柱，以利检修。连接管与悬吊管、悬吊管与立管间宜采用45° 三通或90° 斜三通连接。悬吊管采用铸铁管，用铁箍、吊卡固定在建筑物的桁架或梁上。在管道可能受振动或生产工艺有特殊要求时，可采用钢管，焊接连接。

4.立管

雨水立管承接悬吊管或雨水斗流来的雨水，一根立管连接的悬吊管根数不多于两根，立管管径不得小于悬吊管管径。立管宜沿墙、柱安装，在距地面1m处设检查口。立管的管材和接口与悬吊管相同。

5.排出管

排出管是立管和检查井间的一段有较大坡度的横向管道，其管径不得小于立管管径。排出管与下游埋地管在检查井中宜采用管顶平接，水流转角不得小于135° 。

6.埋地管

埋地管敷设于室内地下，承接立管的雨水并将其排至室外雨水管道。埋地管最小管径为200mm，最大不超过600mm。埋地管一般采用混凝土管、钢筋混凝土管或陶土管。

7.附属构筑物

常见的附属构筑物有检查井、检查口井和排气井，用于雨水管道的清扫、检修、排气。检查井适用于敞开式内排水系统，设置在排出管与埋地管连接处，埋地管转弯、变径及超过30m的直线管路上。检查井井深不小于0.7m，井内采用管顶平接，井底设高流槽，流槽应高出管顶200mm。埋地管起端几个检查井与排出管间应设排气井。水流从排出管流入排气井，与溢流墙碰撞消能，流速减小，气水分离，水流经格栅稳压后平稳流入检查井，气体由放气管排出。密闭内排水系统的埋地管上设检查口，将检查口放在检查井内，便于清通检修，称检查口井。

三、混合排水系统

大型工业厂房的屋面形式复杂，为了及时有效地排除屋面雨水，往往同一建筑物采用几种不同形式的雨水排除系统，分别设置在屋面的不同部位，由此组成屋面雨水混合排水系统。

第六节　建筑给排水系统的安装

一、给排水管道的防腐安装

（一）管道（设备）常用防腐涂料

涂料主要由液体材料、固体材料和辅助材料三部分组成。用于涂覆至管道、设备和附件等表面上构成薄薄的液态膜层，干燥后附着于被涂表面起到防腐保护作用。涂料按其作用一般可分为底漆和面漆，先用底漆打底，再用面漆罩面。防锈漆和底漆均能防锈，都可用于打底，二者的区别在于底漆的颜料成分高，可以打磨，漆料着重于对物体表面的附着力，而防锈漆料偏重于满足耐水、耐碱等性能的要求。

（二）管道（设备）防腐的操作工艺

1.管道（设备）表面的除锈

管道（设备）表面的除锈是防腐施工中的重要环节，其除锈质量的高低，直接影响涂抹的寿命。除锈的方法有手工除锈、机械除锈和化学除锈。

（1）手工除锈用刮刀、手锤、钢丝刷以及砂布、砂纸等手工工具磨刷管道表面的锈和油垢等。

（2）机械除锈利用机械动力的冲击摩擦作用除去管道表面的锈蚀，是一种较先进的除锈方法。可用风动钢丝刷除锈、管子除锈机除锈、管内扫管机除锈、喷砂除锈。

（3）化学除锈是一种利用酸溶液和铁的氧化物发生反应将管子表面锈层溶解、剥离的除锈方法。

2.涂漆施工要求

防腐涂料常用的施工方法有刷喷、浸、浇等。施工中一般多采用刷和喷两种方法。

（1）防腐施工要求在室内涂装的适宜温度是20～25℃，相对湿度在65%以下为宜。在室外施工时应无风沙、细雨，气温不宜低于5℃，不宜高于40℃，相对湿度不宜大于85%，涂装现场应有防风、防火、防冻、防雨等措施；对管道表面应进行严格的防锈、除灰土、除油脂除焊渣处理；表面处理合格后，应在3h内图罩第一层漆；控制好个涂料的涂装间隔时间，把握涂层之间的重涂适应性，必须达到要求的涂膜厚度，一般以150～200μm为宜；操作区域应有良好的通风及通风除尘设备，防止中毒事故发生。

（2）涂料使用前应搅拌均匀。表面已起皮的应过滤然后按涂漆方法的需要，选择相应的稀释剂稀释至适宜稠度，调成的涂料应及时使用。

（3）采用手工涂刷时，用刷子将涂料均匀地刷在管道表面上。涂刷的操作程序是自上而下，自左至右纵横涂刷。

（4）采用喷涂时，利用压缩空气为动力，用喷枪将涂料喷成雾状，均匀地喷涂于管道表面上。喷涂操作环境应洁净，温度宜为15～30° C，涂层厚度0.3～0.4mm。涂层干燥后，用纱布打磨后再喷涂下一层。

3.室内明装、暗装管道涂漆

（1）明装镀锌钢管刷银粉漆1道或不刷漆，黑铁管及其支架等刷红丹底漆2道、银粉漆2道。

（2）暗装黑铁管刷红丹底漆2道。

4.室外管道涂漆、包扎防腐材料

（1）明装室外管道，刷底漆或防锈漆1道、再刷2道面漆。

（2）通行或半通行地沟里的管道，刷防锈漆2道、再刷2道面漆。

（3）埋地金属管防腐。铸铁管在其表面涂1～2道绝缘沥青漆即可；碳钢管埋在一般土壤里采用普通防腐（三油二布）：沥青底漆沥青3层，夹玻璃布2层塑料布，每层沥青厚2mm，总厚度不小于6mm；碳钢管埋在高腐蚀性土壤里采用加强防腐（四油三布），沥青底漆沥青4层，夹玻璃布3层塑料布，每层沥青厚2mm，总厚度不小于8mm。

二、给排水管道的保温安装

（一）常用保温材料

（1）膨胀珍珠岩类材料密度小、导热系数小、化学稳定性强、不燃烧、耐腐蚀、无毒无味、价廉、产量大、资源丰富、使用广泛。

（2）泡沫塑料类这类材料密度小、导热系数小、施工方便、不耐高温；适用于60℃以下的低温水管道保温。聚氨酯泡沫塑料可现场发泡浇筑成型，强度高，但成本也高，此类材料可燃烧，防火性差，分自熄型和非自熄型两种，应用时需注意聚苯乙烯泡沫塑料。

（3）普通玻璃棉类材料耐酸抗腐蚀、不烂、不怕蛀、吸水率小、化学稳定性好、无毒、无味、廉价、寿命长、导热系数小、施工方便但刺激皮肤。

（4）超细玻璃棉类这类材料密度小、导热系数小，其余特性同普通玻璃棉。

（5）超轻微孔硅酸钙这类材料含水率小于3%～4%，耐高温。

（6）蛭石类这类材料适用于高温场合，强度大、廉价、施工方便。

（7）矿渣棉类这类材料密度小、导热系数小、耐高温、廉价、货源广、填充后易沉陷、施工时刺激皮肤并且尘土大。

（8）石棉类这类材料耐火、耐酸碱、导热系数较小。

（9）岩棉类这类材料密度小、导热系数小，适用温度、范围广，施工简单但刺激皮肤。

（二）常用管道（设备）保温的操作工艺

1.预制式管道（设备）保温

一般将保温材料泡沫塑料、硅藻土、石棉蛭石预制成扇形保温瓦，再用保温瓦包住管道。其施工要求为：

（1）将管子表面的锈蚀去除，涂2道防锈漆。

（2）绑扎保温瓦时应先在管子涂一层10mm厚的石棉灰。

（3）安装石棉瓦时应使横向接缝错开，并用与石棉灰或石棉瓦相同的粉状材料填塞。包围管周围的预制保温瓦最多不超过8块，块数为偶数。

（4）预制瓦每隔150mm用直径1.5～2mm的镀锌钢丝绑扎。

（5）弯管处必须留有膨胀缝（包含保护壳），并用石棉绳堵塞。

（6）保温层外径大于200mm时，应在保温瓦外面用网格30mm×30mm～50mm×50mm的镀锌钢丝网绑扎。

（7）采用矿渣棉、玻璃棉制的保温瓦时，宜用油毡玻璃丝布做保护壳，不宜用石棉水泥做保护壳。

2.包扎式管道（设备）保温

包扎式管道保温材料主要是沥青或沥青矿渣玻璃棉板或毡。其施工要求为：

（1）将管子表面的锈蚀去除，涂2道防锈漆。

（2）先将成卷棉毡按管的规格裁剪成块，并将厚度修整均匀，保证棉毡的容重。

（3）保温层厚度按设计要求，如果单层达不到要求，可用2层或3层，横向接缝应紧密结合。搭接宽度：管径小于200mm时宽度为50mm；管径200～300mm时宽度为100mm。

（4）包扎棉毡用的镀锌钢丝直径为1.0～1.4mm，间距为150～200mm。

（5）保护壳的做法：第一层将350号石棉沥青毡用直径1.0～1.6mm镀锌钢丝，间距为250～300mm直接捆扎在保温层的外面。沥青毡搭接50mm，纵向搭接应在管子侧面，口缝向下。第二层包扎密纹玻璃布，搭接约40mm，每隔3m用直径1.6mm镀锌钢丝绑扎。

（6）宜用油毡玻璃丝布做保护壳，不宜用易受潮的石棉水泥做保护壳，架空管道（室内）可用1mm厚的硬纸板做保护壳。

第七节　建筑给排水工程施工图识读

一、平面图的识读

阅读主要图纸之前，应当先看说明和设备材料表，然后以系统图为线索深入阅读平面图、系统图及详图。阅读时，应三种图相互对照来看。先看系统图，对各系统做到大致了解。看给水系统图时，可由建筑的给水引入管开始，沿水流方向经干管、立管、支管到用水设备；看排水系统图时，可由排水设备开始，沿排水方向经支管、横管、立管、干管到排出管。室内给排水管道平面图是施工图纸中最基本和最重要的图纸，常用的比例有1∶100和1∶50两种。它主要表明建筑物内给排水管道及卫生器具和用水设备的平面布置。图上的线条都是示意性的，同时管材配件如活接头、补心、管箍等也不画出来，因此在识读图纸时必须熟悉给排水管道的施工工艺。在识读管道平面图时，应该掌握的主要内容和注意事项如下。

（1）查明卫生器具、用水设备和升压设备的类型、数量、安装位置、定位尺寸。卫生器具和各种设备通常是用图例画出来的，它只能说明器具和设备的类型，而不能具体表示各部分的尺寸及构造，因此在识读时必须结合有关详图或技术资料，搞清楚这些器具和设备的构造、接管方式和尺寸。

（2）弄清给水引入管和污水排出管的平面位置、走向、定位尺寸，以及与室外给排水管网的连接形式、管径及坡度等。给水引入管上一般都装有阀门，阀门若设在室外阀门井内，在平面图上就能完整地表示出来。这时，可查明阀门的型号及距建筑物的距离。污水排出管与室外排水总管的连接是通过检查井来实现的，要了解排出管的长度，即外墙至检查井的距离。排出管在检查井内通常采用管顶平接。给水引入管和污水排出管通常都注上系统编号，编号和管道种类分别写在直径为8～10mm的圆圈内，圆圈内过圆心画一条水平线，线上面标注管道种类，如给水系统写“给”或写汉语拼音字母“J”；污水系统写“污”或写汉语拼音字母“W”；线下面标注编号，用阿拉伯数字书写。

（3）查明给排水干管、立管、支管的平面位置与走向、管径尺寸及立管编号。

从平面图上可清楚地查明是明装还是暗装，以确定施工方法。平面图上的管线虽然是示意性的，但还是有一定比例的，因此估算材料可以结合详图，用比例尺度量进行计算。一个系统内立管较少时，仅在引入管处进行系统编号；当一个系统中立管较多时，应在每个立管旁边进行编号。

（4）消防给水管道要查明消火栓的布置、口径大小及消防箱的形式与位置。消火栓一般装在消防箱内，但也可以装在消防箱外面。当装在消防箱外面时，消火栓应靠近消防箱安装。消防箱底距地面1.10m，消防箱有明装、暗装和单门、双门之分，识读时都要注意搞清楚。

除了普通消防系统外，在物资仓库、厂房和公共建筑等重要部位往往设有自动喷水灭火系统或水幕灭火系统。如果遇到这类系统，除了要弄清管路布置、管径、连接方法外，还要查明喷头及其他设备的型号、构造和安装要求。

（5）在给水管道上设置水表时，必须查明水表的型号、安装位置以及水表前后阀门的设置情况。

（6）对于室内排水管道，还要查明清通设备的布置情况、清扫口和检查口的型号和位置。对于大型厂房，特别要注意是否有检查井，也要搞清楚检查井进出管的连接方式。对于雨水管道，要查明雨水斗的型号及布置情况，并结合详图搞清雨水斗与天沟的连接方式。

二、系统图的识读

在识读系统图时，应掌握的主要内容和注意事项如下。

（1）查明给水管道系统的具体走向，干管的布置方式，管径尺寸及其变化情况，阀门的设置，引入管、干管及各支管的标高。识读时按引入管、干管、立管、支管及用水设备的顺序进行。

（2）查明排水管道的具体走向，管路分支情况，管径尺寸与横管坡度，管道各部分标高，存水弯的形式，清通设备的设置情况，弯头及三通的选用等。识读排水管道系统图时，一般按卫生器具或排水设备的存水弯、器具排水管、横支管、立管、排出管的顺序进行。在识读时结合平面图及说明，了解和确定管材及配件。排水管道为了保证水流通畅，根据管道敷设的位置往往选用45°弯头和斜三通，分支管的变径有时不用大小头而用主管变径三通。存水弯有P形和S形、带清扫口和不带清扫口之分，在识读图纸时也要视卫生器具的种类、型号和安装位置而定。

（3）系统图上对各楼层标高都有注明，识读时可据此分清管路是属于哪一层的。管道支架在图上一般都不表示出来，由施工人员按有关规程和习惯做法自己确定。在识读时应随时把所需支架的数量及规格确定下来，在图上做出标记并做好统计，以便制作和预埋。民用建筑的明装给水管通常要采用管卡、钩钉固定；工厂给水管则多用角钢托架或吊环固定。铸铁排水立管通常用铸铁立管管卡，装在铸铁排水管的承口上面；铸铁横管则采用吊环，间距1.5m左右，吊在承口上。

三、详图的识读

室内给排水工程的详图包括节点图、大样图标准图，主要是管道节点、水表、消火栓、水加热器、开水炉、卫生器具、套管、排水设备、管道支架等的安装图及卫生间大样图等。这些图都是根据实物用正投影法画出来的，图上都有详细尺寸，可供安装时直接使用。

第八章　建设项目招标投标阶段造价控制与管理

第一节　招标文件的组成内容及其编制要求

一、施工招标文件的编制内容

（一）招标公告（或投标邀请书）

当未进行资格预审时，应采用招标公告的方式，招标公告的发布应当充分公开，任何单位和个人不得非法限制招标公告的发布地点和发布范围。指定媒介发布依法必须发布的招标公告，不得收取费用。

招标公告的内容主要包括：

（1）招标人名称、地址、联系人姓名、电话。委托代理机构进行招标的，还应注明该机构的名称和地址。

（2）工程情况简介，包括项目名称、建筑规模、工程地点、结构类型、装修标准、质量要求、工期要求。

（3）承包方式，材料、设备供应方式。

（4）对投标人资质的要求及应提供的有关文件。

（5）招标日程安排。

（6）招标文件的获取办法，包括发售招标文件的地点、文件的售价及开始和截止出售的时间。

（7）其他要说明的问题。当进行资格预审时，应采用投标邀请书的方式。邀请书内容包括招标条件、项目概况与招标范围、投标人资格要求、招标文件的获取、投标文件的递交和确认、联系方式等。该邀请书可代替资格预审通过通知书，以明确投标人已具备在某具体项目标段的投标资格。

（二）投标人须知

投标人须知是依据相关的法律法规，结合项目和业主的要求，对招标阶段的工作程序进行安排，对招标方和投标方的责任、工作规则等进行约定的文件。投标人须知常常包括投标人须知前附表和正文部分。投标人须知前附表用于进一步明确正文中的未尽事宜，由招标人根据招标项目具体特点和实际需要来编制和填写，但是必须与招标文件中的其他内容相衔接，并且不得与正文内容矛盾，否则抵触内容无效。投标人须知正文部分内容如下。

1.总则

总则是要准确地描述项目的概况和资金的情况、招标的范围、计划工期和项目的质量要求；对投标资格的要求以及是否接受联合体投标和对联合体投标的要求；是否组织踏勘现场和投标预备会，组织的时间和费用的承担等；是否允许分包以及分包的范围；是否允许投标文件偏离招标文件的某些要求，允许偏离的范围和要求等。

2.招标文件

投标人须知：要说明招标文件发售的时间、地点，招标文件的澄清和说明。

（1）招标文件发售的时间不得少于5个工作日，发售的地点应是详细的地址。

（2）投标人应仔细阅读和检查招标文件的全部内容。如发现缺页或附件不全，应及时向招标人提出，以便补齐。如有疑问，应在投标人须知前附表规定的时间前以书面形式（包括信函、电报、传真等可以有形地表现所载内容的形式）要求招标人对招标文件予以澄清。招标文件的澄清将在投标人须知前、附表规定的投标截止时间15天前以书面形式发给所有购买招标文件的投标人，但不指明澄清问题的来源。如果澄清发出的时间距投标截止时间不足15天，则要相应延长投标截止时间。投标人在收到澄清后，应在投标人须知前附表规定的时间内以书面形式通知招标人，确认已收到该澄清。

在投标截止时间15天前，招标人可以以书面形式修改招标文件，并通知所有已购买招标文件的投标人。如果修改招标文件的时间距投标截止时间不足15天，则要相应延长投标截止时间。投标人收到修改内容后，应在投标人须知前、附表规定的时间内以书面形式通知招标人，确认已收到该修改。

（3）对投标文件的组成、投标报价、投标有效期、投标保证金的约定，投标文件的递交、开标的时间和地点、开标程序、评标和定标的相关约定，招标过程对投标人、招标人、评标委员会的纪律要求监督。

（三）评标办法

评标办法可选择经评审的最低投标价法和综合评估法。

（四）合同条款及格式

1.施工合同文件

施工合同一般由合同协议书、通用合同条款和专用合同条款三部分组成。组成合同的各项文件应互相解释、互相说明。除专用合同条款另有约定外，解释合同文件的优先顺序一般如下。

（1）合同协议书。合同协议书是施工合同的总纲性法律文件，经过双方当事人签字盖章后合同即成立，具有最高的合同效力。合同协议书共计13条，主要包括工程概况、合同工期、质量标准、签约合同价和合同价格形式、项目经理、合同文件构成、承诺、词语含义、签订时间、签订地点、补充协议、合同生效、合同份数等重要内容，集中约定了合同当事人基本的合同权利义务。

（2）通用合同条款。就工程建设的实施及相关事项，对合同当事人的权利义务作出的原则性约定。

通用合同条款共计20条，具体条款分别为：一般约定、发包人、承包人、监理人、工程质量、安全文明施工与环境保护、工期和进度、材料与设备、试验与检验、变更、价格调整、合同价格、计量与支付、验收和工程试车、竣工结算、缺陷责任与保修、违约、不可抗力、保险、索赔和争议解决。前述条款安排既考虑了现行法律法规对工程建设的有关要求，也考虑了建设工程施工管理的特殊需要。

（3）专用合同条款。专用合同条款是对通用合同条款原则性约定的细化、完善、补充、修改或另行约定的条款。合同当事人可以根据不同建设工程的特点及具体情况，通过双方的谈判、协商对相应的专用合同条款进行修改补充。在使用专用合同条款时，应注意以下事项。

①专用合同条款的编号应与相应的通用合同条款的编号一致。

②合同当事人可以通过对专用合同条款的修改，满足具体建设工程的特殊要求，避免直接修改通用合同条款。

③在专用合同条款中有横道线的地方，合同当事人可针对相应的通用合同条款进行细化、完善、补充、修改或另行约定；如无细化、完善、补充、修改或另行约定，则填写“无”或画“/”。

2.合同格式

合同格式主要包括合同协议书格式、履约担保格式和预付款担保格式。

（五）工程量清单

招标工程量清单必须作为招标文件的重要组成部分，其准确性（数量不算错）和完整性（不缺项漏项）应由招标人负责。招标人应将工程量清单连同招标文件一起发（售）给投标人。投标人依据工程量清单进行投标报价时，对工程量清单不负有核实的责任，更不具有修改和调整的权利。如招标人委托工程造价咨询人编制工程量清单，其责任仍由招标人负责。招标工程量清单是工程量清单计价的基础，应作为编制招标控制价、投标报价、计算或调整工程量以及工程索赔等的依据之一。招标工程量清单应以单位（项）工程为单位编制，应由分部分项工程项目清单、措施项目清单、其他项目清单、规费和税金项目清单组成。

（六）图纸

图纸是指应由招标人提供，用于计算招标控制价和投标人计算投标报价所必需的各种详细程度的图纸。

（七）技术标准和要求

1.一般要求

对工程的说明，相关资料的提供，合同界面的管理以及整个交易过程涉及问题的具体要求。

（1）工程说明。简要描述工程概况，工程现场条件和周围环境、地质及水文资料，以及资料和信息的使用。合同文件中载明的涉及本工程现场条件、周围环境、地质及水文等情况的资料和信息数据，是发包人现有的和客观的，发包人保证有关资料和信息数据的真实、准确。但承包人据此作出的推论、判断和决策，由承包人自行负责。

（2）发、承包的承包范围、工期要求、质量要求及适用规范和标准。发、承包的承包范围关键是对合同界面的具体界定，特别是对暂列金额和甲方提供材料等要详细地界定责任和义务。如果承包人在投标函中承诺的工期和计划的开、竣工日期之间发生矛盾或者不一致时，以承包人承诺的工期为准。实际开工日期以通用合同条款约定的监理人发出的开工通知中载明的开工日期为准。如果承包人在投标函附录中承诺的工期提前于发包人在工程招标文件中所要求的工期，承包人在施工组织设计中应当制定相应的工期保证措施，由此而增加的费用，应当被认为已经包括在投标总报价中。除合同另有约定外，合同履约过程中发包人不会再向承包人支付任何性质的技术措施费用、赶工费用或其他任何性质的提前完工奖励等费用。工程要求的质量标准为符合现行国家有关工程施工验收规范和标准的要求（合格）。如果针对特定的项目、特定的业主，对项目有特殊质量要求的，要详细约定。工程使用现行国家、行业和地方规范、标准和规程。

（3）安全防护和文明施工、安全防卫及环境保护。在工程施工、竣工、交付及修补任何缺陷的过程中，承包人应当始终遵守国家和地方有关安全生产的法律、法规、规范、标准和规程等，按照通用合同条款的约定履行其安全施工职责。现场应有安全警示标志，并进行检查工作。要配备专业的安全防卫人员，并制定详细的巡查管理细则。在工程施工、完工及修补任何缺陷的过程中，承包人应当始终遵守国家和工程所在地有关环境保护、水土保护和污染防治的法律、法规、规章、规范、标准和规程等，按照通用合同条款的约定，履行其环境与生态保护职责。

（4）有关材料、进度、进度款、竣工结算等的技术要求。用于工程的材料，应有说明书、生产（制造）许可证书、出厂合格证明或者证书、出厂检测报告、性能介绍以及使用说明等相关资料，并注明材料和工程设备的供货人及品种、规格、数量和供货时间等，以供检验和审批。对进度报告和进度例会的参加人员、内容等的详细规定和要求。对于预付款、进度款及竣工结算款的详细规定和要求。

2.特殊技术标准和要求

为了方便承包人直观和准确地把握工程所用部分材料和工程设备的技术标准，承包人自行施工范围内的部分材料和工程设备技术要求，要具体描述和细化。如果有新技术、新工艺和新材料的使用，要有新技术、新工艺和新材料及相应使用的操作说明。

3.适用的国家、行业以及地方规范、标准和规程

需要列出规范、标准、规程等的名称、编号等内容，由招标人根据国家、行业和地方现行标准、规范和规程等，以及项目具体情况进行摘录。

（八）投标文件格式

投标文件格式提供各种投标文件编制所应依据的参考格式，包括投标函及投标函附录、法定代表人的身份证明、授权委托书、联合体协议书、投标保证金、已标价工程量清单、施工组织设计、项目管理机构、拟分包项目情况表、资格审查资料及其他材料等。

（九）投标人须知前附表规定的其他材料

如需要其他材料，应在“投标人须知前附表”中予以规定。

二、招标文件的澄清和修改

（一）招标文件的澄清

投标人应仔细阅读和检查招标文件的全部内容。如发现缺页或附件不全的问题，应及时向招标人提出，以便补齐。如有疑问，应在投标人须知前附表规定的时间内，以书面形式（包括信函、电报、传真等可以有形地表现所载内容的形式），要求招标人对招标文件予以澄清。招标文件的澄清将在投标人须知前附表规定的投标截止时间15天前，以书面形式发给所有购买招标文件的投标人，但不指明澄清问题的来源。如果澄清发出的时间距投标截止时间不足15天，则要相应延长投标截止时间。投标人在收到澄清后，应在投标人须知前附表规定的时间内，以书面形式通知招标人，确认招标人已收到该澄清。

（二）招标文件的修改

在投标截止时间15天前，招标人可以书面形式修改招标文件，并通知所有已购买招标文件的投标人。如果修改招标文件的时间距投标截止时间不足15天，则要相应延长投标截止时间。投标人收到修改内容后，应在投标人须知前附表规定的时间内，以书面形式通知招标人，确认招标人已收到该修改。

三、建设项目施工招标过程中其他文件的主要内容

（一）资格预审公告和招标公告的内容

（1）资格预审公告具体内容包括以下9项。

①招标条件。明确拟招标项目已符合前述的招标条件。

②项目概况与招标范围。说明本次招标项目的建设地点、规模、计划工期、合同估算价、招标范围和标段划分（如果有）等。

③申请人资格要求。包括对申请人资质、业绩、人员、设备及资金等方面具备相应的施工能力的审查，以及是否接受联合体资格预审申请的要求。

④资格预审方法。明确采用合格制或有限数量制。

⑤申请报名。明确规定报名具体时间、截止时间及地址。

⑥资格预审文件的获取。规定符合要求的报名者应持单位介绍信购买资格预审文件，并说明获取资格预审文件的时间、地点和费用。

⑦资格预审申请文件的递交。说明递交资格预审申请文件截止时间，并规定逾期送达或者未送达指定地点的资格预审申请文件，招件人不予受理。

⑧发布公告的媒介。

⑨联系方式。

（2）招标公告的内容。采用公开招标方式的，招标人应当发布招标公告，邀请不特定的法人或者其他组织投标。依法必须进行施工招标项目的招标公告，应当在国家指定的报刊和信息网络上发布。采用邀请招标方式的，招标人应当向三家以上具备承担施工招标项目能力、资信良好的特定的法人或者其他组织发出投标邀请书。招标公告或者投标邀请书应当至少载明下列内容。

①招标人的名称和地址。

②招标项目的内容、规模及资金来源。

③招标项目的实施地点和工期。

④获取招标文件或者资格预审文件的地点和时间。

⑤对招标文件或者资格预审文件收取的费用。

⑥对招标人资质等级的要求。

（二）资格审查文件的内容与要求

资格审查可分为资格预审和资格后审。资格预审是指在投标前对潜在投标人进行的资格审查；资格后审是指在开标后对投标人进行的资格审查。进行资格预审的，一般不再进行资格后审，但招标文件另有规定的除外。

1.资格预审文件的内容

采取资格预审的，招标人应当在资格预审文件中载明资格预审的条件、标准和方法；采取资格后审的，招标人应当在招标文件中载明对投标人资格要求的条件、标准和方法。招标人不得改变载明的资格条件或者以没有载明的资格条件对潜在投标人或者投标人进行资格审查。经资格预审后，招标人应当向资格预审合格的潜在投标人发出资格预审合格通知书，告知获取招标文件的时间、地点和方法，并同时向资格预审不合格的潜在投标人告知资格预审结果。资格预审不合格的潜在投标人不得参加投标。对于经资格后审不合格的投标人的投标应予否决。

2.资格预审申请文件的内容

资格预审申请文件应包括下列内容。

（1）资格预审申请函。

（2）法定代表人身份证明或附有法定代表人身份证明的授权委托书。

（3）联合体协议书。

（4）申请人基本情况表。

（5）近年财务状况表。

（6）近年完成的类似项目情况表。

（7）正在施工和新承接的项目情况表。

（8）近年发生的诉讼及仲裁情况。

（9）其他材料。

3.资格审查的主要内容

资格审查应主要审查潜在投标人或者投标人是否符合下列条件。

（1）具有独立订立合同的权利。

（2）具有履行合同的能力，包括专业、技术资格和能力，资金、设备和其他物质设施状况，管理能力、经验、信誉和相应的从业人员。

（3）没有处于被责令停业，投标资格被取消，财产被接管、冻结及破产状态。

（4）在最近3年内没有骗取中标和严重违约及重大工程质量问题。

（5）国家规定的其他资格条件。

资格审查时，招标人不得以不合理的条件限制、排斥潜在投标人或者投标人，不得对潜在投标人或者投标人实行歧视待遇。任何单位和个人不得以行政手段或者其他不合理方式限制投标人的数量。

四、编制施工招标文件应注意的问题

编制出完整、严谨、科学、合理、客观公正的招标文件是招标成功的关键环节。

一份完善的招标文件，对承包商的投标报价、标书编制乃至中标后项目的实施均具有重要的指导作用，而一份粗制滥造的招标文件，则会引起一系列合同纠纷。因此，编制人员需要针对工程项目特点，对工程项目进行总体策划，选择恰当的编制方法，严格按照招标文件的编制原则，编制出内容完整、科学合理的招标文件。

（一）工程项目的总体策划

编制招标文件前，应做好充分的准备工作，最重要的工作之一就是工程项目的总体策划。总体策划重点考虑的内容有承、发包模式的确定，工程的合理分标（合同数量的确定），计价模式的确定，合同类型的选择以及合同主要条款的确定等。

1.承发包模式的确定

一个施工项目的全部施工任务可以只发一个合同包招标，即采取施工总承包模式。在这种模式下，招标人仅与一个中标人签订合同，合同关系简单，业主合同管理工作也比较简单，但有能力参加竞争的投标人较少。若采取平行承发包模式，将全部施工任务分解成若干个单位工程或特殊专业工程分别发包，则需要进行合理的工程分标，招标发包数量多，招标评标工作量就大。工程项目施工是一个复杂的系统工程，影响因素众多。因此，采用何种承、发包模式，如何进行工程分标，应从施工内容的专业要求、施工现场条件、对工程总投资的影响、建设资金筹措情况以及设计进度等多方面综合考虑。

2.计价模式的确定

采用工程量清单招标的工程，必须依据“13计价规范”的“四统一”原则，采用综合单价计价。招标文件提供的工程量清单和工程量清单计价格式必须符合国家规范的规定。

3.合同类型的选择

按计价方式不同，合同可分为总价合同、单价合同和成本加酬金合同。应依据招标时工程项目设计图纸和技术资料的完备程度、计价模式、承发包模式等因素确定采用何种合同类型。

（二）编制招标文件应注意的重点问题

1.重点内容的醒目标示

招标文件必须明确招标工程的性质、范围和有关的技术规格标准，对于规定的实质性要求和条件，应当在招标文件中用醒目的方式标明。

（1）单独分包的工程。招标工程中需要另行单独分包的工程必须符合政府有关工程分包的规定，且必须明确总包工程需要分包工程配合的具体范围和内容，将配合费用的计算规则列入合同条款。

（2）甲方提供材料。涉及甲方提供材料、工作等内容的，必须在招标文件中载明，并将明确的结算规则列入合同主要条款。

（3）施工工期。招标项目需要划分标段、确定工期的，招标人应当合理划分标段、确定工期，并在招标文件中载明。对工程技术上联系紧密、不可分割的单位工程不得分割标段。

（4）合同类型。招标文件应明确说明招标工程的合同类型及相关内容，并将其列入主要合同条款。

采用固定价合同的，必须明确合同价应包括的内容、数量、风险范围及超出风险范围的调整方法和标准。工期超过12个月的工程应慎用固定价合同；采用可调价合同的，必须明确合同价的可调因素、调整控制幅度及其调整方法；采用成本加酬金合同（费率招标）的工程，必须明确酬金（费用）计算标准（或比例）、成本计算规则以及价格取定标准等所有涉及合同价的因素。

2.合同主要条款

合同主要条款不得与招标文件有关条款存在实质性的矛盾。如固定价合同的工程，在合同主要条款中不应出现“按实调整”的字样，而必须明确量、价变化时的调整控制幅度和价格确定规则。

3.关于招标控制价

招标项目需要编制招标控制价的，有资格的招标人可以自行编制或委托咨询机构编制。一个工程只能编制一个招标控制价。施工图中存在的不确定因素，必须如实列出，并由招标控制价编制人员与发包方协商确定暂定金额，同时，应在规定的时间内作为招标文件的补充文件送达全部投标人。招标控制价不作为评标、决标的依据，仅供参考。

4.明确工程评标办法

（1）招标文件应明确评标时除价格外的所有评标因素，以及如何将这些因素量化或者据以进行评价的方法。

（2）招标文件应根据工程的具体情况和业主需求设定评标的主体因素（造价、质量和工期），并按主体因素设定不同的技术标、商务标评分标准。

（3）招标文件中规定的评标标准和评标方法应当合理，不得含有倾向或者排斥潜在投标人的内容，不得设定妨碍或者限制投标人之间竞争的条件，不应在招标文件中设定投标人降价（或优惠）幅度作为评标（或废标）的限制条件。

（4）招标文件必须说明废标的认定标准和认定方法。

5.关于备选标

招标文件应明确是否允许投标人投备选标，并应明确备选标的评审和采纳规则。

6.明确询标事项

招标文件应明确评标过程的询标事项，规定投标人对投标函在询标过程的补正规则及不予补正时的偏差量化标准。

7.工程量清单的修改

采用工程量清单招标的工程，招标文件必须明确工程量清单编制偏差的核对、修正规则。招标文件还应考虑当工程量清单误差较大，经核对后，招标人与中标人不能达成一致调整意向时的处理措施。

8.关于资格审查

采取资格预审的，招标人应当在资格预审文件中载明资格预审的条件、标准和方法；采取资格后审的，招标人应当在招标文件中载明对投标人资格要求的条件、标准和审查方法。

9.招标文件修改的规定

招标文件必须载明招投标各环节所需要的合理时间及招标文件修改必须遵循的规则。当对投标人提出的投标疑问需要答复，或者招标文件需要修改，不能符合有关法律法规要求的截标间隔时间规定时，必须修改截标时间，并以书面形式通知所有投标人。

10.有关盖章、签字的要求

招标文件应明确投标文件中所有需要签字、盖章的具体要求。

第二节　招标工程量清单与招标控制价的编制

一、招标工程量清单的编制

招标工程量清单是指招标人依据国家标准、招标文件和设计文件，以及施工现场实际情况编制的，随招标文件发布供投标报价的工程量清单，包括其说明和表格，是招标阶段供投标人报价的工程量清单，是对工程量清单的进一步具体化。

（一）招标工程量清单编制依据及准备工作

1.招标工程量清单的编制依据

建设工程工程量清单是招标文件的组成部分，是编制招标控制价、投标报价、计算或调整工程量、索赔等的依据之一。招标工程量清单应由具有编制能力的招标人或受其委托、具有相应资质的工程造价咨询人编制。

工程量清单编制应依据以下内容。

（1）“13计价规范”和相关工程的国家计量规范。

（2）国家或省级、行业建设主管部门颁发的计价定额和办法。

（3）建设工程设计文件及相关资料。

（4）与建设工程有关的标准、规范及技术资料。

（5）拟定的招标文件。

（6）施工现场情况、地勘水文资料、工程特点及常规施工方案。

（7）其他相关资料。

2.招标工程量清单编制的准备工作

招标工程量清单编制的相关工作在搜集资料包括编制依据的基础上，需进行以下工作。

（1）初步研究。对各种资料进行认真研究，为工程量清单的编制做准备。主要包括以下三个方面。

①熟悉“13计价规范”“13计量规范”及当地计价规定及相关文件；熟悉设计文

件，掌握工程全貌，便于清单项目列项的完整、工程量的准确计算及清单项目的准确描述，对设计文件中出现的问题应及时提出。

②熟悉招标文件和招标图纸，确定工程量清单编审的范围及需要设定的暂估价；搜集相关市场价格信息，为暂估价的确定提供依据。

③对“13计价规范”缺项的新材料、新技术、新工艺，收集足够的基础资料，为补充项目的制定提供依据。

（2）现场踏勘。为了选用合理的施工组织设计和施工技术方案，需进行现场踏勘，以充分了解施工现场情况及工程特点，主要对以下两个方面进行调查。

①自然地理条件：工程所在地的地理位置、地形、地貌、用地范围等；气象、水文情况，包括气温、湿度、降雨量等；地质情况，包括地质构造及特征、承载能力等；地震、洪水及其他自然灾害情况。

②施工条件：工程现场周围的道路、进出场条件、交通限制情况；工程现场施工临时设施、大型施工机具、材料堆放场地的安排情况；工程现场邻近建筑物与招标工程的间距、结构形式、基础埋深、新旧程度、高度；市政给水排水管线位置、管径、压力，废水、污水处理方式，市政、消防供水管道管径、压力、位置等；现场供电方式、方位、距离、电压等；工程现场通信线路的连接和铺设；当地政府有关部门对施工现场管理的一般要求和特殊要求及规定等。

（3）拟订常规施工组织设计。施工组织设计是指导拟建工程项目的施工准备和施工的技术经济文件。根据项目的具体情况编制施工组织设计，拟定工程的施工方案、施工顺序、施工方法等，便于工程量清单的编制及准确计算，特别是工程量清单中的措施项目。施工组织设计编制的主要依据是招标文件中的相关要求，设计文件中的图纸及相关说明，现场踏勘资料，有关定额，现行有关技术标准、施工规范或规则等。作为招标人，仅需拟订常规的施工组织设计即可。在拟定常规的施工组织设计时需注意以下问题：

①估算整体工程量。根据概算指标或类似工程进行估算，且仅对主要项目加以估算即可，如土石方、混凝土等。

②拟定施工总方案。施工总方案只需对重大问题和关键工艺作原则性的规定，不需考虑施工步骤，主要包括施工方法、施工机械设备的选择、科学的施工组织、合理的施工进度、现场的平面布置及各种技术措施。制订总方案要满足以下原则：从实际出发，符合现场的实际情况，在切实可行的范围内尽量求其先进和快速；满足工期的要求；确保工程质量和施工安全；尽量降低施工成本，使方案更加经济合理。

③确定施工顺序。合理确定施工顺序需要考虑以下几点：各分部分项工程之间的关系；施工方法和施工机械的要求；当地的气候条件和水文要求；施工顺序对工期的影响。

④编制施工进度计划。施工进度计划要满足合同对工期的要求，在不增加资源的前提下尽量提前。编制施工进度计划时要处理好工程中各分部工程、分项工程、单位工程之间的关系，避免出现施工顺序的颠倒或工种相互冲突。

⑤计算人工、材料、机具资源需求量。人工工日数量根据估算的工程量、选用的定额、拟定的施工总方案、施工方法及要求的工期来确定，并考虑节假日、气候等的影响。材料需要量主要根据估算的工程量和选用的材料消耗定额进行计算。机具台班数量则根据施工方案确定选择机械设备方案及仪器仪表和种类的匹配要求，再根据估算的工程量和机具消耗定额进行计算。

⑥施工平面的布置。施工平面布置是根据施工方案、施工进度要求，对施工现场的道路交通、材料仓库、临时设施等进行合理的规划布置，主要包括建设项目施工总平面图上的一切地上、地下已有和拟建的建筑物如构筑物以及其他设施的位置和尺寸；所有为施工服务临时设施的布置位置，如施工用地范围，施工用道路，材料仓库，取土与弃土位置，水源、电源位置，安全、消防设施位置，永久性测量放线标桩位置等。

（二）招标工程量清单的编制内容

1.分部分项工程项目清单编制

分部分项工程项目清单所反映的是拟建工程分部分项工程项目名称和相应数量的明细清单，招标人负责包括项目编码、项目名称、项目特征、计量单位和工程量计算在内的5项内容。

（1）项目编码。分部分项工程项目清单的项目编码，应根据拟建工程的工程量清单项目名称设置，同一招标工程的项目编码不得有重码。

（2）项目名称。分部分项工程项目清单的项目名称应按“13计量规范”附录的项目名称结合拟建工程的实际确定。在分部分项工程项目清单中所列出的项目，应是在单位工程的施工过程中以其本身构成该单位工程实体的分项工程，但应注意以下两点。

①当在拟建工程的施工图纸中有体现，并且在“13计量规范”附录中也有相对应的项目时，则根据附录中的规定直接列项，计算工程量，确定其项目编码。

②当在拟建工程的施工图纸中有体现，但在“13计量规范”中没有相对应的项目，并且在附录项目的“项目特征”或“工程内容”中也没有提示时，则必须编制针对这些分项工程的补充项目，在清单中单独列项并在清单的编制说明中注明。

（3）项目特征。工程量清单的项目特征是确定一个清单项目综合单价不可缺少的重要依据，在编制工程量清单时，必须对项目特征进行准确和全面的描述。但有些项目特征用文字往往又难以准确和全面地描述。为达到规范、简洁、准确、全面描述项目特征的要求，在描述工程量清单项目特征时应按以下原则进行。

①项目特征描述的内容应按“13计量规范”附录中的规定，结合拟建工程的实际，满足确定综合单价的需要。

②若采用标准图集或施工图纸能够全部或部分满足项目特征描述的要求，项目特征的描述可直接采用详见××图集或××图号的方式。对不能满足项目特征描述要求的部分，仍应用文字描述。

（4）计量单位。分部分项工程项目清单的计量单位与有效位数应遵守“13计量规范”规定。当附录中有两个或两个以上计量单位的，应结合拟建工程项目的实际选择其中一个确定。

（5）工程量的计算。分部分项工程项目清单中所列工程量应按专业工程量计算规范规定的工程量计算规则计算。另外，对补充项的工程量计算规则必须符合其计算规则要具有可计算性，计算结果要具有唯一性的原则。工程量的计算是一项繁杂而又细致的工作，为了计算的快速准确，以及尽量避免漏算或重算，必须依据一定的计算原则及方法。

①计算口径一致。根据施工图列出的工程量清单项目，必须与专业工程量计算规范中相应清单项目的口径相一致。

②按工程量计算规则计算。工程量计算规则是综合确定各项消耗指标的基本依据，也是具体工程测算和分析资料的基准。

③按图纸计算。工程量按每一分项工程，根据设计图纸进行计算，计算时采用的原始数据必须以施工图纸所表示的尺寸或施工图纸能读出的尺寸为准进行计算，不得任意增减。

④按一定顺序计算。计算分部分项工程量时，可以按照定额编目顺序或按照施工图专业顺序依次进行计算。对于计算同一张图纸的分项工程量时，一般可采用以下几种顺序：按顺时针或逆时针顺序计算，按先横后纵顺序计算，按轴线编号顺序计算，按施工先后顺序计算，按定额分部分项顺序计算。

2.措施项目清单编制

措施项目清单是指为完成工程项目施工，发生于该工程施工准备和施工过程中的技术、生活、安全、环境保护等方面的项目清单，措施项目分单价措施项目和总价措施项目。

措施项目清单的编制需考虑多种因素，除工程本身的因素外，还涉及水文、气象、环境、安全等因素。措施项目清单应根据拟建工程的实际情况列项，若出现“13计价规范”中未列的项目，可根据工程实际情况补充。项目清单的设置要考虑拟建工程的施工组织设计、施工技术方案、相关的施工规范与施工验收规范，招标文件中提出的某些必须通过一定的技术措施才能实现的要求，设计文件中一些不足以写进技术方案的但是要通过一定的技术措施才能实现的内容。

3.其他项目清单的编制

其他项目清单是应招标人的特殊要求而发生的与拟建工程有关的其他费用项目和相应数量的清单。工程建设标准的高低、工程的复杂程度、工程的工期长短、工程的组成内容、发包人对工程管理要求等都直接影响到其具体内容。当出现未包含在表格中的内容的项目时，可根据实际情况补充，其中：

（1）暂列金额。暂列金额是指招标人暂定并包括在合同中的一笔款项。用于工程合同签订时尚未确定或者不可预见的所需材料、工程设备、服务的采购，施工中可能发生的工程变更、合同约定调整因素出现时的合同价款调整以及发生的索赔、现场签证确认等的费用。此项费用由招标人填写其项目名称、计量单位、暂定金额等，若不能详列，也可只列暂定金额总额。由于暂列金额由招标人支配，实际发生后才得以支付，因此，在确定暂列金额时应根据施工图纸的深度、暂估价设定的水平、合同价款约定调整的因素以及工程实际情况合理确定。一般可按分部分项工程项目清单的10%～15%确定，不同专业预留的暂列金额应分别列项。

（2）暂估价。暂估价是招标人在招标文件中提供的用于支付必然要发生但暂时不能确定价格的材料、工程设备的单价以及专业工程的金额。一般来说，为方便合同管理和计价，需要纳入分部分项工程量项目综合单价中的暂估价，应只是材料、工程设备暂估单价，以方便投标与组价。以“项”为计量单位给出的专业工程暂估价一般应是综合暂估价，即应当包括除规费、税金外的管理费、利润等。

（3）计日工是为了解决现场发生的工程合同范围以外的零星工作或项目的计价而设立的。计日工为额外工作的计价提供一个方便快捷的途径。计日工对完成零星工作所消耗的人工工时、材料数量、机具台班进行计量，并按照计日工表中填报的适用项目的单价进行计价支付。编制计日工表格时，一定要给出暂定数量，并且需要根据经验，尽可能估算一个比较贴近实际的数量，且尽可能把项目列全，以消除因此而产生的争议。

（4）总承包服务费是为了解决招标人在法律法规允许的条件下，进行专业工程发包以及自行采购供应材料、设备时，要求总承包人对发包的专业工程提供协调和配合服务，对供应的材料、设备提供收发和保管服务，以及对施工现场进行统一管理，对竣工资料进行统一汇总整理等发生并向承包人支付的费用。招标人应当按照投标人的投标报价支付该项费用。

4.规费税金项目清单的编制

规费税金项目清单应按照规定的内容列项，当出现规范中没有的项目时，应根据省级政府或有关部门的规定列项。税金项目清单除规定的内容外，如国家税法发生变化或增加税种，应对税金项目清单进行补充。规费、税金的计算基础和费率均应按国家或地方相关部门的规定执行。

5.工程量清单总说明的编制

工程量清单总说明编制包括以下内容。

（1）工程概况。工程概况中要对建设规模、工程特征、计划工期、施工现场实际情况、自然地理条件、环境保护要求等进行描述。其中，建设规模是指建筑面积；工程特征应说明基础及结构类型、建筑层数、高度、门窗类型及各部位装饰、装修做法；计划工期是指按工期定额计算的施工天数；施工现场实际情况是指施工场地的地表状况；自然地理条件是指建筑场地所处地理位置的气候及交通运输条件；环境保护要求是针对施工噪声及材料运输可能对周围环境造成的影响和污染所提出的防护要求。

（2）工程招标及分包范围。招标范围是指单位工程的招标范围，如建筑工程招标范围为“全部建筑工程”，装饰装修工程招标范围为“全部装饰装修工程”，或招标范围不含桩基础、幕墙、门窗等。工程分包是指特殊工程项目的分包，如招标人自行采购安装“铝合金门窗”等。

（3）工程量清单编制依据。包括建设工程工程量清单计价规范、设计文件、招标文件、施工现场情况、工程特点及常规施工方案等。

（4）工程质量、材料、施工等的特殊要求。工程质量的要求是指招标人要求拟建工程的质量应达到合格或优良标准；对材料的要求，是指招标人根据工程的重要性、使用功能及装饰装修标准提出，诸如对水泥的品牌、钢材的生产厂家、花岗石的出产地、品牌等的要求；施工要求，一般是指建设项目中对单项工程的施工顺序等的要求。

（5）其他需要说明的事项。

6.招标工程量清单汇总

在分部分项工程项目清单、措施项目清单、其他项目清单、规费和税金项目清单编制完成以后，经审查复核，与工程量清单封面及总说明汇总并装订，由相关责任人签字和盖章，形成完整的招标工程量清单文件。

二、招标控制价编制

招标控制价是指招标人根据国家或省级、行业建设主管部门颁发的有关计价的依据和办法，以及招标文件和设计图纸计算的，对招标工程限定的最高工程造价。招标控制价应由具有编制能力的招标人，或受其委托具有相应资质的工程造价咨询人编制。工程造价咨询人接受招标人委托编制招标控制价，不得再就同一工程接受投标人委托编制投标报价。招标控制价应该编制得符合实际，力求准确、客观，不超出工程投资概算金额。当招标控制价超过批准的概算时，招标人应将其报原概算部门审核。

（一）招标控制价的编制依据

招标控制价应根据下列依据编制与复核。

（1）“13计价规范”。

（2）国家或省级、行业建设主管部门颁发的计价定额和计价办法。

（3）建设工程设计文件及相关资料。

（4）拟定的招标文件及招标工程量清单。

（5）与建设项目相关的标准、规范、技术资料。

（6）施工现场情况、工程特点及常规施工方案。

（7）工程造价管理机构发布的工程造价信息，当工程造价信息没有发布时，参照市场价。

（8）其他相关资料。

（二）招标控制价的编制内容

1.招标控制价计价程序

建设工程的招标控制价反映的是单位工程费用，各单位工程费用是由分部分项工程费、措施项目费、其他项目费、规费和税金组成。

2.分部分项工程费的编制

分部分项工程费应根据招标文件中的分部分项工程项目清单及有关要求，按“13计价规范”有关规定确定综合单价计价。

（1）综合单价的组价过程。招标控制价的分部分项工程费应由各单位工程的招标工程量清单中给定的工程量乘以其相应综合单价汇总而成。综合单价应按照招标人发布的分部分项工程项目清单的项目名称、工程量、项目特征描述，依据工程所在地区颁发的计价定额和人工、材料、机具台班价格信息等进行组价确定。

（2）综合单价中的风险因素。为使招标控制价与投标报价所包含的内容一致，综合单价中应包括招标文件中要求投标人所承担的风险内容及其范围（幅度）产生的风险费用。

①对于技术难度较大和管理复杂的项目，可考虑一定的风险费用，并纳入综合单价。

②对于工程设备、材料价格的市场风险，应依据招标文件的规定，工程所在地或行业工程造价管理机构的有关规定，以及市场价格趋势考虑一定率值的风险费用，纳入综合单价。

③税金、规费等法律、法规、规章和政策变化的风险和人工单价等风险费用不应纳入综合单价。

3.措施项目费的编制

（1）措施项目费中的安全文明施工费应当按照国家或省级、行业建设主管部门的规定标准计价，该部分不得作为竞争性费用。

（2）措施项目应按招标文件中提供的措施项目清单确定，措施项目分为以“量”计算和以“项”计算两种。对于可计量的措施项目，以“量”计算即按其工程量用与分部分项工程项目清单单价相同的方式确定综合单价；对于不可计量的措施项目，则以“项”为单位，采用费率法按有关规定综合取定，采用费率法时需确定某项费用的计费基数及其费率，结果应是包括除规费、税金以外的全部费用。

第三节　投标报价的编制

一、施工投标的概念与程序

建设工程投标是指投标人（承包人、施工单位等）为了获取工程任务而参与竞争的一种手段，也就是投标人在同意招标人在招标文件中所提出的条件和要求的前提下，对招标项目估计自己的报价，在规定的日期内填写标书并递交给招标人，参加竞争及争取中标的过程。整个投标过程需遵循如下程序进行。

（1）获取招标信息、投标决策。

（2）申报资格预审（若资格预审未通过到此结束），购买招标文件。

（3）组织投标班子，选择咨询单位，现场勘察。

（4）计算和复核工程量、业主答复问题。

（5）询价及市场调查，制定施工规划。

（6）制订资金计划，投标技巧研究。

（7）选择定额，确定费率，计算单价及汇总投标价。

（8）投标价评估及调整、编制投标文件。

（9）封送投标书、保函（后期）开标。

（10）评标（若未中标到此结束）、定标。

（11）办理履约保函、签订合同。

二、编制投标文件

（一）投标文件的内容

投标人应当按照招标文件的要求编制投标文件。投标文件应当包括下列内容。

（1）投标函及投标函附录。

（2）法定代表人身份证明或附有法定代表人身份证明的授权委托书。

（3）联合体协议书（如工程允许采用联合体投标）。

（4）投标保证金。

（5）已标价工程量清单。

（6）施工组织设计。

（7）项目管理机构。

（8）拟分包项目情况表。

（9）资格审查资料。

（10）规定的其他材料。

（二）投标文件编制时应遵循的规定

（1）投标文件应按“投标文件格式”进行编写，如有必要，可以增加附页，作为投标文件的组成部分。其中，投标函附录在满足招标文件实质性要求的基础上，可以提出比招标文件要求更有利于招标人的承诺。

（2）投标文件应由投标人的法定代表人或其委托代理人签字和盖单位章。由委托代理人签字的，投标文件应附法定代表人签署的授权委托书。投标文件应尽量避免涂改、行间插字或删除。如果出现上述情况，改动之处应加盖单位章或由投标人的法定代表人或其授权的代理人签字确认。

（3）投标文件正本一份，副本份数按招标文件有关规定。正本和副本的封面上应清楚地标记“正本”或“副本”的字样。投标文件的正本与副本应分别装订成册，并编制目录。当副本和正本不一致时，以正本为准。

（4）除招标文件另有规定外，投标人不得递交备选投标方案。允许投标人递交备选投标方案的，只有中标人所递交的备选投标方案方可予以考虑。评标委员会认为中标人的备选投标方案优于其按照招标文件要求编制的投标方案的，招标人可以接受该备选投标方案。

（三）投标文件的递交

投标人应当在招标文件规定的提交投标文件的截止时间前，将投标文件密封送达投标地点。招标人收到招标文件后，应当向投标人出具标明签收人和签收时间的凭证，在开标前任何单位和个人不得开启投标文件。在招标文件要求提交投标文件的截止时间后送达或未送达指定地点的投标文件，为无效的投标文件，招标人不予受理。有关投标文件的递交还应注意以下问题。

1.投标保证金与投标有效期

（1）投标人在递交投标文件的同时，应按规定的金额形式递交投标保证金，并作为其投标文件的组成部分。联合体投标的，其投标保证金由牵头人或联合体各方递交，并应符合规定。投标保证金除现金外，可以是银行出具的银行保函、保兑支票、银行汇票或现金支票。投标保证金的数额不得超过项目估算价的2%，且最高不超过80万元。依法必须进行招标的项目的境内投标单位，以现金或者支票形式提交的投标保证金应当从其基本账户转出。投标人不按要求提交投标保证金的，其投标文件应被否决。出现下列情况的，投标保证金将不予返还。

①投标人在规定的投标有效期内撤销或修改其投标文件；

②中标人在收到中标通知书后，无正当理由拒签合同协议书或未按招标文件规定提交履约担保。

（2）投标有效期。投标有效期从投标截止时间起开始计算，主要用作组织评标委员会评标、招标人定标、发出中标通知书，以及签订合同等工作，一般考虑以下因素。

①组织评标委员会完成评标需要的时间；

②确定中标人需要的时间；

③签订合同需要的时间。

一般项目投标有效期为60～90天，大型项目为120天左右。投标保证金的有效期应与投标有效期保持一致。出现特殊情况需要延长投标有效期的，招标人以书面形式通知所有投标人延长投标有效期。投标人同意延长的，应相应延长其投标保证金的有效期，但不得要求或被允许修改或撤销其投标文件；投标人拒绝延长的，其投标失效，但投标人有权收回其投标保证金。

2.投标文件的递交方式

（1）投标文件的密封和标识。投标文件的正本与副本应分开包装，加贴封条，并在封套上清楚标记“正本”或“副本”字样，于封口处加盖投标人单位章。

（2）投标文件的修改与撤回。在规定的投标截止时间前，投标人可以修改或撤回已递交的投标文件，但应以书面形式通知招标人。在招标文件规定的投标有效期内，投标人不得要求撤销或修改其投标文件。

（3）费用承担与保密责任。投标人准备和参加投标活动发生的费用自理。参与招标投标活动的各方应对招标文件和投标文件中的商业和技术等秘密保密，违者应对由此造成的后果承担法律责任。

第四节　中标价及合同价款的约定

一、签约合同价与中标价的关系

签约合同价是指合同双方签订合同时在协议书中列明的合同价格，对于以单价合同形式招标的项目，工程量清单中各种价格的总计即为合同价。合同价就是中标价，因为中标价是指评标时经过算术修正的、并在中标通知书中申明招标人接受的投标价格。经公示后招标人向投标人所发出的中标通知书（投标人向招标人回复确认中标通知书已收到），中标的中标价就受到法律保护，招标人不得以任何理由反悔。这是因为，合同价格属于招标投标活动中的核心内容，招标人和中标人应当按照招标文件和中标人的投标文件订立书面合同，招标人和中标人不得再行订立背离合同实质性内容的其他协议之规定，发包人应根据中标通知书确定的价格签订合同。

二、工程合同价款约定一般规定

（1）实行招标的工程合同价款应在中标通知书发出之日起30天内，由发、承包双方依据招标文件和中标人的投标文件在书面合同中约定。合同约定不得违背招标、投标文件中关于工期、造价和质量等方面的实质性内容。招标文件与中标人投标文件不一致的地方，应以投标文件为准。工程合同价款的约定是建设工程合同的主要内容，根据有关法律条款的规定，工程合同价款的约定应满足以下四个方面的要求。

①约定的依据要求：招标人向中标的投标人发出的中标通知书。

②约定的时间要求：自招标人发出中标通知书之日起30天内。

③约定的内容要求：招标文件和中标人的投标文件。

④合同的形式要求：书面合同。

在工程招标投标及建设工程合同签订过程中，招标文件应视为要约邀请，投标文件为要约，中标通知书为承诺。因此，在签订建设工程合同时，若招标文件与中标人的投标文件有不一致的地方，应以投标文件为准。

（2）不实行招标的工程合同价款，应在发、承包双方认可的工程价款基础上，由发、承包双方在合同中约定。

三、合同价款约定内容

（一）工程价款进行约定的基本事项

建筑工程造价应当按照国家有关规定，由发包单位与承包单位在合同中约定。公开招标发包的，其造价的约定，须遵守招标投标法律的规定。发、承包双方应在合同中对工程价款进行如下基本事项的约定。

（1）预付工程款的数额、支付时间及抵扣方式。预付工程款是发包人为解决承包人在施工准备阶段资金周转问题提供的协助。如使用的水泥、钢材等大宗材料，可根据工程具体情况设置工程材料预付款。应在合同中约定预付款数额，可以是绝对数，如50万元、100万元，也可以是额度，如合同金额的10%、15%等；约定支付时间，如合同签订后一个月支付、开工日前7天支付等；约定抵扣方式，如在工程进度款中按比例抵扣；约定违约责任，如不按合同约定支付预付款的利息计算，违约责任等。

（2）安全文明施工措施的支付计划、使用要求等。

（3）工程计量与进度款支付。应在合同中约定计量时间和方式，可按月计量，如每月30天，可按工程形象部位（目标）划分分段计量。进度款支付周期与计量周期保持一致，约定支付时间，如计量后7天、10天支付；约定支付数额，如已完工作量的70%、80%等；约定违约责任，如不按合同约定支付进度款的利率，违约责任等。

（4）合同价款的调整。约定调整因素，如工程变更后综合单价调整，钢材价格上涨超过投标报价时的3%，工程造价管理机构发布的人工费调整等；约定调整方法，如结算时一次调整，材料采购时报发包人调整等；约定调整程序，承包人提交调整报告交发包人，由发包人现场代表审核签字等；约定支付时间与工程进度款支付同时进行等。

（5）索赔与现场签证。约定索赔与现场签证的程序，如由承包人提出、发包人现场代表或授权的监理工程师核对等；约定索赔提出时间，如知道索赔事件发生后的28天内等；约定核对时间，如收到索赔报告后7天以内、10天以内等；约定支付时间，如原则上与工程进度款同期支付等。

（6）承担风险。约定风险的内容范围，如全部材料、主要材料等；约定物价变化调整幅度，如钢材、水泥价格涨幅超过投标报价的3%，其他材料超过投标报价的

5%等。

（7）工程竣工结算。约定承包人在什么时间提交竣工结算书，发包人或其委托的工程造价咨询企业，在什么时间内核对，核对完毕后，在多长时间内支付等。

（8）工程质量保证金。在合同中约定数额，如合同价款的3%等；约定预付方式，如竣工结算一次扣清等；约定归还时间，如质量缺陷期退还等。

（9）合同价款争议。约定解决价款争议的办法：是协商还是调解，如调解由哪个机构调解；如在合同中约定仲裁，应标明具体的仲裁机关名称，以免仲裁条款无效、约定诉讼等。

（10）与履行合同、支付价款有关的其他事项等，需要说明的是，合同中涉及价款的事项较多，能够详细约定的事项应尽可能具体约定，约定的用词应尽可能唯一，如有几种解释，最好对用词进行定义，尽量避免因理解上的歧义造成合同纠纷。

（二）合同中的约定事项或约定的不明事项

合同中没有按照工程价额进行约定的基本要求约定或约定不明的，若发、承包双方在合同履行中发生争议由双方协商确定；当协商不能达成一致时，应按规定执行。合同生效后，当事人就质量、价款或者报酬、履行地点等内容没有约定或者约定不明确的，可以协议补充；不能达成补充协议的，按照合同有关条款或交易习惯确定。因设计变更导致建设工程的工程量或者质量标准发生变化，当事人对该部分工程价款不能协商一致的，可以参照签订建设工程施工合同时当地建设行政主管部门发布的计价方式或者计价标准结算工程价款。

第九章　建设项目施工阶段的工程造价管理

第一节　建设项目施工阶段造价管理概述

一、施工阶段工程造价管理的内容

施工阶段的工程造价管理是通过资金使用计划的编制、实际工程量的计量、工程变更与索赔的预防、处理与费用控制以及合理的工程价款结算等内容实施的，目的是在保证质量、进度的前提下力求将施工阶段造价控制在承包合同价款以内。

二、施工阶段工程造价管理的影响因素

影响施工阶段造价管理的因素主要有施工组织设计的技术经济性和施工阶段的各类风险因素。

（一）施工组织设计

施工组织设计能够协调施工单位之间、单项工程或单位工程之间以及资源使用时间和资金投入时间之间的关系，是实现工期、质量、造价目标的保证。因此，要注意施工组织设计的优化，尽量做到技术的先进性与经济的合理性统一、施工部署的科学性与资金安排、使用的有效性相结合。

（二）施工阶段的各类风险

施工阶段存在如设计变更与现场签证、资源的价格和数量变化、施工条件的变化、施工相关政策规定的变化等因素，因此，在制定工程造价管理措施时要考虑各类风险因素，做好预防和纠偏准备。

（三）施工阶段工程造价管理的过程

施工阶段的工程造价管理是一个有限循环的周期性动态的工作过程。

（四）施工阶段工程造价管理的程序

施工阶段工程造价管理的程序和步骤如下。

（1）施工前根据项目特点和要求，确定工程施工阶段的造价目标，并结合资金来源与需求情况编制资金使用计划。

（2）在工程施工过程中，通过跟踪检查以及工程计量的方式，检查并对比实际造价和预算造价，监测项目造价的变动情况。

（3）分析实际造价与预算造价之间的费用偏差，确定其严重性及产生原因，并预测项目后续施工所需总成本，做好后续施工资金的准备和资源的分配工作。

（4）采取纠偏措施，实现造价的动态控制，以期消除或减小偏差、保证预期造价目标的实现。

第二节　施工组织设计的编制优化

一、施工组织设计对工程造价的影响

施工组织设计和工程造价的关系是密不可分的，施工组织设计影响着工程造价的水平，而工程造价又对施工组织设计起着完善、促进作用。要建成一项工程项目，可能会有多种施工方案，例如，深基坑支护方案有钢板桩加锚杆支护、土钉墙支护、地下连续墙支护等施工方案；模板工程施工方案有组合钢模、大模板、滑升模板等施工方案；高层建筑垂直运输方案有塔吊+施工电梯、塔吊+混凝土泵+施工电梯、塔吊+快速提升机+施工电梯等方案。每种方案所花费的人力、物力、财力是不同的，要选择一种既切实可行又节约投资的施工方案，就要用工程造价来考核其经济合理性，决定取舍。

在施工阶段，工程估算的工程量清单子目，尤其是措施项目，都是根据一定的施工条件制定的，而施工条件有相当一部分是由施工组织设计确定的。因此，施工组织设计决定着工程估算的编制，并决定着工程结算的编制与确定，而工程估算又是反映和衡量施工组织设计是否切实可行、经济合理的依据。因此，优化施工组织设计是控制工程造价的有效渠道。

通过对施工组织设计的优化，能够使其在工程施工过程中真正发挥技术经济文件的作用，不仅能够满足合同工期和工程质量要求，而且能大大降低工程成本、降低工程造价，提高综合效益。

二、优化施工组织设计

优化施工组织设计，就是通过科学的方法，对多方案的施工组织设计进行技术经济分析、比较，从中择优确定最佳的方案。优化施工组织设计的方法有定性分析法、多指标定量分析法、价值法和价值工程分析法。

（一）定性分析法

定性分析法，就是根据过去积累的经验对施工方案、施工进度计划和施工平面布置的优劣进行分析。如施工平面设计是否合理，主要看场地是否合理利用，临时设施费用是否适当；施工进度计划中各主要工程的工期是否恰当，一般可按经验数据和工期定额进行分析。定性分析法较为简便，但不精确，要求设计者、造价工程师必须具有丰富的施工经验和管理水平。

（二）多指标定量分析法

多指标定量分析法，是目前经常采用的优化施工组织设计的方法。它通过一系列技术经济指标的计算，对比分析，然后根据指标的高低分析判断优劣的方法。下面介绍技术经济指标的计算及对比分析。

1.施工进度计划指标

施工进度计划是施工组织设计的中心，通过施工进度计划可以把施工中的各项工作有机地联系起来，确保施工任务的顺利完成。因此，施工进度计划是否合理，对整个施工影响很大。施工进度的安排是否合理，常用工期、均衡性和竣工率三个指标来衡量。

（1）工期。施工工期是指从正式开工到竣工验收结束为止所经历的时间。工期是否合理应以满足计划（或合同）规定的前提下费用最低为标准。按工程造价的构成，工程成本由直接费和间接费两部分组成。直接费一般是在合理组织和正常施工条件下完成时，其费用最低，如果在此标准下要赶工（加快施工速度）或延工，则直接费将随之相应增加。而间接费是随着工期缩短而减少。直接费曲线与间接费曲线叠加起来可得到总成本曲线。与总成本曲线的最低点相应的施工时间，即为最佳工期。在确定工期时，应尽可能接近最佳工期。

（2）均衡性。这是衡量施工进度计划经济合理性的又一重要指标。施工不均衡，势必出现时紧时松，人力和物资不能充分利用，造成资金周转缓慢、物资供应困难、生产秩序混乱，从而影响劳动生产率、工程质量和安全生产。

（3）竣工率。它是反映建筑工程竣工投产情况的主要指标，分为房屋建筑面积竣工率（多用于民用建筑）和单项或单位工程竣工率（常用于工业建筑）。

2.工程成本指标

这里所指的工程成本是指施工企业完成单位建筑安装工程所支出的全部费用的总和。它是评价和优化施工组织设计的重要指标。

3.工程质量指标

工程质量评价只能在竣工验收后，对工程质量进行评定的指标。但在施工组织设计中应确定计划质量目标，以便为此目标而努力。工程质量指标常用合格率和返工损失率两个指标来表示。

4.施工机械化程度指标

施工过程中施工机械化程度高低对加快施工进度、保证施工质量、提高劳动生产率、降低工程成本具有十分重要的意义，评价施工机械化程度高低的指标是：

（1）施工机械化程度指标。

（2）机械效率指标。

（3）机械能力利用率指标。这是衡量施工方案中安排的施工机械能力是否能得到充分利用的指标。

5.施工安全指标

施工安全评价只能在事后进行，但在施工方案中必须有相应的安全措施计划及其指标。评价施工安全指标常为负伤率和事故严重程度两个指标。

（三）价值法（又称为价值定量分析法）

所谓价值法，就是对各方案都计算出最终价值，用价值量的大小评定方案优劣的方法。价值量越小，方案最优。

（四）价值工程分析法

可以通过运用价值工程的基本原理优选施工方案，主要包括：

（1）确定价值工程研究对象。

（2）功能定义。

（3）施工方案分析。

（4）方案评价。

第三节　工程变更

一、我国现行工程变更的管理

建设工程施工合同范本中将工程变更分为工程设计变更和其他变更两类。其他变更是指合同履行中发包人要求变更工程质量标准及其他实质性变更。发生这类情况后，由当事人双方协商解决。此外，工程施工中还经常发生设计变更，对此建设工程施工合同示范文本中通用条款作出了较详细的规定。监理工程师在合同履行管理中应严格控制变更，施工中承包人未得到监理工程师的同意也不允许对工程设计随意变更。如果由于承包人擅自变更设计，发生的费用和因此而导致的发包人的直接损失，应由承包人承担，延误的工期不予顺延。

（一）工程变更的范围

工程变更的范围和内容包括：

（1）取消合同中任何一项工作，但被取消的工作不能转由发包人或其他人实施。

（2）改变合同中任何一项工作的质量或其他特性。

（3）改变合同工程的基线、标高、位置或尺寸。

（4）改变合同中任何一项工作的施工时间或改变已批准的施工工艺或顺序。

（5）为完成工程需要追加的额外工作。

（二）设计变更程序

1.发包人的指令变更

（1）发包人直接发布变更指令。发生合同约定的变更情形时，发包人应在合同规定期限内向承包人发出书面变更指示。变更指示应说明变更的目的、范围、变更内容，以及变更的工程量及其进度和技术要求，并附有关图纸和文件。承包人收到变更指示后，应按变更指示进行变更工作。发包人在发出变更指示前，可以要求承包人提交一份关于变更工作的实施方案，发包人同意该方案后再向承包人发出变更指示。

（2）发包人根据承包人的建议发布变更指令。承包人收到发包人按合同约定发出的图纸和文件后，经检查认为其中存在变更情形的，可向发包人提出书面变更建议，但承包人不得仅仅为了施工便利而要求对工程进行设计变更。承包人的变更建议应阐明要求变更的依据，并附必要的图纸和说明。发包人收到承包人的书面建议后，确认存在变更情形的，应在合同规定的期限内作出变更指示。发包人不同意作为变更情形的，应书面答复承包人。

2.承包人的合理化建议导致的变更

承包人对发包人提供的图纸、技术要求以及其他方面提出的合理化建议，均应以书面形式提交给发包人。合理化建议被发包人采纳并构成变更的，发包人应向承包人发出变更指示。发包人同意采用承包人的合理化建议，所发生费用和获得收益的分担或分享，由发包人和承包人在合同条款中另行约定。

（三）变更价款的确定

1.分部分项工程费的调整

工程变更引起分部分项工程项目发生变化的，应按照下列规定调整。

（1）已标价工程量清单中有适用于变更工程项目的，且工程变更导致的该清单项目的工程数量变化不足15%时，采用该项目的单价。

（2）已标价工程量清单中没有适用，但有类似于变更工程项目的，可在合理范围内参照类似项目的单价或总价调整。

（3）已标价工程量清单中没有适用也没有类似于变更工程项目的，由承包人根据变更工程资料、计量规则和计价办法、工程造价管理机构发布的信息（参考）价格和承包人报价浮动率，提出变更工程项目的单价或总价，报发包人确认后调整。

（4）已标价工程量清单中没有适用也没有类似于变更工程项目，且工程造价管理机构发布的信息（参考）价格缺价的，由承包人根据变更工程资料、计量规则、计价办法和通过市场调查等有合法依据的市场价格提出变更工程项目的单价或总价，报发包人确认后调整。

2.措施项目费的调整

工程变更引起措施项目发生变化的、承包人提出调整措施项目费的，应事先将拟实施的方案提交发包人确认，并详细说明与原方案措施项目相比的变化情况。拟实施的方案经发、承包双方确认后执行，并应按照下列规定调整措施项目费。

（1）安全文明施工费，按照实际发生变化的措施项目调整，不得浮动。

（2）采用单价计算的措施项目费，按照实际发生变化的措施项目按前述分部分项工程费的调整方法确定单价。

（3）按总价（或系数）计算的措施项目费，除安全文明施工费外，按照实际发生变化的措施项目调整，但应考虑承包人报价浮动因素，即调整金额按照实际调整金额乘以按照公式得出的承包人报价浮动率计算。如果承包人未事先将拟实施的方案提交给发包人确认，则视为工程变更不引起措施项目费的调整或承包人放弃调整措施项目费的权利。

3.承包人报价偏差的调整

如果工程变更项目出现承包人在工程量清单中填报的综合单价与发包人招标控制价或施工图预算相应清单项目的综合单价偏差超过15%的，工程变更项目的综合单价可由发、承包双方协商调整。具体的调整方法，由双方当事人在合同专用条款中约定。

4.删减工程或工作的补偿

如果发包人提出的工程变更，非因承包人原因删减了合同中的某项原定工作或工程，致使承包人发生的费用或（和）得到的收益不能被包括在其他已支付或应支付的项目中，也未被包含在任何替代的工作或工程中，则承包人有权提出并得到合理的费用及利润补偿。

二、FIDIC合同条件下工程的变更与估价

（一）工程变更

1.变更权

根据FIDIC施工合同条件的约定，在颁发工程接收证书前的任何时间，监理工程

师可通过发布指示或要求承包商提交建议书的方式，提出变更。承包商应遵守并执行每项变更，除非承包商立即向监理师发出通知，说明（附详细根据）承包商难以取得变更所需的货物。监理师接到此类通知后，应取消、确认或改变原指示。每项变更可包括：

（1）合同中包括的任何工作内容的数量的改变（但此类改变不一定构成变更）。

（2）任何工作内容的质量或其他特性的改变。

（3）任何部分工程的标高、位置和（尺寸）的改变。

（4）任何工作的删减，但要交他人实施工作除外。

（5）永久工程所需的任何附加工作、生产设备、材料或服务，包括任何有关的竣工试验、钻孔和其他试验和勘探工作。

（6）实施工程的顺序和时间安排的改变。

除非监理师指示或批准了变更，否则承包商不得对永久工程进行任何改变和（或）修改。

2.变更程序

如果监理工程师在发出变更指示前要求承包商提出一份建议书，承包商应尽快书面回应，或提出他不能照办的理由（如果情况如此），或提交以下建议。

（1）对建议要完成的工作的说明，以及实施的进度计划。

（2）根据进度计划和竣工时间的要求，承包商对进度计划做出必要修改的建议书。

（3）承包商对工程变更估价的建议书。

监理工程师收到此类建议书后，应尽快给予批准、不批准或提出意见的回复。在等待答复期间，承包商不应延误任何工作。应由监理工程师向承包商发出执行每项变更并附做好各项费用记录的任何要求的指示，承包商应确认收到该指示。

（二）工程变更的估价

各项工作内容的适宜费率或价格，应为合同对此类工作内容规定的费率或价格，如合同无某项内容，应取类似工作的费率或价格。但以下情况下，宜对有关工作内容采用新的费率或价格。

1.第一种情况

（1）如果此项工作实际测量的工程量比工程量表或其他报表中规定的工程量变

动大于10%。

（2）工程量的变化与该项工作规定的费率的乘积超过了中标的合同金额的0.01%。

（3）由此工程量的变化直接造成该项工作单位成本的变动超过1%。

（4）这项工作不是合同中规定的“固定费率项目”。

2.第二种情况

（1）此工作是根据变更与调整的指示进行的。

（2）合同没有规定此项工作的费率或价格。

（3）由于该项工作与合同中任何工作没有类似的性质或不在类似的条件下进行，故没有一个规定的费率或价格适用。每种新的费率或价格应考虑以上描述的有关事项对合同中相关费率或价格加以合理调整后得出。如果没有相关的费率或价格或供推算新的费率或价格，应根据实施该工作的合理成本和合理利润，并考虑其他相关事项后得出。工程师应在商定或确定适宜费率或价格前，确定用于付款证书的临时费率或价格。

第四节　工程索赔

一、索赔的概念与分类

（一）工程索赔的概念

索赔是指当事人在履行合同过程中，根据法律、合同规定及惯例，对并非由于自己的过错，而应由对方承担责任的情况造成，且实际发生了损失，向对方提出给予补偿或赔偿的权利要求。索赔一般指承包人向业主提出的情况，但在实际工作中，“索赔”可以是双向的，既包括承包人向发包人的索赔，也包括发包人向承包人的索赔。但在工程实践中发包人的索赔数量较少，而且处理方便，可以通过冲账、扣拨工程款、扣保证金等方式实现对承包人的索赔；而承包人对发包人的索赔则比较困难一些。

（二）工程索赔的条件

要取得索赔的成功，索赔要求必须符合如下基本条件。

1.客观性

索赔要基于事实，即确实发生了不符合合同或违反合同的干扰事件，而且对承包商的工期和成本造成了影响，且有确凿的证据证明。由于合同双方都在进行合同管理，在对工程施工过程进行监督和跟踪，所以承包商提出的任何索赔，首先必须是真实、客观的。

2.合法性

根据合同条款规定，干扰事件并非由承包商自身责任引起，应当给予对方补（赔）偿。索赔要求必须符合本工程承包合同的规定。合同作为工程中的最高法律，由它判定干扰事件的责任由谁承担，承担什么样的责任，应赔偿多少等。所以不同的合同条件，同样的索赔事件可有不同的解决结果。

3.合理性

索赔要求必须合情合理，分清责任，能够真实反映由于干扰事件引起的实际损失，采用合理的计算方法和计算基础。承包商必须证明干扰事件与工程施工过程所受到的影响及损失，与承包商所提出的索赔要求之间存在因果关系。

（三）工程索赔的分类

1.按索赔所依据的理由分类

（1）合同内索赔。索赔以合同条文作为依据，发生了合同规定应当给以承包商以补偿的干扰事件，承包商根据合同规定提出索赔要求。这是最常见的索赔。按索赔的合同依据又可以将工程索赔分为合同中明示的索赔和合同中默示的索赔。

①合同中明示的索赔。指承包人所提出的索赔要求，在该工程项目的合同文件中有文字依据，承包人可以据此提出索赔要求，并取得经济补偿。这些在合同文件中有文字规定的合同条款，称为明示条款。

②合同中默示的索赔。即承包人的该项索赔要求，虽然在工程项目的合同条款中没有专门的文字叙述，但可以根据该合同某些条款的含义，推论出承包人有索赔权。这种索赔要求，同样有法律效力，有权得到相应的经济补偿。这种有经济补偿含义的条款，在合同管理工作中被称为“默示条款”或“隐含条款”。默示条款是一个广泛的合同概念，包含合同明示条款中没有写入，但符合双方签订合同时设想的愿望和当

时环境条件的一切条款。这些默示条款，或者从明示条款所表述的设想愿望中引申出来，或者从合同双方在法律上的合同关系引申出来，经合同双方协商一致，或被法律和法规所指明，都成为合同文件的有效条款，要求合同双方遵照执行。

（2）合同外索赔指工程过程中发生的干扰事件的性质已经超过合同范围。在合同中找不出具体的依据，一般必须根据适用于合同关系的法律解决索赔问题。例如工程过程中发生重大的民事侵权行为造成承包商损失。

（3）承包商索赔没有合同理由，对于干扰事件业主没有违约，也不是业主应承担责任的范围。往往是由于承包商重大失误（如报价失误、环境调查失误等），或发生承包商应负责的风险而造成承包商重大的损失，这将极大地影响承包商的财务能力、履约积极性、履约能力甚至危及承包企业的生存。承包商提出要求，希望业主从道义，或从工程整体利益的角度给予一定的补偿。

2.按索赔目的分类

按索赔目的可以将工程索赔分为工期索赔和费用索赔。

（1）工期索赔。由于非承包人责任而导致施工进程延误，要求批准顺延合同工期的索赔，称为工期索赔。通过工期索赔，可以避免在原定合同竣工日不能完工时，被发包人追究拖期违约责任。一旦获得批准合同工期顺延后，承包人不仅免除了承担拖期违约赔偿费的严重风险，而且可能提前工期得到奖励，最终仍反映在经济收益上。

（2）费用索赔的目的是要求经济补偿。当施工的客观条件改变导致承包人增加开支时，要求对超出计划成本的附加开支给予补偿，以挽回不应由其承担的经济损失。

3.按索赔事件的性质分类

按索赔事件的性质可以将工程索赔分为工程延误索赔、工程变更索赔、合同被迫终止索赔、工程加速索赔、意外风险和不可预见因素索赔以及其他索赔。

（1）工程延误索赔。因发包人未按合同要求提供施工条件，如未及时交付设计图纸、施工场地、道路等，或因发包人指令工程暂停或不可抗力事件等造成工期拖延的，承包人对此提出索赔。这是工程中常见的一类索赔。

（2）工程变更索赔。由于发包人或监理工程师指令增加或减少工程量，或增加附加工程、修改设计、变更工程顺序等，造成工期延长和费用增加，承包人对此提出索赔。

（3）合同被迫终止索赔。由于发包人或承包人违约以及不可抗力事件等，造成合同非正常终止，无责任的受害方因其蒙受经济损失，而向对方提出索赔。

（4）工程加速索赔。由于发包人或工程师指令承包人加快施工速度、缩短工期，引起承包人发生赶工费，增加额外开支而提出的索赔。

（5）意外风险和不可预见因素索赔。在工程实施过程中，因人力不可抗力以及一个有经验的承包人通常不能合理预见的不利施工条件或外界障碍，如地下水、地质断层、溶洞、地下障碍物等引起的索赔。

（6）其他索赔。如因货币贬值、汇率变化、物价上涨、政策法律变化等引起的索赔。

4.按索赔的处理方式分类

按索赔的处理方式和处理时间，索赔又可分为：

（1）单项索赔是针对某一干扰事件提出的，通常原因单一、责任单一、分析计算比较容易、处理起来比较简单。索赔的处理是在合同实施过程中，干扰事件发生时，或发生后立即进行。它由合同管理人员处理，并在合同规定的索赔有效期内向业主提交索赔意向书和索赔报告。所以，索赔有效性易得到保证。例如，业主的工程师指令将某分项工程素混凝土改为钢筋混凝土，对此只需提出与钢筋有关的费用索赔即可（如果该项变更没有其他影响）。但有些单项索赔额可能很大，处理起来很复杂，例如工程延期、工程中断、工程终止事件引起的索赔。由于单项索赔易分清责任、处理简单，索赔额一般也不大，所以成功的可能性大，索赔方的利益容易得到保证。

（2）总索赔又称为一揽子索赔或综合索赔。一般在工程竣工前，承包商将工程施工过程中未解决的单项索赔集中起来，提出一份总索赔报告。合同双方在工程交付前或交付后进行最终谈判，以一揽子方案解决索赔问题。总索赔一般在不得已的情况下采用。

通常在以下几种情况下采用一揽子索赔。

①在工程过程中，有些单项索赔原因和影响都很复杂，不能立即解决，或双方对合同解释有争议，而合同双方都要忙于合同实施，可协商将单项索赔留到工程后期解决。

②业主拖延答复单项索赔，使工程施工过程中的单项索赔得不到及时解决，最终不得已提出一揽子索赔。在国际工程中，许多业主就以拖的办法对待承包商的索赔要求，常常使索赔和索赔谈判旷日持久，使许多单项索赔要求集中起来。

③在一些复杂的工程中，当干扰事件多，几个干扰事件一起发生，或有一定的连贯性、互相影响大，难以一一分清时，则可以综合在一起提出索赔。

④工期索赔一般都在工程后期一揽子解决。

一揽子索赔有以下特点：处理和解决都很复杂，由于工程过程中的许多干扰事件搅在一起，使得原因、责任和影响的分析很艰难。索赔报告的起草、审阅、分析、评价难度很大。由于索赔的解决和费用补偿时间的拖延，这种索赔的最终解决还会连带引起利息的支付、违约金的扣留、预期的利润补偿、工程款的最终结算等问题。这会加剧索赔解决的困难程度。

为了索赔的成功，承包商必须保存全部工程资料和其他作为证据的资料。这使得工程项目的文档管理任务极为繁重。索赔的集中解决使索赔额积累起来，造成谈判的困难。由于索赔额大，常常超过具体管理人员的审批权限，需要上层作出批准；双方都不愿或不敢作出让步，所以争执更加激烈。有时一揽子索赔谈判一拖几年，花费大量的时间和金钱。对索赔额大的一揽子索赔，必须成立专门的索赔小组负责处理。在国际承包工程中，常常聘请法律专家、索赔专家，或委托咨询公司、索赔公司进行索赔管理。

由于合理的索赔要求得不到解决，影响承包商的资金周转和施工进度，影响承包商履行合同的能力和积极性。由于索赔无望、工程亏损、资金周转困难，承包商可能不合作，或通过其他途径弥补损失，如减少工程量、采购便宜的劣质材料等。这样会影响工程的顺利实施和双方的合作关系。

（四）索赔的作用

1.维护合同当事人的正常权益

索赔是合同法律效力的具体体现，是维护自己正常利益、避免损失、增加经济效益的手段。精通索赔业务，搞好索赔是合同管理的重要内容，是维护企业生产经营不可缺少的一个重要环节。

2.提高合同意识，加强合同管理

索赔的依据主要是合同条款。要想提出索赔和防止对方索赔，都要熟悉合同文件、加强合同管理。开展索赔工作，必然起到提高合同意识、加强合同管理的作用，从而保证合同的实施。

3.促使工程造价更合理

施工索赔的开展，可以把报价时风险费用降到最低，把原来打入工程报价的一些不可预见费用，改为按实际发生的损失支付，有助于降低工程报价。通过索赔，调整或落实了当事人的经济责任关系，使工程造价更为合理。

二、索赔处理原则与处理程序

（一）工程索赔的处理原则

1.索赔必须以合同为依据

工程师依据合同和事实对索赔进行处理是其公平性的重要体现。在不同的合同条件下，这些依据很可能是不同的。如因为不可抗力导致的索赔，在国内施工合同文本条件下，承包人机械设备损坏的损失，是由承包人承担的，不能向发包人索赔；但在FIDIC合同条件下，不可抗力事件一般都列为业主承担的风险，损失都应当由业主承担。如果到了具体的合同中，各个合同的协议条款不同，其依据的差别就更大了。

2.及时、合理地处理索赔

索赔处理得不及时，对双方都会产生不利的影响，如承包人的索赔长期得不到合理解决，索赔积累的结果会导致其资金困难，同时会影响工程进度，给双方都带来不利的影响。处理索赔还必须坚持合理性原则，如索赔费用计算中，因业主原因新增工程量的人工费（或机械费）计算和窝工人工费（或机械闲置费）的计算的单价要用不同标准，具体应在合同中明确。

3.加强主动控制，减少工程索赔

对于工程索赔应当加强主动控制，尽量减少索赔。这就要求在工程管理过程中，应当尽量将工作做在前面，减少索赔事件的发生。这样能够使工程更顺利地进行，降低工程投资、缩短施工工期。

（二）索赔处理程序

1.承包人的索赔

根据合同约定，承包人认为有权得到追加付款和（或）延长工期的，应按以下程序向发包人提出索赔。

（1）承包人应在知道或应当知道索赔事件发生后28天内，向监理人递交索赔意向通知书，并说明发生索赔事件的事由；承包人未在前述28天内发出索赔意向通知书的，丧失要求追加付款和（或）延长工期的权利。

（2）承包人应在发出索赔意向通知书后28天内，向监理人正式递交索赔报告；索赔报告应详细说明索赔理由以及要求追加的付款金额和（或）延长的工期，并附必要的记录和证明材料。

（3）索赔事件具有持续影响的，承包人应按合理时间间隔继续递交延续索赔通知，说明持续影响的实际情况和记录，列出累计的追加付款金额和（或）工期延长天数。

（4）在索赔事件影响结束后28天内，承包人应向监理人递交最终索赔报告，说明最终要求索赔的追加付款金额和（或）延长的工期，并附必要的记录和证明材料。

2.对承包人索赔的处理

对承包人索赔的处理如下。

（1）监理人应在收到索赔报告后14天内完成审查并报送发包人。监理人对索赔报告存在异议的，有权要求承包人提交全部原始记录副本。

（2）发包人应在监理人收到索赔报告或有关索赔的进一步证明材料后的28天内，由监理人向承包人出具经发包人签认的索赔处理结果。发包人逾期答复的，则视为认可承包人的索赔要求。

（3）承包人接受索赔处理结果的，索赔款项在当期进度款中进行支付；承包人不接受索赔处理结果的，按照争议解决约定处理。

3.发包人的索赔

根据合同约定，发包人认为有权得到赔付金额和（或）延长缺陷责任期的，监理人应向承包人发出通知并附有详细的证明。发包人应在知道或应当知道索赔事件发生后28天内，通过监理人向承包人提出索赔意向通知书，发包人未在前述28天内发出索赔意向通知书的，丧失要求赔付金额和（或）延长缺陷责任期的权利。发包人应在发出索赔意向通知书后28天内，通过监理人向承包人正式递交索赔报告。

4.对发包人索赔的处理

对发包人索赔的处理如下。

（1）承包人收到发包人提交的索赔报告后，应及时审查索赔报告的内容、查验发包人证明材料。

（2）承包人应在收到索赔报告或有关索赔的进一步证明材料后28天内，将索赔处理结果答复发包人。如果承包人未在上述期限内作出答复的，则视为对发包人索赔要求的认可。

（3）承包人接受索赔处理结果的，发包人可从应支付给承包人的合同价款中扣除赔付的金额或延长缺陷责任期；发包人不接受索赔处理结果的，按“争议解决”约定处理。

5.FIDIC合同条件规定的工程索赔程序

（1）承包商发出索赔通知。承包商察觉或应当察觉事件或情况后28天内，向工程师发出索赔通知。

（2）承包商递交详细的索赔报告。承包商在察觉或应当察觉事件或情况后42天内，向工程师递交详细的索赔报告。若引起索赔的事件连续影响，承包商每月递交中间索赔报告，说明累计索赔延误时间和金额，在索赔事件产生影响结束后28天内，递交最终索赔报告。

（3）工程师答复。工程师在收到索赔报告或对过去索赔的任何进一步证明资料后42天内，进行答复。

三、索赔证据

索赔要有证据，证据是索赔报告的重要组成部分，证据不足或没有证据，索赔就不可能成立。索赔的证据有以下五个方面。

（1）招标文件、施工合同文本及附件，其他双方签字认可的文件（如备忘录、修正案等），经认可的工程实施计划、各种工程图纸、技术规范等。这些索赔的依据可在索赔报告中直接引用。

（2）双方的往来信件及各种会谈纪要。在合同履行过程中，业主、监理工程师和承包人定期或不定期的会谈所作出的决议或决定，是合同的补充，应作为合同的组成部分，但会谈纪要只有经过各方签署后才可作为索赔的依据。

（3）经工程师批准的进度计划及现场的有关同期记录，如施工日记、工程照片等。

（4）气象资料、工程检查验收报告和各种技术鉴定报告，工程中送停电、送停水、道路开通和封闭的记录和证明。

（5）国家有关法律、法令、政策文件，官方的物价指数、工资指数，各种会计核算资料，材料的采购、订货、运输、进场、使用方面的凭据。

四、常见施工索赔的起因及处理

（一）招标文件提供资料失实或地下障碍物引起的索赔

1.招标文件提供资料失实引起的索赔

业主应对所提供资料的真实性负责。若业主在招标文件中提供有关该工程勘察所取得的水文地质资料严重失实，会增加施工的难度，导致承包商损失。在这种情况下，承包商可以提出索赔，要求延长工期和补偿费用。但在实践中，这类索赔易引起争议。由于在签署的合同条件中，往往写明承包商在提交投标书之前，已对现场和周围环境及与之有关的可用资料进行了考察和检查，包括地表以下条件及水文和气候条件，承包商自己应对上述资料负责。

因此，合同条件中还有一条，即在工程施工过程中，承包商如果遇到了现场气候条件以外的外界障碍条件，这些障碍和条件是一个有经验的承包商无法预料到的，则承包商有要求补偿费用和延长工期的权利。

2.地下障碍物引起的索赔

在施工过程中，如果承包商遇到了地下构筑物或文物，只要图纸并未说明的，而且与工程师共同确定的处理方案导致工程费用的增加，承包商可提出索赔，延长工期和补偿相应费用。

（二）工程变更造成的索赔

由于发包人或监理工程师指令，增加或减少工程量、增加附加工程、修改设计、变更工程顺序等，造成工期延长或费用增加，则应延长工期和补偿费用。

（三）不可抗力造成的索赔

建设工程项目施工中不可抗力包括战争、动乱、空中飞行物坠落或其他非发包人责任造成的爆炸、火灾以及专用条款约定程度的风、雪、洪水、地震等自然灾害。因不可抗力事件导致延误的工期顺延，费用由双方按以下原则承担。

（1）工程本身的损害、因工程损害导致第三方人员伤亡和财产损失以及运至施工场地用于施工的材料和待安装的设备的损害，由发包人承担。

（2）发包人、承包人人员伤亡由其所在单位负责，并承担相应费用。

（3）承包人机械设备损坏及停工损失，由承包人承担。

（4）停工期间，承包人应工程师要求留在施工场地的必要管理人员及保卫人员的费用由发包人承担。

（5）工程所需清理、修复费用，由发包人承担。

（四）工程延误造成的索赔

发包人原因造成工程延误，主要指发包人未按合同要求提供施工条件，如未及时提供设计图纸、施工现场、道路、合同中约定的业主供应的材料不到位等原因造成工程拖延的索赔。如果承包商能提出证据说明其延误造成的损失，则有权获得延长工期和补偿费用的赔偿。工程延误若属于承包商的原因，不能得到费用补偿、工期不能顺延。

（五）业主要求赶工引起的索赔

由于非承包商，工程项目施工进度受到干扰，导致项目不能按时竣工，业主的经济利益受到影响时，有时业主和工程师会发布加速施工的指令，要求承包商投入更多的资源，加班加点来完成工程项目。这会导致承包商成本增加，引起索赔。

（六）业主不正当终止合同引起的索赔

业主不正当终止工程，承包商有权要求补偿损失，其数额是承包商在被终止工程上的人工、材料、机械设备的全部支出，以及各项管理费用、贷款利息等，并有权要求赔偿其盈利损失。

（七）业主拖延工程款支付引起的索赔

发包人超过约定的支付时间不支付工程款，双方又未能达成延期付款协议，导致施工无法进行，承包人可停止施工，并有权获得工期的补偿和额外费用补偿。

（八）其他索赔

政策、法规变化、货币汇率变化、物价上涨等业主应承担风险事件发生，承包商有权要求补偿。

五、索赔计算

（一）索赔费用计算

1.可索赔的费用

索赔的费用可以包括：

（1）人工费：完成合同以外的额外工作所花费的人工费、非承包商责任的工效降低所增加的人工费用、非承包商责任工程延误导致人员窝工费。

（2）机械使用费：完成额外的工作增加的机械使用费、非承包商责任的工效降低所增加的机械费用、非承包商原因导致机械停工的窝工费。

（3）材料费：索赔事件导致材料实际用量增加费用、非承包商责任的工期延误导致的材料价格上涨而增加的费用等。

（4）管理费：承包商完成额外工程、索赔事项工作以及工期延长期间的管理费（包括管理人员工资、办公费）。

（5）利润：由于工程范围的变更和施工条件变化引起的索赔，承包商可以要求利润索赔。对于工程延误引起的索赔，由于工期延误并未影响工程内容，所以一般很难将利润索赔加入索赔费用中。但削减了某些项目的实施，从而导致预期利润减少时，承包商可以提出一定的利润补偿。

（6）利息：拖期付款利息、由于工程变更和工程延误增加投资的利息、索赔款利息、错误扣款利息等。

（7）分包费用：分包商的索赔款额应列入总承包商的索赔总额中。

2.索赔费用计算

索赔费用可用实际费用法、总费用法、修正总费用法计算。

（1）实际费用法，是按每个索赔事件所引起损失的费用项目分别分析计算索赔值的一种方法，是工程索赔计算中最常用的一种方法。

（2）总费用法。总费用法就是从计算出工程已实际开支的总费用中减去投标报价时的成本费用，即为要求补偿的费用额。此种方法并不十分科学，但同时具备以下条件时也是可以的，即：①实际开支的总费用是合理的；②承包商原始报价是合理的；③费用的增加不是承包商的原因造成的；④难以用精确的方法进行索赔费用的计算。

（3）修正总费用法。这种方法是对总费用法的改进，即在总费用计算的基础上，去掉一些不确定的可能因素，对总费用法进行相应的修改和调整，使其更加合理。例如把计算总费用的范围局限在发生干扰事件的时间段或某些分项工程。

（二）工期索赔计算

1.计算方法

工期索赔的计算主要有网络图分析和比例计算法两种。

（1）网络图分析法是利用进度计划的网络图，分析计算索赔事件对工期影响的一种方法，网络图分析法是工期索赔计算的一种科学合理的分析方法。

如果延误的工作为关键工作，则总延误的时间为批准顺延的工期；如果延误的工作为非关键工作，当该工作由于延误超过时差限制而成为关键工作时，可以批准延误时间与时差的差值；若该工作延误的时间没有超出该工作的总时差，则不存在工期索赔问题。

2.工期索赔中共同延误的处理

在实际施工过程中，工期拖期往往是两三种原因同时发生（或相互作用）而形成的，故称为“共同延误”。在这种情况下，索赔时要具体分析哪一种情况延误是有效的，应依据以下原则。

（1）首先判断造成拖期的哪一种原因是最先发生的，即确定“初始延误”者，它应对工程拖期负责。在初始延误发生作用期间，其他并发的延误者不承担拖期责任。

（2）如果初始延误者是发包人原因，则在发包人原因造成的延误期内，承包人既可得到工期延长，又可得到经济补偿。

（3）如果初始延误者是客观原因，则在客观因素发生影响的延误期内，承包人可以得到工期延长，但很难得到费用补偿。

（4）如果初始延误者是承包人的原因，则在承包人原因造成的延误期内，承包人既不能得到工期补偿，也不能得到费用补偿。

六、业主反索赔

（一）反索赔的内容

反索赔一般是指业主向承包商提出的索赔，由于承包商不履行或不完全履行约定的义务，或由于承包商的行为使业主受到损失时，业主为了维护自己的利益，向承包商提出的索赔。反索赔的目的是防止损失的发生，广义的反索赔内容包括如下两个方面的内容。

1.防止对方提出索赔

在合同实施中进行积极防御，使自己处于不能被索赔的地位。主要是通过加强工程管理，特别是合同管理，使自己完全按合同办事，使对方找不到索赔的理由和根据。

2.反击对方的索赔要求

为了避免和减少损失，必须反击对方的索赔要求。最常见的反击对方索赔要求的措施有：

（1）反驳对方的索赔报告，找出理由和证据，证明对方的索赔报告不符合事实情况、不符合合同规定、没有根据、计算不准确。以推卸或减轻自己的赔偿责任，使自己不受或少受损失。

（2）用我方提出的索赔对抗（平衡）对方的索赔要求，使最终合同双方都做让步，互不支付。在工程过程中干扰事件的责任常常是双方的，对方也有失误和违约的行为，也有薄弱环节。抓住对方的失误，提出索赔，在最终索赔解决中双方都做让步。这是以“攻”对“攻”，攻对方的薄弱环节。用索赔对索赔，是常用的反索赔手段。在国际工程中业主常常用这个措施对待承包商的索赔要求，如找出工程中的质量问题及承包商管理不善之处，以对抗承包商的索赔要求，达到少支付或不支付的目的。在实际工程中，这两种措施都很重要，常常同时使用。索赔和反索赔同时进行，即索赔报告中既有索赔，也有反索赔；反索赔报告中既有反索赔，也有索赔。攻守手段并用会达到很好的索赔效果。

（二）常见的业主反索赔

常见的业主反索赔有以下五个方面。

1.工期延误反索赔

在工程项目的施工过程中，因承包商方面不能按照协议书约定的竣工日期或工程师同意顺延的工期竣工，承包商应承担违约责任，赔偿因其违约给发包方造成的损失，双方在专用条款内约定承包方赔偿损失的计算方法或承包商应当支付违约金的数额和计算方法。由承包商支付延期竣工违约金。业主在确定违约金的费率时，一般要考虑以下因素。

（1）业主盈利损失。

（2）由于工期延长而引起的贷款利息增加。

（3）因工程拖期带来的附加监理费。

（4）由于本工程拖期竣工不能使用，租用其他建筑物时的租赁费。

违约金的计算方法，在每个合同文件均有具体规定，一般按每延误一天赔偿一定的款额计算，累计赔偿额一般不超过合同总额的10%。

2.施工缺陷反索赔

承包商施工质量不符合施工技术规程的要求，或在保修期未满以前未完成应该负责修补的工程时，业主有权向承包商追究责任。如果承包商未在规定的时限内完成修补工作，业主有权雇用他人来完成，发生的费用由承包商负担。

3.承包商不履行保险的索赔

如果承包商未能按合同条款指定项目投保，并保证保险有效，业主可以投保并保证保险有效，业主所支付的必要保险费可在应付给承包商的款项中扣回。

4.对超额利润的索赔

在实行单价合同的情况下，如果实际工程量比估计工程量增加很多（超出合同约定限额），使承包商预期收入增大，而工程量的增加并不增加固定成本，双方协议，发包方收回部分超额利润。

5.业主合理终止合同或承包商不正当地放弃工程的索赔

如果业主合理地终止承包商的承包，或者承包商不合理地放弃工程，业主有权从承包商手中收回由新的承包商完成工程所需的工程款与原合同未付部分的差额。

第五节　工程计量与工程价款管理

一、工程计量的重要性

（一）工程计量是控制工程造价的关键环节

工程计量是指根据设计图纸及承包合同中关于工程量计量的有关规定，工程师对承包商申报的、质量达到合同标准的已完工程的工程量进行的核验。一般在单价合同条件中明确规定工程量表中开列的工程量是该工程的估算工程量，不能作为工程款结算的依据。经过工程师计量所确定的工程量才是向承包商支付任何工程款项的凭证。经计量的实际工程量乘以合同单价才是承包商应得工程款额，因此，工程计量的准确性直接影响实际工程造价的高低。

（二）工程计量是约束承包商履行合同义务的手段

FIDIC合同条件规定，业主对承包商的付款，是以工程师批准的付款证书为凭据的，工程师对计量支付有充分的批准权和否决权。对于质量不合格的工程，工程师可以拒绝计量。同时，工程师通过按时计量，可以及时掌握承包商工作的进展情况和工程进度。当工程师发现工程进度严重偏离计划目标时，可要求承包商及时分析原因、采取措施、加快进度。因此，在施工过程中，项目管理机构可以通过计量支付手段，约束承包商履行合同义务、强化承包商合同意识。

二、工程计量的程序

（一）我国施工合同示范文本中规定的程序

（1）承包人应当按照合同约定的方法和时间，向发包人提交已完工程量的报告。发包人接到报告后14天内核实已完工程量，并在核实前1天通知承包人，承包人应提供条件并派人参加核实，承包人收到通知后不参加核实，以发包人核实的工程量作为工程价款支付的依据。发包人不按约定时间通知承包人，致使承包人未能参加核实，核实结果无效。

（2）发包人收到承包人报告后14天内未核实已完工程量，从第15天起，承包人报告的工程量即视为被确认，作为工程价款支付的依据，双方合同另有约定的，按合同执行。

（3）对承包人超出设计图纸（含设计变更）范围和因承包人原因造成返工的工程量，发包人不予计量。

（二）FIDIC施工合同中规定的程序

按照FIDIC施工合同约定，当工程师要求测量工程的任何部分时，应向承包商代表发出合理通知，承包商代表应及时亲自或另派代表，协助工程师进行测量，并提供工程师要求的任何具体材料。

如果承包商未能到场或派代表到场，工程师（或其代表）所做测量应作为准确测量有效，并予以认可。承包商应根据记录或被提出要求时，到场与工程师对记录进行检查和协商，达成一致后，应在记录上签字。如果承包商未到场，该记录自动生效。如果承包商检查后不同意该记录，应向工程师发出通知，说明认为该记录不准确的部分。工程师收到通知后，应审查该记录，进行确认或更改。如果承包商被要求检查记录后14天内，没有发出此类通知，该记录应作为准确记录予以认可。

三、工程计量的依据

计量依据一般有质量合格证书、工程量清单计价规范、技术规范中的“计量支付”条款和设计图纸，计量时必须以这些资料为依据。

（一）质量合格证书

工程计量必须与质量管理紧密配合，应当通过计量支付，强化承包商的质量意识。工程质量达到合同规定的标准后，经过专业工程师检验并签署报验申请表（质量合格证书），只有质量合格的工程才予以计量。因此，质量管理是计量管理的基础，计量管理又是质量管理的保障。

（二）工程量清单计量与计价规范和其他技术规范

工程量清单计量与计价规范和其他技术规范是确定计量方法的依据，因为工程量清单计量与计价规范和技术规范的"计量支付"条款规定了清单中每一项工程的计量方法，同时还规定了按规定的计量方法确定的单价所包括的工作内容和范围。例如，某高速公路技术规范计量支付条款规定：所有道路工程、隧道工程和桥梁工程中的路面工程按各种结构类型及各层不同厚度分别汇总，并且以图纸所示或工程师指示为依据，根据工程师验收的实际完成数量，以"m^2"为单位分别计量。计量方法是根据路面中心线的长度乘以图纸所表明的平均宽度，再加上单独测量的加宽路面、岔道和道路交叉处的面积，以"m^2"为单位计量。除工程师书面批准外，凡超过图纸所规定的任何宽度、长度、面积或体积均不予计量。

（三）设计图纸

单价合同以实际完成的经计量的工程量进行结算，但是承包商实际施工完成的数量并不一定是被工程师计量的实际工程数量。计量的几何尺寸要以设计图纸为依据，工程师对承包商超出设计图纸要求增加的工程量和自身原因造成返工的工程量不予计量。例如，在某高层住宅施工管理中，灌注桩的计量支付条款中规定按设计图纸以"m"计量，其单价包括所有材料及施工的各项费用。根据这个规定，如果承包商做了28m的灌注桩，而桩的设计长度为26m，则应按26m计量，并以此为付款的依据。承包商多做的2m灌注桩所消耗的钢筋及混凝土材料，业主不予补偿。

四、工程计量的方法

工程师一般只对以下三个方面的工程项目进行计量：工程量清单中的全部项目；合同文件中规定的业主应承担风险范围内的项目，如拆除地下障碍物等；工程变更项目。根据FIDIC合同条件的规定，一般可按照以下方法进行计量。

（一）图纸法

在工程量清单中，许多项目采取按照设计图纸所示的尺寸进行计量。例如，混凝土构件的体积、钻孔桩的桩长、抹灰面的面积等。

（二）断面法

断面法主要用于开挖沟槽或填筑路堤土方的计量。对于填筑土方工程，一般规定计量的体积为原地面线与设计断面所构成的体积。采用这种方法计量，在开工前承包商需测绘出原地形的断面，并需经工程师检查，作为计量的依据。

（三）均摊法

所谓均摊法，就是对清单中某些项目的合同价款，按合同工期平均计量，适用于每月均有发生的项目，如为造价工程师提供宿舍、保养测量设备、维护工地清洁和整洁等项目的价款，可以采用均摊法进行计量支付。例如，保养气象记录设备，每月发生的费用是相同的，如果本项合同款为5000元，合同工期为20个月，则每月计量、支付的款额为5000元/20个月=250元/月。

（四）凭据法

所谓凭据法，就是按照承包商提供的凭据进行计量支付。例如，建筑工程险保险费、第三方责任险保险费、履约保证金等项目，一般按凭据法进行计量支付。

（五）估价法

所谓估价法，就是按合同文件的规定，根据工程师估算的已完成的工程价值支付。例如，为工程师提供办公设施和生活设施，为工程师提供用车，为工程师提供测量设备、天气记录设备、通信设备等项目。这类清单项目往往要购买几种仪器设备，当承包商对某一项清单项目中规定购买的仪器设备不能一次性购进时，则需采用估价法分次进行计量支付。

（六）分解计量法

所谓分解计量法，就是将一个项目，根据工序或部位分解为若干子项。对完成的各子项进行计量支付。这种计量方法主要是为了解决一些包干项目或较大的工程项目的支付时间过长、影响承包商的资金周转等问题。根据现行国家计量规范规定的工程量计算规则计算。工程量必须按照相关工程现行国家计量规范规定的工程量计算规则计算。通常区分单价合同和总价合同作出不同的规定，成本加酬金合同按照单价合同的计量规定进行计量。

1.单价合同计量

单价合同工程量必须以承包人完成合同工程应予计量的按照现行《计价规范》规定的工程量计算规则计算得到的工程量确定。施工中工程计量时，若发现招标工程量清单中出现缺项、工程量偏差，或因工程变更引起工程量的增减，应按承包人在履行合同义务中完成的工程量计算。具体的计量方法如下。

（1）承包人应当按照合同约定的计量周期和时间，向发包人提交当期已完工程量报告。发包人应在收到报告后7天内核实，并将核实计量结果通知承包人。发包人未在约定时间内进行核实的，则承包人提交的计量报告中所列的工程量视为承包人实际完成的工程量。

（2）发包人认为需要进行现场计量核实时，应在计量前24小时通知承包人，承包人应为计量提供便利条件并派人参加。双方均同意核实结果时，则双方应在上述记录上签字确认。承包人收到通知后不派人参加计量，视为认可发包人的计量核实结果。发包人不按照约定时间通知承包人，致使承包人未能派人参加计量，计量核实结果无效。

（3）如承包人认为发包人核实后的计量结果有误，应在收到计量结果通知后的7天内向发包人提出书面意见，并附上其认为正确的计量结果和详细的计算资料。发包人收到书面意见后，应在7天内对承包人的计量结果进行复核后通知承包人。承包人对复核计量结果仍有异议的，按照合同约定的争议解决办法处理。

（4）承包人完成已标价工程量清单中每个项目的工程量后，发包人应要求承包人派人共同对每个项目的历次计量报表进行汇总，以核实最终结算工程量。发、承包双方应在汇总表上签字确认。

2.总价合同计量

用经审定批准的施工图纸及其预算方式发包形成的总价合同，除按照工程变更规定引起的工程量增减外，总价合同各项目的工程量是承包人用于结算的最终工程量。总价合同的项目计量应以合同工程经审定批准的施工图纸为依据，发、承包双方应在合同中约定工程计量的形象目标或时间节点进行计量。具体的计量方法如下。

（1）承包人应在合同约定的每个计量周期内，对已完成的工程进行计量，并向发包人提交达到工程形象目标完成的工程量和有关计量资料的报告。

（2）发包人应在收到报告后7天内对承包人提交的上述资料进行复核，以确定实际完成的工程量和工程形象目标。对其有异议的，应通知承包人进行共同复核。

五、工程价款结算方式

工程价款的结算方式主要有按月结算方式和分段结算方式，除此之外还有竣工后一次结算方式、目标结算方式等。

（一）按月结算方式

按月结算方式即实行按月支付进度款，竣工后清算的办法。合同工期在两个年度以上的工程，在年终进行工程盘点，办理年度结算。

（二）分段结算方式

分段结算方式即当年开工、当年不能竣工的工程按照工程形象进度，划分不同阶段支付工程进度款。具体划分在合同中明确。

（三）竣工后一次结算

工期在12个月以内，或工程承包合同价在100万元以下的工程项目，可实行工程价款每月月中预支、竣工后一次结算。

（四）目标结算方式

在工程合同中，将承包工程的内容分解成不同控制面（验收单元），当承包商完成单元工程内容并经工程师验收合格后，业主支付单元工程内容的工程价款。对于控制界面的设定，合同中应有明确的描述。

六、工程预付款结算

工程项目施工，一般都实行包工包料，这就需要有一定数量的备料周转金（工程预付款）。在工程承包合同条款中，一般要明文规定发包人在开工前拨付给承包人一定限额的工程预付款。此预付款构成施工企业为该承包工程项目储备主要材料、结构件所需的流动资金。在具备施工条件的前提下，发包人应在双方签订合同后的一个月内或不迟于约定的开工日期前的7天内预付工程款，发包人不按约定预付的，承包人应在预付时间到期后10天内向发包人发出要求预付的通知，发包人收到通知后仍不按要求预付的，承包人可在发出通知14天后停止施工，发包人应从约定应付之日起向承包人支付应付款的利息（利率按同期银行贷款利率计），并承担违约责任。在承包人向发包人提交金额等于预付款数额的银行保函后，发包人按规定的金额和规定的时间向承包人支付预付款，在发包人全部扣回预付款之前，该银行保函将一直有效。当预付款被发包人扣回时，银行保函金额相应递减。

（一）工程预付款的数额

工程预付款的数额，要根据具体工程类型、工期长短、市场行情、承包方式和供应体制等不同条件而定，并在合同中加以明确。例如，采用预制构件多的工程及工业项目中钢结构和管道安装占比重较大的工程，其主要材料（包括预制构件）所占比重比一般工程要高，因而工程预付款数额也要相应提高；工期短的工程比工期长的工程一般备料款数额要高，材料由承包人自购的比由发包人提供的要高。包工包料工程的预付款按合同约定拨付，原则上预付比例不低于合同金额的10%，不高于合同金额的30%。对于包工不包料的工程项目，则可以不预付备料款。

（二）备料款的扣回

发包人拨付给承包商的备料款属于预支的性质，工程实施过程中，随着工程所需材料储备的逐步减少，应以抵充工程款的方式陆续扣回，即在承包商应得的工程进度款中扣回。

（三）预付款担保

（1）预付款担保的概念及作用。预付款担保是指承包人与发包人签订合同后领取预付款前，承包人正确、合理地使用发包人支付的预付款而提供的担保。其主要作用是保证承包人能够按合同规定的目的使用并及时偿还发包人已支付的全部预付金额。如果承包人中途毁约，中止工程，使发包人不能在规定期限内从应付工程款中扣除全部预付款，则发包人有权从该项担保金额中获得补偿。

（2）预付款担保的形式。预付款担保的主要形式为银行保函。预付款担保的担保金额通常与发包人的预付款是等值的。预付款一般逐月从工程预付款中扣除，预付款担保的担保金额也相应逐月减少。承包人在施工期间，应当定期从发包人处取得同意此保函减值的文件，并送交银行确认。承包人还清全部预付款后，发包人应退还预付款担保，承包人将其退回银行注销，解除担保责任。

预付款担保也可以采用发、承包双方约定的其他形式，如由担保公司提供担保，或采取抵押等担保形式。承包人预付款保函的担保金额根据预付款扣回的数额相应递减，但在预付款全部扣回之前一直保持有效。发包人应在预付款扣完后的14天内将预付款保函退还给承包人。

（四）安全文明施工费

发包人应在工程开工后的28天内预付不低于当年施工进度计划的安全文明施工费总额的60%，其余部分按照提前安排的原则进行分解，与进度款同期支付。发包人没有按时支付安全文明施工费的，承包人可催告发包人支付；发包人在付款期满后的7天内仍未支付的，若发生安全事故，发包人应承担连带责任。

七、工程进度款结算

施工企业在施工过程中，根据合同所约定的结算方式，按月或形象进度或控制界面，按已经完成的工程量计算各项费用，向业主办理工程款结算的过程，称为工程进度款结算，也称为中间结算。以按月结算为例，业主在月中向施工企业预支当月工程款，月末施工企业根据实际完成工程量，向业主提供已完工程月报表和工程价款结算账单，经业主和工程师确认，收取当月工程价款，并通过银行结算。即承包商提交已完工程量报告→工程师确认→业主审批认可→支付工程进度款。

（一）工程进度款支付严格以工程计量为依据

（1）承包人应当按照合同约定的方法和时间，向发包人提交已完工程量的报告。发包人接到报告后14天内核实已完工程量，并在核实前1天通知承包人，承包人应提供条件并派人参加核实，承包人收到通知后不参加核实，以发包人核实的工程量作为工程价款支付的依据。发包人不按约定时间通知承包人，致使承包人未能参加核实，核实结果无效。

（2）发包人收到承包人报告后14天内未核实完工程量，从第15天起，承包人报告的工程量即视为被确认，作为工程价款支付的依据。双方合同另有约定的，按合同执行。

（3）中间结算款数额是根据实际完成工程量和合同单价确定的，实际完成的工程量应按工程计量的结果计算。工程计量应按规定的程序和方法。对承包人超出设计图纸（含设计变更）范围和因承包人造成返工的工程量，发包人不予计量。

（二）工程进度款支付

（1）根据确定的工程计量结果，承包人向发包人提出支付工程进度款申请。发包人14天内支付。实际支付的工程进度款一般不超工程价款的95%，5%作为预留保修金（尾留款）。按约定当月发包人应扣回的预付款，与工程进度款同期结算抵扣。

（2）发包人超过约定的支付时间不支付工程进度款，承包人应及时向发包人发出要求付款的通知，发包人收到承包人通知后仍不能按要求付款，可与承包人协商签订延期付款协议，经承包人同意后可延期支付，协议应明确延期支付的时间和从工程计量结果确认后第15天起计算应付款的利息（利率按同期银行贷款利率计）。

（3）发包人不按合同约定支付工程进度款，双方又未达成延期付款协议，导致施工无法进行，承包人可停止施工，由发包人承担违约责任。

八、工程保修金结算

（一）保修金的概念

建设工程项目质量保修金（质量保证金）是指发包人与承包人在建设工程项目承包合同中约定，从应付的工程款中预留，用以保证承包人在保修期内对建设工程项目出现的缺陷进行维修的资金。

缺陷是指建设工程项目质量不符合工程建设强制性标准、设计文件以及承包合同的约定。缺陷责任期从工程通过竣（交）工验收之日起计。由于承包人原因导致工程无法按规定期限进行竣（交）工验收的，缺陷责任期从实际通过竣（交）工验收之日起计。由于发包人原因导致工程无法按规定期限进行竣（交）工验收的，在承包人提交竣（交）工验收报告90天后，工程自动进入缺陷责任期。具体缺陷责任期双方在合同中约定，但要满足我国有关房屋建筑工程的最低保修期限的要求。

（二）保修金扣除

全部或者部分使用政府投资的建设工程项目，按工程价款结算总额5%左右的比例预留保修金，待工程项目保修期结束后拨付。保修金扣除有两种方式。

（1）当工程进度款拨付累计额达到该建筑安装工程造价的一定比例时（一般为95%），停止支付。预留一定比例的剩余尾款作为保修金。

（2）保修金的扣除也可以从发包方向承包方第一次支付的工程进度款开始，在每次承包商应得到的工程款中扣留投标书中规定金额作为保修金，直至保修金总额达到投标书中规定的限额为止。如某项目合同约定，保修金每月按进度款的5%扣留。若第一月完成产值100万元，则扣留5%的保修金后，实际支付：100-100×5%=95万元。

九、工程竣工结算

工程竣工结算是指施工企业按照合同规定的内容全部完成所承包的工程，经验收质量合格，并符合合同要求之后，双方按合同规定结清工程价款。

（一）工程竣工结算的编审

工程竣工后，承包人应在提交竣工验收报告的同时，向发包人递交竣工结算报告及完整的结算资料，发包人进行审查，工程竣工结算审查是竣工验收阶段的一项重要工作。经审查核定的工程竣工结算是核定建设工程造价的依据，也是建设项目验收后编制竣工决算和核定新增固定资产价值的依据。因此，发包人、监理公司以及审计部门等，都十分关注竣工结算的审核把关。一般从以下六个方面入手。

1.核对合同条款

结算审查机构审查结算时，首先，应弄清竣工工程内容是否符合合同条件要求，工程是否竣工验收合格，只有按合同要求完成全部工程并验收合格才能列入竣工结算。其次，应按合同约定的结算方法、计价定额、取费标准、主材价格和优惠条款等，对工程竣工结算进行审核，若发现合同开口或有漏洞，应请发包人与承包人认真研究，明确结算要求。

2.审核隐蔽工程验收记录

实行工程监理的项目应经监理工程师签证确认。审核竣工结算时应该对隐蔽工程施工记录和验收签证审核，所有隐蔽工程验收，均需两人以上签证。手续完整，工程量与竣工图一致方可列入结算。

3.审核设计变更签证

设计修改变更应由原设计单位出具设计变更通知单和修改图纸，设计、校审人员签字并加盖公章，经建设单位和监理工程师审查同意、签证；重大设计变更应经原审批部门审批，否则不应列入结算。

4.核实工程数量

竣工结算的工程量应依据竣工图、设计变更单和现场签证等进行核算，并按规定的计算规则核实工程量。

5.认真核实单价及各项取费

建安工程的取费标准应按合同要求或项目建设期间与计价定额配套使用的建安工程费用定额及有关规定执行，审核各项费率、价格指数或换算系数是否正确，价差调整计算是否符合要求，计算程序是否正确。

6.防止各种计算误差

工程竣工结算子目多、篇幅大，往往有计算误差应认真核算，防止因计算误差多计或少算。

（二）工程竣工价款结算程序及竣工结算价款

1.工程竣工价款结算程序

（1）发包人收到竣工结算报告及完整的结算资料后，按规定的时限（合同中另行约定期限的，从其约定）对结算报告及资料进行核对并提出核对意见，不核对或没有提出意见的，则视同认可。

（2）承包人如未在规定时间内提供完整的工程竣工结算资料，经发包人催促后14天内仍未提供或没有明确答复，发包人有权根据已有资料进行审查，责任由承包人自负。

（3）根据确认的竣工结算报告，承包人向发包人申请支付工程竣工结算款。发包人应在收到申请后15天内支付结算款，到期没有支付的应承担违约责任。承包人可以催告发包人支付结算价款，如达成延期支付协议，发包人应按同期银行贷款利率支付拖欠工程价款的利息。如未达成延期支付协议，承包人可以与发包人协商将该工程折价，或申请人民法院将该工程依法拍卖，承包人就该工程折价或者拍卖的价款优先受偿。

2.工程价款结算管理

工程价款结算管理应遵循以下原则。

（1）工程竣工后，发、承包双方应及时办理工程竣工结算，否则，工程不得交付使用，有关部门不予办理权属登记。

（2）发包人与中标人不按照招标文件和中标的承包人的投标文件订立合同的，或者发包人、中标人背离合同实质性内容另行订立协议，造成工程价款结算纠纷的，另行订立的协议无效，由建设行政主管部门责令改正，并可处以中标项目金额5‰以上10‰以下的罚款。

（3）接受委托承接有关工程结算咨询业务的工程造价咨询机构应具有工程造价咨询单位资质，其出具的办理拨付工程价款和工程结算的文件，应当由造价工程师签字，并应加盖执业专用章和单位公章。

（4）当事人对工程造价发生合同纠纷时，可通过下列办法解决：①双方协商确定；②按合同条款约定的办法提请调解；③向有关仲裁机构申请仲裁或向人民法院起诉。

十、工程价款动态结算和价差调整

工程项目建设周期长，工料机费受价格变动影响较大，因此，在工程价款结算时要充分考虑变动因素，使工程价款结算能反映工程项目的实际消耗费用。工程价款价差调整的方法有工程造价指数调整法、实际价格调整法、调价文件计算法、调值公式法等，具体采用何种方法，应在合同中加以明确。

（一）工程造价指数调整法

此方法中承包合同价以当时的预算定额单价为基础确定，待竣工时，根据合理的工期及当地工程造价管理部门所公布的该月度（或季度）的工程造价指数，对原承包合同价予以调整，重点调整那些由于实际人工费、材料费、施工机械费等费用上涨及工程变更因素造成的价差，并对承包人给予调价补偿。

（二）实际价格调整法

一般钢材、木材、水泥等主材价格可按实际价格结算的方法，工程承包人可凭发票按实报销。这种方法方便而准确。但由于是实报实销，因而承包商对降低成本不感兴趣，为了避免副作用，地方主管部门要定期发布最高限价，同时合同文件中应规定发包人或工程师有权要求承包人选择更廉价的供应来源。

（三）调价文件计算法

发、承包双方按当时的预算价格承包的工程，在合同工期内，可按照造价管理部门调价文件的规定，进行抽料补差（在同一价格期内按所完成的材料用量乘以价差）。也有的地方定期发布主要材料供应价格和管理价格，对这一时期的工程进行抽料补差，进行价差调整。

（四）调值公式法

按国际惯例，在绝大多数国际工程项目中，采用调值公式法进行工程价款的动态结算。发、承包双方在签订合同时就明确列出调值公式，并以此作为价差调整的计算依据。

第六节　资金使用计划的编制与投资偏差分析

一、资金使用计划的编制

资金使用计划的编制是施工阶段进行其他造价管理工作的基础依据和前提。资金使用计划的编制是在建设项目结构分解的基础上，将施工阶段的造价控制总目标值依次分解为各分目标值和各详细目标值，从而通过对工程实际支出额与目标值的比较，找出偏差，分析原因，并采取措施纠正偏差，以保证施工阶段资金的有效利用。根据施工阶段造价控制的目标和要求不同，可按建设项目组成、工程项目造价构成、工程进度分解三种方式编制资金使用计划，在实践中，这三种方法并不是相互独立的，往往需结合起来应用。资金来源的实现方式和时间限制、施工进度计划的细化与分解，与实际工程进度调整有机地结合起来。

（一）按建设项目组成编制资金使用计划

通过将建设项目按其组成进行单项工程、单位工程、分部工程、分项工程的合理划分，从而逐级安排资金计划的方法，具体划分的粗细程度根据建设项目资金支出的实际需要决定。采用这种方法编制资金使用计划时，需先进行建设项目总造价的分解，然后根据工程的造价分配得到资金使用计划表。

1.建设项目总造价的分解

建设项目总造价的分解是按建设项目的组成依次进行的，总造价的分解过程如下。

（1）将建设项目总造价分解到各单项工程中，形成各单项工程的总造价。如某工厂的总造价可分解为办公楼、生产车间和职工宿舍等单项工程造价。

（2）以各单项工程为独立个体，将各单项工程造价分解到各单位工程中，形成各单位工程的造价。如生产车间造价可分解为土建工程、水电工程等单位工程造价。

（3）将各单位工程造价分解到各分部工程中，形成各分部工程造价。如土建工程造价可分解为基础工程、主体工程、屋面工程、装饰工程等分部工程造价。

（4）将各分部工程造价进一步分解到各分项工程中，形成造价最小组分单元。如基础工程可分解为土方工程、基础垫层、筏板基础、回填土工程等分项工程造价。

2.工程的资金使用计划表

在完成建设项目总造价的分解之后，接下来就要根据各工程分项的造价分配额，编制详细的工程资金使用计划表，其内容一般包括：工程分项编码、工程内容、工程量、计划综合单价、计划资源需用量等。

（二）按工程项目造价构成编制资金使用计划

在施工阶段，工程项目的造价构成主要包括建筑安装工程费、设备及工器具购置费和工程建设其他费，与此相对应，按工程项目造价构成编制的资金使用计划也分为建筑安装工程费使用计划、设备及工器具购置费使用计划和工程建设其他费使用计划。其中，由于建筑工程和安装工程在性质上存在较大差异，造价的计算方法和标准也不尽相同，因此，在编制资金使用计划时往往对建筑工程费用和安装工程费用分别进行。在进行各项费用分配时，费用比例要根据以往经验或已建立的数据库确定，也可根据具体情况进行相应调整。每项费用还可根据其构成要素继续细分，这种方法适用于有大量经验数据的工程项目。

（三）按工程进度分解编制资金使用计划

工程项目的总造价是随着项目的进展分阶段、分期支出的，资金应用是否合理与其投入的时间以及项目的进度安排密切相关。因此，为了尽可能减少资金占用和利息支出，更合理有效地筹措和使用资金，可采用将项目总造价按其使用时间和进度情况进行分解的方法，编制项目资金使用计划。具体编制过程如下。

1.编制工程进度计划

按工程进度分解编制资金使用计划，首先要编制工程进度计划，确定完成各项工程所需花费的时间以及完成相应工作的工程量或资源消耗。

2.编制月费用支出计划表

根据每单位时间内完成的实物工程量或投入的人力、物力和财力等资源消耗，计算单位时间的费用，编制月费用支出计划表。

3.按工程进度分解编制资金使用计划

月费用支出计划表完成后，即可进行工程项目资金使用计划的编制，其表达方式有两种：一种是在时标网络图上表示的资金使用计划，另一种是利用时间—费用累计曲线表示的资金使用计划。

（1）在时标网络图上表示的资金使用计划。是在时标网络图上拟定工程项目的执行计划时，一方面确定施工进展的时间，另一方面确定完成相应工作的资金使用额。

（2）利用时间—资金累积曲线表示的资金使用计划。时间—资金累积曲线是以横坐标表示时间不变、以纵坐标表示到每一单位时间为止累计完成的工作量，绘制出的时间与累计完成工作量之间的关系曲线，由于形状如字母S，因此，也被称为S曲线。在编制资金使用计划时，时间—资金累计曲线（S形曲线）的绘制步骤是：①计算出规定时间内计划累计完成的资金额，其计算方法为各单位时间计划完成的资金额累加求和。②按各规定时间的累加资金额，绘制S形曲线。

二、资金投资偏差分析

施工阶段是项目实施过程中耗费工期最长、资源消耗量最大以及费用投入额度最高的阶段，在施工过程中会出现诸多影响因素，使得造价偏差在所难免，因此，进行造价偏差的计算与分析是造价控制的前提与基础。造价偏差对于发包人而言是投资偏差，对于承包人而言是成本偏差，在此统一表示为费用偏差。

（一）施工阶段费用偏差的计算方法

1.费用偏差与进度偏差的含义

在项目施工过程中，由于各种因素的影响，实际情况往往会与计划出现偏差，这些偏差是施工阶段工程造价控制与管理的对象。其中，工程实际费用与工程预算费用之间的差异叫作费用偏差；工程实际进度与工程计划进度的差异叫作进度偏差。进度偏差对费用偏差分析的结果有重要影响，要正确反映费用偏差的实际情况，必须注意进度偏差。

2.费用偏差与进度偏差的计算参数

在费用偏差计算中包括拟完工程预算费用、已完工程预算费用和已完工程实际费用三个参数。

（1）拟完工程预算费用。即计划进度下的预算费用，是指截止到报告日期，按照批准的进度计划要求完成的工作量所需的预算费用，由计划工程量与预算单价相乘得到。

（2）已完工程预算费用。即实际进度下的预算费用，是指截止到报告日期，项目实际完成工作量的预算费用，由实际完成工程量与预算单价相乘得到。

（3）已完工程实际费用。即实际进度下的实际费用，是指截止到报告日期，项目已完成工作量实际支出的总费用，由实际完成工程量与实际单价相乘得到。

3.费用偏差与进度偏差的结果分析

（1）费用偏差的结果分析：①费用的绝对偏差结果比较直观，可直接用于指导项目资金使用计划和资金筹措计划的调整，相对偏差结果能较客观地反映费用偏差的严重程度或合理程度，对费用控制工作更有意义，因此，在费用偏差分析时，对绝对偏差和相对偏差都要计算。

②费用的绝对偏差或相对偏差结果均可正可负，当费用偏差大于零时，说明实际费用超过预算费用，项目费用超支；当费用偏差小于零时，说明实际费用没有超出预算费用，项目费用节约；当费用偏差等于零时，说明项目实际费用与预算费用相等。

（2）进度偏差的结果分析：当进度偏差大于零时，说明实际进度比计划进度慢，项目进度滞后，费用超支；当进度偏差小于零时，说明实际进度比计划进度快，项目进度提前，费用节约；当进度偏差等于零时，说明实际进度与计划进度相等，费用相等。

（二）施工阶段费用偏差的分析方法

施工阶段项目费用的偏差可通过表格法、S曲线比较法和横道图法等表达方式进行具体分析。

1.表格法

表格法是根据项目的具体情况、数据来源、费用控制工作的要求等条件来设计表格，在表格中列明项目编码、项目名称、各偏差参数数额以及费用偏差和进度偏差数额等内容，费用偏差比较与分析的工作可直接在表格中进行。表格法的优点是适用性较强，设计的表格信息量大，可以反映各种偏差变量和指标，对于深入地了解项目费用的实际应用与控制状况非常有益；而且表格法还便于应用计算机辅助工程管理，提高费用控制工作的效率，因此，表格法是进行费用偏差分析最常用的一种表达方法。

2.S曲线比较法

S曲线比较法是用时间一资金累积曲线（S形曲线）进行费用偏差分析的方法，是通过绘制三条费用曲线，即已完工程实际费用曲线、已完工程预算费用曲线和拟完工程预算费用曲线，然后两两比较其横向进度偏差和纵向费用偏差，从而得到费用偏差数值和结论的方法。

3.横道图法

用横道图法进行偏差分析，是用不同的横道线分别标识出拟完工程预算费用、已完工程预算费用和已完工程实际费用，横道线的长度与其费用数额成正比。费用偏差和进度偏差数额可以用数字或横道线表示，产生偏差的原因在认真分析后填入表内。

三、施工阶段造价偏差的控制

通过对造价偏差的计算与结论分析，找出偏差产生的原因，以期有针对性地进行纠偏措施的制定是施工阶段造价控制的重要内容，也是造价管理的关键环节。

（一）造价偏差产生的原因

导致工程项目产生造价偏差的因素是多方面的，究其本质可以归结为客观原因和主观原因，具体表现在以下方面。

1.客观原因

主要包括自然原因和社会原因。其中，自然原因包括：气象条件、地质条件、环境条件等自然条件变化；社会原因包括：国家政策法规变化，人工、材料、机械费等价格上涨，城市规划的要求等导致的偏差。

2.主观原因

主要包括业主、监理、设计、施工、供应等项目管理相关方的因素。其中，业主原因主要是指投资规划不当、建设手续不健全、因业主原因变更工程或业主未及时付清工程款等情况；设计原因主要是指设计错误、设计变更或设计标准变更等情况；施工原因主要是指施工组织设计或施工方案不合理、发生了质量或安全事故等情况。

在工程项目产生造价偏差的各种原因中，客观原因是无法避免的，施工原因造成的损失要由施工单位自行负责，而业主、监理和设计原因造成的费用偏差则是业主纠偏的主要对象，也是施工阶段工程造价管理的重点。

（二）造价偏差的类型

施工阶段产生的造价偏差并非都需要进行纠正，而是要根据不同类型确定是否有纠偏必要，然后再针对性地研究纠偏措施。造价偏差主要包括以下四种类型。

1.费用增加且进度拖延

这种类型是纠正偏差的主要对象，需进行偏差原因分析并制定相应的纠偏措施。

2.费用增加但进度提前

这种类型是否需要进行纠偏，要视具体情况并适当考虑进度提前带来的收益的增加，综合分析后再行确定。若增加的费用超过增加的收益时，要采取纠偏措施；若增加的费用与增加的收益大致相等或低于收益增加额时，则可以考虑不采取纠偏措施。

3.费用节约但进度拖延

这种类型是否需要进行纠偏，要视具体情况从项目参建各方的角度根据实际需要考虑。

4.费用节约且进度提前

这种类型是最理想的，不需要采取任何纠偏措施，但需认真核对工程量，避免因遗漏工程量而出现费用节约、进度提前的工作失误。

（三）造价偏差的纠正措施

造价偏差的纠正措施包括组织措施、经济措施、技术措施和合同措施四个方面。

1.组织措施

组织措施是指从造价管理的组织保障方面采取的措施，包括确定和落实造价管理的组织机构和人员，明确各级造价管理人员的任务和职能分工、权利和责任，编制造价管理工作计划和详细的造价控制工作流程图。

2.经济措施

经济措施是指从造价管理的经济保障方面采取的措施。包括施工前确定并分解造价管理目标、编制资金使用计划；施工过程中，通过工程计量定期地进行造价实际值与预算值的比较，分析费用偏差产生的原因、所属的类型并据此采取相应的纠偏措施；根据分析结果，对未完工程进行费用预测，以发现潜在问题，及时采取预防措施进行费用偏差的主动控制。

3.技术措施

技术措施是指从造价管理的技术保障方面采取的措施。包括对设计变更进行技术经济比较以严格控制设计变更；在保证项目功能和质量的前提下，对设计方案继续挖潜节约造价的可能性；施工过程中对主要的施工方案和施工部署安排不断进行技术经济分析和优化，以节约造价保证目标的实现。

4.合同措施

合同措施是指从费用管理的合同保障方面采取的措施。包括合同签订时相关条款的约定、组织机构中对合同规定责任的落实以及施工过程中对合同的日常管理；在项目建设实施过程中，索赔事件难以避免，因此，索赔管理是施工阶段的主要造价控制措施，在合同管理中，一方面要加强主动控制、尽量减少索赔事件；另一方面，在发生索赔事件后，要认真审查有关索赔依据和索赔证据是否可靠有效、索赔费用的计算与支付是否合理，以保证最大限度控制因索赔而产生的费用偏差。

第十章　建设项目竣工阶段工程造价控制

第一节　竣工阶段工程造价概述

一、竣工阶段的工作内容

工程竣工决算是建设项目全过程造价控制的最后一个程序，是全面考核建设工作，审查投资使用合理性，检查工程造价控制情况的重要环节，是投资成果转入生产或使用的标志性阶段。竣工阶段的主要内容有竣工结算和竣工决算。

竣工结算是施工企业按照合同规定的内容全部完成所承包的工程，经验收质量合格，并符合合同要求之后，向建设单位进行的最终工程款结算。经审查的竣工结算是核定建设工程造价的依据，也是建设项目竣工验收后编制竣工决算和核定新增固定资产价值的依据。竣工决算是所有建设项目竣工后，建设单位按照国家有关规定在新建、改建、扩建工程建设项目竣工验收阶段编制的竣工决算报告。竣工决算是反映竣工项目建设成果的文件，是考核其投资效果的依据，是办理交付动用验收的依据，是竣工验收报告的重要部分。

二、建设项目竣工阶段与工程造价的关系

根据投资项目实施全过程造价控制的工作实践和效果，建设工程项目，特别是国有资金和以国有资金为主的投资项目，应大力提倡开展全过程工程造价控制，通过事前、事中、事后三位一体的控制体系，对工程造价进行有效管理和控制，以解决预算超概算、结算超预算的顽症，提高项目投资的经济效益和社会效益。竣工阶段的竣工验收、竣工结算和决算不仅直接关系到各方的切身利益，同时由于项目竣工结算是工程造价合理确定的依据，也关系到项目工程造价的实际结果，因此无论是施工单位还

是业主都十分重视工程价款的审计结算。

工程竣工结算是整个建筑市场的“灵魂工程”，是建设工程项目的最后也是重要的一个环节。如果不把竣工结算审核好，那么项目业主前面两个阶段所做的工程造价控制将失去意义。因此，在进行工程竣工结算审核时应依据现行的法律、法规、规章、规范性文件及待业规定要求和相应的标准、规范、技术文件要求，对竣工结算进行严格的实事求是的审核，使工程造价控制在合理的范围内。在进行工程结算审核时应做好以下六个方面工作，才能尽可能减少决算偏差，节约工程投入资金的控制。

（1）首先应审核竣工工程内容是否符合合同条件要求，工程是否竣工验收合格，尤其要注意工程变更内容是否已被合同内容所包含、合同内容是否平等，是否侵犯了某一方的经济利益；建设方需仔细核对施工方是否按合同完成了所有工程，如施工方未按合同完成所有工程，但其未完成工程被其他施工单位完成，在审核时应扣减此未完工程款项。

（2）检查隐蔽工程施工记录和验收签证是否齐全，手续是否完整，工程量与竣工图是否一致。

（3）落实设计变更、工程变更，设计变更手续是否齐备完整、是否合理。对项目建设过程中发生的每一项设计变更、工程变更，均应由设计人、项目业主、监理方、施工方共同签证确认，否则在结算审核时不予认可。并且经签证后变更的内容必须在投标文件（原预算书）的基础上进行增减，不得改变原投标书的项目基价和费率，也不得随意调整原中标价的内容。

（4）依据竣工图、设计变更和现场签证等进行核算，并按国家统一的计算规则计算工程量。对设计变更的工程量进行核实，应注意设计变更的时间与合同签订的时间。在合同签订之前的所有设计变更都应包含在合同之内，除非有特别说明，否则不予计算；应注意设计变更计算中，算增不算减或多算增少算减的情况。例如，某项工程施工方为弥补低报价造成的损失，通过设计院将安装材料进行了变更，施工方在计算时只计算了工程变更的增项，并未按合同中的工程量对原安装价款进行扣减，而只进行了少部分扣减，因而提出了58万元的变更价款。后经项目业主仔细计算，对合同中的工程量进行扣减后，施工方反倒应因材料的变更扣减工程款27万元。

由于施工方为了追加工程价款故意将施工工艺改变，其实此种工艺的改变并未对工程质量有所提高，与未改变时的工程质量基本相同，此时施工方又通过设计院做出设计变更。这种因施工方施工工艺而发生的非项目业主因素的变更被当作设计变更提出时，项目业主在审核时应仔细甄别。凡是由上述原因而发生的设计变更，根据审核内容的真实性及有效性的原则，应不予认可。在审核过程中，应防止工程总包方将分包方的工程施工量据为己有，重复计算，以便进行高估冒算。

（5）严格执行定额单价，按合同约定或招投标规定的计价定额与计价原则执行。项目业主应对材料单价变更单进行仔细审核，如项目业主代表在施工方提出的单价上签为暂定价，则应对价格做全面审查，与投标报价书进行对照，并查看国家有关单位发布的价格信息，或到市场去调查材料市场价格，取市场平均价格后再加上合理的材料采保费及运杂费组成材料价格。在征得施工方同意后，以此作为结算材料单价。

（6）防止计算误差，严格执行三级核算制度，首先由审核人员进行自查，然后交项目负责人进行审查，最后由技术负责人总审。

综上所述，在工程竣工结算阶段对工程造价的控制是至关重要的。而对工程造价的控制应是既全面又有侧重点，不能只注重其中某一过程工程造价的控制，而应是积极参与项目建设的全过程造价控制，这对控制投入、节约资金起到很重要的作用。

竣工决算是基本建设成果和财务的综合反映，它包括项目从筹建到建成投产或使用的全部费用。除了采用货币形式表示基本建设的实际成本和有关指标外，同时包括建设工期、工程量和资产的实物量以及技术经济指标，并综合了工程的年度财务决算，全面反映了基本建设的主要情况。根据国家基本建设投资的规定，在批准基本建设项目的计划任务书时，可依据投资估算来估计基本建设计划投资额；在确定基本建设项目设计方案时，可依据设计概算决定建设项目计划总投资最高数额；在进行施工图设计时，可编制施工图预算，用以确定单项工程或单位工程的计划价格，同时规定其不得超过相应的设计概算。因此，竣工决算可反映出固定资产计划的完成情况以及节约或超支的原因，从而能够控制工程造价。

第二节 竣工结算

一、工程价款的主要结算方式

（一）按月结算

按月结算即实行旬末或月中预支、月终结算、竣工后清算的方法。跨年度竣工的工程，应在年终进行工程盘点，并办理年度结算。我国现行建筑安装工程价款结算中相当一部分实行的是按月结算。

（二）竣工后一次结算

建设项目或单项工程全部建筑安装工程建设期在12个月以内，或者工程承包合同价在100万元以下的，可以实行工程价款每月月中预支，竣工后一次结算。

（三）分段结算

分段结算即当年开工，当年不能竣工的单项工程或单位工程按照工程形象进度，划分不同阶段进行结算。分段结算可以按月预支工程款。分段的划分标准由各部门或省、自治区、直辖市、计划单列市规定。

（四）目标结款方式

目标结款方式即在工程合同中，将承包工程的内容分解成不同的控制界面，以业主验收控制界面作为支付工程价款的前提条件。也就是说，将合同中的工程内容分解成不同的验收单元，当承包商完成单元工程内容并经业主（或其委托人）验收后，业主支付构成单元工程内容的工程价款。目标结款方式实质上是运用合同手段、财务手段对工程的完成进行主动控制。

二、工程预付款及其计算

工程预付款又称预付备料款。根据工程承发包合同规定，由发包单位在开工前拨给承包单位一定限额的预付备料款，作为承包工程项目储备主要材料、构配件所需的流动资金。按照我国有关规定，实行工程预付款的，双方应当在专用条款内约定发包方向承包方预付工程款的时间和数额，开工后按约定的时间和比例逐次扣回。预付时间应不迟于约定的开工日期前7天。发包方不按约定预付的，承包方在约定预付时间7天后向发包方发出要求预付的通知，发包方收到通知后仍不能按要求预付的，承包方可在发出通知后7天停止施工，发包方应从约定应付之日起向承包方支付应付款的贷款利息，并承担违约责任。

（一）预付备料款的限额

工程预付款仅用于承包方支付施工开始时与本工程有关的动员费用。如承包方滥用此款，发包方有权立即收回。在承包方向发包方提交金额等于预付款数额（发包方认可的银行开出）的银行保函后，发包方按规定的金额和规定的时间向承包方支付预付款，在发包方全部扣回预付款之前，该银行保函将一直有效。当预付款被发包方扣回时，银行保函金额相应递减。预付备料款限额由下列主要因素决定：主要材料（包括外购构件）占工程造价的比重、材料储备期、施工工期。

实际工程中备料款的数额要根据各工程类型、合同工期、承包方式等不同而定。例如，工业项目中钢结构和管道安装占比重较大的工程，其主要材料所占比重比一般安装工程要高，备料款数额也要高，且工期短的比工期长的要高，材料自购的比材料甲供的高。对于只包定额工日，不包材料定额，材料供应由建设单位负责的工程，没有预付备料款，只有按进度拨付的进度款。

（二）备料款的扣回

发包单位拨付给承包单位的备料款属于预支性质，到了工程实施后，随着工程所需主要材料储备的逐步减少，应以抵充工程价款的方式陆续扣回。其扣款的方法包括：

（1）可以从未施工工程尚需的主要材料及构件的价值相当于备料款数额时起扣，从每次结算工程价款中，按材料比重扣抵工程价款，竣工前全部扣清。

（2）也可以在承包方完成金额累计达到合同总价的一定比例后，由承包方开始向发包方还款，发包方从每次应付给承包方的金额中扣回工程预付款，发包方至少在合同规定的完工期前将工程预付款的总计金额逐次扣回。另外，还有一种方法是在完工期前3个月将预付款总额按逐次分摊的方式扣回。

三、工程进度款的支付（中间结算）

（一）中间结算的具体步骤

承包单位在项目建设过程中，按逐月（或形象进度、控制界面等）完成的分部分项工程量计算各项费用，在月末提出工程价款结算账单和已完工程月报表，向发包单位办理中间结算，收取当月的工程价款。当工程价款拨付累计额达到该项目工程造价的95%～97%时，停止支付，作为尾款和保修期用，在办理竣工决算时一并清算。

（1）工程款（进度款）在双方确认计量结果后14天内，发包方应向承包方支付工程款（进度款）。按约定时间发包方应扣回的预付款，与工程款（进度款）同期结算。

（2）符合规定范围的合同价款的调整、工程变更调整的合同价款及其他条款中约定的追加合同价款，应与工程款（进度款）同期调整支付。

（3）发包方超过约定的支付时间不支付工程款（进度款），承包方可向发包方发出要求付款通知，发包方收到承包方通知后仍不能按要求付款，可与承包方协商签订延期付款协议，经承包方同意后可延期支付。协议须明确延期支付时间和从发包方计量结果确认后第15天起计算应付款的贷款利息。

（4）发包方不按合同约定支付工程款（进度款），双方又未达成延期付款协议，导致施工无法进行，承包方可停止施工，由发包方承担违约责任。

（二）工程进度款的计算

工程进度款的计算，主要涉及两个方面：一是工程量的确认；二是单价的计算方法。

1.工程量的确认

根据有关规定，工程量的确认应做到：

（1）承包方应按约定时间，向工程师提交已完工程量的报告。

（2）工程师收到承包方报告后7天内未进行确认，第8天起，承包方报告中开列的工程量即视为已被确认，并作为工程价款支付的依据。

（3）工程师对承包方超出设计图纸范围和（或）因自身原因造成返工的工程

量，不予确认。

2.单价的计算

工程价格的计算一般可以分为工料单价和综合单价两种方法。在工程中既可以采用可调价格的方式，即工程价格在实施期间可随价格变化而调整；也可以采用固定价格方式，即工程价格在实施期间不因价格变化而调整，在工程价格中已考虑价格风险因素并在合同中明确了固定价格所包括的内容和范围。实际中还常用到可调工料单价法和固定综合单价法。可调单价在结算时按照竣工调价系数或者主材计算价差或主材用抽料法计算，次要材料按照系数计算差价而调整。固定综合单价法是除合同约定可调整费用外（例如，已完工程量与清单工程量数量差距大于10%，此时可以根据合同约定调整综合单价），一般已包含风险费用在内的全费用单价，通常不受时间价值的影响。

（三）合同收入的组成

（1）合同中规定的初始收入，即建造承包商与客户在双方签订的合同中最初商定的合同总金额，它构成了合同收入的基本内容。

（2）因合同变更、索赔、奖励等构成的收入，这部分收入并不构成合同双方在签订合同时已在合同中商定的合同总金额，而是在执行合同过程中由于合同变更、索赔、奖励等而形成的追加收入。对符合规定范围的合同价款的调整如索赔和零星工程的结算，应与工程进度同期调整支付。

四、工程保修金（尾留款）的预留

按照有关规定，工程项目总造价中应预留出一定比例的尾留款作为质量保修费用（又称保修金），待工程项目保修期结束后最后拨付。尾款的扣除一般有两种方式，即最后一次扣清和从第一次支付开始按月逐步扣除。以保修金比例为合同总额的5%为例，保修金也可以是以最后造价为计算基数。

（1）先办理正常结算，直至累计结算工程进度款达到合同金额的95%时，停止支付，剩余的作为保修金。

（2）先扣除，扣完为止，也即从第一次办理工程进度款支付时就按照双方在合同中约定的一个比例扣除保修金，直到所扣除的累计金额已达到合同金额的5%为止。

五、工程竣工结算及其审查

（一）工程竣工结算的含义及要求

工程竣工结算是指施工企业按照合同规定的内容全部完成所承包的工程，经验收质量合格，并符合合同要求之后，向发包单位进行的最终工程价款结算。工程竣工验收报告经发包方认可后28天内，承包方向发包方递交竣工结算报告及完整的结算资料，双方按照协议书约定的合同价款及专用条款约定的合同价款调整内容，进行工程竣工结算。

发包方收到承包方递交的竣工结算报告及结算资料后28天内进行核实，给予确认或者提出修改意见。发包方确认竣工结算报告后通知经办银行向承包方支付工程竣工结算价款。承包方收到竣工结算价款后14天内将竣工工程交付发包方。发包方收到竣工结算报告及结算资料后28天内无正当理由不支付工程竣工结算价款，从第29天起按承包方同期向银行贷款利率支付拖欠工程价款的利息，并承担违约责任。

发包方收到竣工结算报告及结算资料后28天内不支付工程竣工结算价款，承包方可以催告发包方支付结算价款。发包方在收到竣工结算报告及结算资料后56天内仍不支付的，承包方可以与发包方协议将该工程折价，也可以由承包方申请人民法院将该工程依法拍卖，承包方就该工程折价或者拍卖的价款优先受偿。工程竣工验收报告经发包方认可后28天内，承包方未能向发包方递交竣工结算报告及完整的结算资料，造成工程竣工结算不能正常进行或工程竣工结算价款不能及时支付，发包方要求交付工程的，承包方应当交付；发包方不要求交付工程的，承包方承担保管责任。发包方和承包方对工程竣工结算价款发生争议时，按争议的约定处理。在实际工作中，当年开工、当年竣工的工程，只需办理一次性结算。跨年度的工程，在年终办理一次年终结算，将未完工程结转到下一年度，此时竣工结算等于各年度结算的总和。

（二）工程竣工结算的审查

工程竣工结算审查是竣工结算阶段的一项重要工作。经审查核定的工程竣工结算是核定建设工程造价的依据，也是建设项目验收后编制竣工决算和核定新增固定资产价值的依据。因此，应充分重视竣工结算的审核把关。工程竣工结算的审查，一般可以从以下六个方面入手。

1.核对合同条款

首先，应该核对竣工工程内容是否符合合同条件要求，工程是否竣工验收合格。

只有按合同要求完成全部工程并验收合格才能列入竣工结算。其次，应按合同约定的结算方法、计价定额，取费标准、主材价格和优惠条款等，对工程竣工结算进行审核。若发现合同开口或有漏洞，应请建设单位与施工单位认真研究，明确结算要求。

2.检查隐蔽工程验收记录

所有隐蔽工程均需进行验收，并经两人以上签证，实行工程监理的项目应经监理工程师签证确认。审核竣工结算时应该核对隐蔽工程施工记录和验收签证，确定手续是否完整，工程量与竣工图一致方可列入结算。

3.落实设计变更签证

设计修改变更应由原设计单位出具设计变更通知单和修改图纸，设计、校审人员签字并加盖公章，经建设单位和监理工程师审查同意、签证；重大设计变更应经原审批部门审批，否则不应列入结算。

4.按图核实工程数量

竣工结算的工程量应依据竣工图、设计变更单和现场签证等进行核算，并按国家统一规定的计算规则计算工程量。

5.严格执行合同约定单价

结算单价应按合同约定或招投标规定的计价定额与计价原则执行。

6.防止各种计算误差

工程竣工结算子目多、篇幅大，往往有计算误差，应认真核算，防止因计算误差多计或少算。

六、工程价款价差调整的主要方法

（一）竣工调价系数法

这种方法是甲、乙方采用当时的预算（或概算）定额单价计算出承包合同价，待竣工时，根据合理的工期及当地工程造价管理部门所公布的该月度（或季度）的工程造价指数，对原承包合同价予以调整，重点调整那些由于实际人工费、材料费、施工机械费等费用上涨及工程变更因素造成的价差，并对承包商给予调价补偿。

（二）实际价格调整法

在我国，由于建筑材料需要市场采购的范围越来越大，有些地区规定对钢材、木材、水泥等三大材的价格采取按实际价格结算的方法。工程承包商可凭发票按实报销。这种方法方便且正确。但由于是实报实销，因而承包商对降低成本不感兴趣，为了避免副作用，地方主管部门要定期发布最高限价，同时合同文件中应规定建设单位或工程师有权要求承包商选择更廉价的供应来源。

（三）调价文件计算法

这种方法是甲、乙方采取按当时的预算价格承包，在合同工期内，按照造价管理部门调价文件的规定，在同一价格期内按所完成的材料用量乘以价差进行抽料补差。有的地方定期发布主要材料供应价格和管理价格，对这一时期的工程进行抽料补差。

（四）调值公式法

建筑安装工程费用价格调值公式一般包括固定部分、材料部分和人工部分。但当建筑安装工程的规模和复杂性增大时，公式也变得更为复杂。

第三节 竣工决算

一、竣工决算的概念

建设项目竣工决算是指所有建设项目竣工后，建设单位按照国家有关规定在新建、改建和扩建工程建设项目竣工验收阶段编制的竣工决算报告。通过竣工决算，一方面能够正确反映建设工程的实际造价和投资结果；另一方面可以通过竣工决算与概算、预算的对比分析，考核投资控制的工作成效，总结经验教训，积累技术经济方面的基础资料，提高未来建设工程的投资效益。

二、竣工决算的内容

竣工决算的内容应包括从项目策划到竣工投产全过程的全部实际费用，包括设备及工、器具购置费，建筑安装工程费用和其他费用等。竣工决算的内容包括竣工决算说明书、竣工财务决算报表、建设工程竣工图和工程造价对比分析四个部分。其中竣工决算说明书和竣工财务决算报表又合称为竣工决算，它是竣工决算的核心内容。

（一）竣工决算说明书

竣工决算说明书主要反映竣工工程建设成果和经验，是对竣工决算报表进行分析和补充说明的文件，是全面考核分析工程投资与造价的书面总结。其内容主要包括：

（1）建设项目概况及对工程总的评价。

（2）资金来源及运用等财务分析。

（3）基本建设收入、投资包干结余、竣工结余资金的上交分配情况。

（4）各项经济技术指标的分析。

（5）工程建设的经验、项目管理和财务管理工作以及竣工财务决算中有待解决的问题。

（6）需要说明的其他事项。

（二）竣工财务决算报表

建设项目竣工财务决算报表根据大、中、小型建设项目分别制定。一般大、中型建设项目的竣工财务决算报表包括：建设项目竣工财务决算审批表，大、中型建设项目概况表，大、中型建设项目竣工财务决算表，大、中型建设项目交付使用资产总表。小型建设项目的竣工决算财务报表一般包括：竣工决算总表、交付使用财产明细表以及建设项目竣工财务决算审批表。

（三）建设工程竣工图

建设工程竣工图是真实地记录各种地上和地下建筑物、构筑物等情况的技术文件，是工程进行交工验收、维护改建和扩建的依据，是国家的重要技术档案。其具体要求有：

（1）凡按图竣工没有变动的，由施工单位在原施工图上加盖“竣工图”标志后，即作为竣工图。

（2）凡在施工过程中，虽有一般性设计变更，但能将原施工图加以修改补充作为竣工图的，可不重新绘制，由施工单位负责在原施工图（必须是新蓝图）上注明修改的部分，并附以设计变更通知单和施工说明，加盖“竣工图”标志后，作为竣工图。

（3）凡结构形式改变、施工工艺改变、平面布置改变、项目改变以及有其他重大改变，不宜再在原施工图上修改、补充时，应重新绘制改变后的竣工图。施工单位负责在新图上加盖“竣工图”标志，并附以有关记录和说明，作为竣工图。

（4）为了满足竣工验收和竣工决算需要，还应绘制反映竣工工程全部内容的工程设计平面示意图。

（四）工程造价对比分析

批准的概算是考核建设工程造价的依据。在分析时，可先对比整个项目的总概算，然后将建筑安装工程费用，设备及工、器具购置费用和其他工程费用逐一与竣工决算表中所提供的实际数据和相关资料及批准的概算、预算指标、实际的工程造价进行对比分析，以确定竣工项目总造价是节约还是超支，并在对比的基础上，总结先进经验，找出节约和超支的内容和原因，提出改进措施。在实际工作中，应主要分析以下内容。

（1）主要实物工程量。

（2）主要材料消耗量。

（3）考核建设单位管理费、建筑及安装工程其他直接费、现场经费和间接费的取费标准。

三、竣工决算的编制

（一）竣工决算的编制依据

（1）可行性研究报告、投资估算书、初步设计或扩大初步设计，修正总概算及其批复文件。

（2）设计变更记录、施工记录或施工签证单及其他施工发生的费用记录。

（3）经批准的施工图预算或标底造价、承包合同、工程结算等有关资料。

（4）历年基建计划、历年财务决算及批复文件。

（5）设备、材料调价文件和调价记录。

（6）其他有关资料（各项有技术经济价值的文件均应作为依据）。

（二）竣工决算的编制步骤

（1）搜集、整理和分析有关依据资料。

（2）清理各项财务，债务和结余物资。

（3）填写竣工决算报表。

（4）编制建设工程竣工决算说明。

（5）做好工程造价对比分析。

（6）清理、装订好竣工图。

（7）上报主管部门审查。

四、新增资产的划分与核定

（一）新增资产的分类

按照财务制度及有关规定，新增资产按资产性质划分为固定资产、流动资产、无形资产、递延资产和其他资产共五大类。固定资产是指使用期限超过一年，单位价值在规定标准以上（如1000元、1500元或2000元），并且在使用过程中保持原有物质形态的资产，包括房屋及建筑物、机电设备、运输设备、工具器具等。不同时具备以上两个条件的资产为低值易耗品，应列入流动资产范围内，如企业自身使用的工具、器具、家具等。

流动资产是指可以在一年内或超过一年的一个营业周期内变现或者运用的资产，包括现金及各种存货、应收及预付款项等。无形资产是指企业长期使用但没有实物形态的资产，包括专利权、著作权、非专利技术、商誉等。递延资产是指不能全部计入当年损益，应当在以后年度分期摊销的各项费用，包括开办费、租入固定资产的改良工程（如延长使用寿命的改装、翻修、改造等）支出等。其他资产是指具有专门用途，但不参加生产经营的经国家批准的特种物质，如银行冻结存款和冻结物质、涉及诉讼的财产等。

（二）新增固定资产价值的计算

新增固定资产价值的计算以单项工程为对象。单项工程建成经验收合格，正式移交生产使用，即应计算新增固定资产价值。

（1）计算新增固定资产价值时首先要清楚其包括的范围。

（2）要理解计算方法，特别是其他费用的分摊方法。按照规定，增加固定资产的其他费用，应按各受益单项工程以一定的比例共同分摊。其基本原则是：建设单位管理费由建筑工程、安装工程、需安装设备价值总额等按比例分摊；而土地征用费、勘察设计费等只按建筑工程分摊。

（3）新增固定资产价值的计算。计算以单项工程为对象，单项工程建成经有关部门验收鉴定合格，正式移交生产使用，即应计算新增固定资产价值。一次性交付生产或使用的工程一次计算新增固定资产价值，分期分批交付生产或使用的工程应分期分批计算新增固定资产价值。

（三）新增流动资产价值的确定

流动资产价值的确定中，主要是存货价值的确定，应区分是外购的还是自制的，两种途径取得的存货其价值的计算是不一样的。

（1）货币资金即现金、银行存款和其他货币资金（包括外埠存款，还未收到的在途资金、银行汇票和本票等资金）。一律按实际入账价值核定计入流动资产。

（2）应收和预付款项包括应收工程款、应收销售款、其他应收款、应收票据及预付分包工程款、预付分包工程备料款、预付工程款、预付备料款、预付购货款和待摊费用等。其价值的确定，一般情况下按应收和预付款项的企业销售商品、产品或提供劳务时的实际成交金额或合同约定金额入账核算。

（3）各种存货指建设项目在建设过程中耗用而储存的自制和外购的货物，包括各种器材、低值易耗品和其他商品等。确定其价值时，外购的，按照买价加运输费、装卸费、保险费、途中合理损耗、入库前加工整理或挑选及缴纳的税金等项计价；自制的，按照制造过程中发生的各项实际支出计价。

（四）新增无形资产价值的确定

无形资产的计价，原则上应按取得时的实际成本计价。确定新增无形资产价值时，主要是应明确无形资产所包含的内容，如专利权、商标权、土地使用权等。

1.专利权的计价

专利权分为自制和外购两种。自制专利权，其价值为开发过程中的实际支出计价。专利转让时（包括购入和卖出），其价值主要包括转让价格和手续费用。由于专利是具有专有性并能带来超额利润的生产要素，因此其转让价格不能按其成本估价，而应依据所带来的超额收益来估价。

2.非专利技术的计价

非专利技术是指具有某种专有技术或技术秘密、技术诀窍，是先进的、未公开的、未申请专利的、可带来经济效益的专门知识和特有经验，它也包括自制和外购两种。外购非专利技术，应由法定评估机构确认后，再进一步估价，一般通过其产生的收益来估价，其方法类同专利技术。自制的非专利技术，一般不得以无形资产入账，自制过程中所发生的费用，按新财务制度可作当期费用直接进入成本处理。这是因为非专利技术自制时难以确定是否成功，这样处理符合稳健性原则。

3.商标权的计价

商标权是商标经注册后，商标所有者依法享有的权益，它受法律保障，分为自制和购入（转让）两种。企业购入和转让商标时，商标权的计价一般根据被许可方新增的收益来确定；自制的，尽管在商标设计、制作、注册和保护、广告宣传上都要花费一定费用，但一般不能作为无形资产入账，而应直接以销售费用计入损益表的当期损益。

4.土地使用权的计价

取得土地使用权的方式有两种，计价方法也有两种：一是建设单位向土地管理部门申请，通过出让方式取得有限期的土地使用权而支付的出让金，应以无形资产计入核算；二是建设单位获得的土地使用权原先是通过行政划拨的，这就不能作为无形资产，只有在将土地使用权有偿转让、出租、抵押、作价入股和投资，按规定补交土地出让金后，才可作为无形资产计入核算。无形资产入账后，应在其有限使用期内分期摊销。

（五）新增递延资产价值的确定

新增递延资产价值的确定主要是开办费的计价问题。开办费是指在筹建期间建设单位管理费中未计入固定资产的其他各项费用，如筹建期间的工作人员工资、办公费、差旅费、生产职工培训费、利息支出等。

1.开办费的计价

开办费是指筹建期间建设单位管理费中未计入固定资产的其他各项费用，包括建设单位经费（如筹建期间工作人员工资、办公费、差旅费、印刷费、生产职工培训费、样品样机购置费、农业开荒费、注册登记费等），以及不计入固定资产和无形资产购建成本的汇兑损益、利息支出等。按照新财务制度规定，除了筹建期间不计入资产价值的汇兑净损失外，开办费从企业开始生产经营月份的次月起，按照不短于5年的期限平均摊入管理费用中。

2.以经营租赁方式租入的固定资产改良工程支出的计价

以经营租赁方式租入的固定资产改良工程支出是指能增加以经营租赁方式租入的固定资产的效用或延长其使用寿命的改装、翻修、改建等支出，应在租赁有效期限内按用途（生产用或管理用）分期摊入制造费用或管理费用中。

第四节 保修费用处理

一、保修的基本概念

（一）保修的含义

建设项目保修指项目竣工验收交付使用后，在一定期限内由施工单位到建设单位或用户进行回访，对于工程发生的确实是由于施工单位施工责任造成的建筑物使用功能不良或无法使用的问题，由施工单位负责修理，直到达到正常使用的标准。因为建设产品在竣工验收后仍可能存在质量缺陷和隐患，在使用过程中才能逐步暴露出来，如屋面漏雨、墙体渗水，建筑物基础超过规定的不均匀沉降，采暖、供热系统不佳，设备安装工程达不到国家或者行业现行的技术标准等，需要在使用中检查观测和维修。

我国建设工程质量条例中规定：建设工程实行保修制度，建设工程承包人在向发包人提交工程竣工验收报告时，应向发包人出具质量保修书。质量保修书应当明确建设工程的保修范围、保修期限和责任等，建设项目在保修期限内和保修范围内发生的质量问题，承包人应履行保修义务，并对造成的损失承担赔偿责任。

（二）保修的意义

建设工程质量保修制度是国家所确定的重要法律制度，对完善建设工程保修制度、促进承包方加强质量管理、保护用户及消费者的合法权益能够起到重要的作用。

二、保修的范围和最低保修期限

（一）保修的范围

建筑工程的保修范围应包括地基基础工程、主体结构工程、屋面防水工程和其他土建工程，以及电气管线、上下水管线的安装工程，供热、供冷系统工程等项目。

（二）保修期限

在正常使用条件下，建设工程的最低保修期限为：

（1）基础设施工程，房屋建筑的地基基础工程和主体结构工程，为设计文件规定的该工程的合理使用年限。

（2）屋面防水工程，有防水要求的卫生间、房间和外墙面的防渗漏，为5年。

（3）供热与供冷系统，为2个采暖期、供冷期。

（4）电气管线、给排水管道，设备安装和装修工程，为2年。

（5）其他项目的保修期限由承发包双方在合同中规定，建设工程的保修期，自竣工验收合格之日起计算。建设工程在保修范围和保修期限内发生质量问题的，承包人应当承担保修义务，并对造成的损失承担赔偿责任。凡是由用户使用不当而造成建筑功能不良或损坏，不属于保修范围；凡属于工业产品项目发生问题，也不属于保修范围，以上两种情况应由建设单位自行组织修理。

三、保修的操作方法

（一）发送保修证书（房屋保修卡）

在工程竣工验收的同时（最迟不应超过3天到一周），由施工单位向建设单位发送建筑安装工程保修证书。保修证书目前在国内没有统一的格式或规定，应由施工单位拟定并统一印刷。保修证书的主要内容包括：

（1）工程简况、房屋使用管理要求。

（2）保修范围和内容。

（3）保修时间。

（4）保修说明。

（5）保修情况记录。

（6）保修单位（施工单位）的名称、详细地址等。

（二）要求检查和保修

在保修期间内，建设单位或用户发现房屋的使用功能出现问题，而且是由于施工质量而影响使用的，可以用口头或书面通知施工单位的有关保修部门，说明情况，并要求派人前往检查修理。施工单位必须尽快地派人检查，并会同建设单位共同作出鉴定，提出修理方案，尽快地组织人力、物力进行修理。房屋建筑工程在保修期间出现质量缺陷，建设单位或房屋建筑所有人应当向施工单位发出保修通知。施工单位接到保修通知后，应到现场检查情况，在保修书约定的时间内予以保修。发生涉及结构安全或者严重影响使用功能的紧急抢修事故，施工单位接到保修通知后，应当立即到达现场抢修。发生涉及结构安全的质量缺陷，建设单位或者房屋建筑产权人应当立即向当地建设主管部门报告，采取安全防范措施；由原设计单位或者具有相应资质等级的设计单位提出保修方案，施工单位实施保修，原工程质量监督机构负责监督。

（三）验收

在发生问题的部位或项目修理完毕后，要在保修证书的“保修记录”栏内做好记录，并经建设单位验收签认，此时修理工作完毕。

四、保修费用及其处理

（一）保修费用的含义

保修费用是指对保修期间和保修范围内所发生的维修、返工等各项费用支出。保修费用应按照合同和有关规定合理确定和控制。保修费用一般可以参照建筑安装工程造价的确定程序和方法计算，也可以按照建筑安装工程造价或承包工程合同价的一定比例计算（目前一般取5%），合同中应约定保修金预留比例、使用支付、结算返还的方法和时间等内容。

（二）保修费用的处理

在保修费用的处理问题上，必须根据修理项目的性质、内容以及检查修理等多种因素的实际情况，区别保修责任的承担问题。对于保修的经济责任的确定，应当由有关责任方承担，并由建设单位和施工单位共同商定经济处理办法。

（1）勘察、设计方面的原因造成的质量缺陷，由勘察、设计单位负责并承担经济责任，由施工单位负责维修或处理。按新的合同法规定，勘察、设计人应当继续完成勘察、设计，减收或免收勘察、设计费并赔偿损失。

（2）施工原因造成的保修费用处理，施工单位未按国家有关规范、标准和设计要求施工，造成质量缺陷，由施工单位负责无偿返修并承担经济责任。如果在合同规定的程序和时间内，施工单位未到现场保修，建设单位可以另行委托其他单位修理，由施工单位承担经济责任。

（3）设备、材料、构配件不合格造成的保修费用处理，因设备、建筑材料、构配件质量不合格引起的质量缺陷，属于施工单位采购的或经其验收同意的，由施工单位承担经济责任，属于建设单位采购的，由建设单位承担经济责任。至于施工单位、建设单位与设备、材料、构配件供应单位或部门之间的经济责任，应按其设备、材料、构配件的采购供应合同处理。

（4）用户使用原因造成的保修费用处理，因用户使用不当造成的质量缺陷，由用户自行负责。

（5）不可抗力原因造成的保修费用处理，因地震、洪水、台风等不可抗力造成的质量问题，施工单位和设计单位都不承担经济责任，由建设单位负责处理。

（6）建筑施工企业违反该法规定，不履行保修义务的，可以责令改正，并处以罚款。在保修期间存在屋顶和墙面渗漏、开裂等质量缺陷，有关责任企业应当依据实际损失给予实物或价值补偿。质量缺陷因勘察、设计、监理，或者建筑材料、建筑构配件和设备等原因造成的，根据民法规定，施工企业可以在保修和赔偿损失之后，向有关责任者追偿。因建设工程质量不合格而造成损害的，受损害人有权向责任者要求赔偿。因建设单位或者勘察、设计施工、监理的原因产生的建设质量问题，造成他人损失的，以上单位应当承担相应的赔偿责任。受损害人可以向任何一方要求赔偿，也可以向以上各方提出共同赔偿要求。在赔偿后，有关各方之间可以在查明原因后向真正的责任人追偿。

参考文献

[1]张殿宗，张帆.市政工程与施工管理研究[M].北京：九州出版社，2018.

[2]李昌春.市政工程施工项目管理（第3版）[M].北京：中国建筑工业出版社，2019.

[3]董明荣.市政工程施工手册：图解版[M].北京：北京希望电子出版社，2021.

[4]王晓飞，范利从，郑延斌.市政工程施工组织与管理研究[M].北京：原子能出版社，2020.

[5]孙杰.市政工程施工新技术[M].武汉：武汉大学出版社，2019.

[6]丁锡峰.市政工程施工与技术管理[M].天津：天津科学技术出版社，2019.

[7]饶鑫，赵云.市政给排水管道工程[M].上海：上海交通大学出版社，2019.

[8]张伟.给排水管道工程设计与施工[M].郑州：黄河水利出版社，2020.

[9]陈侠.城市给排水系统设计导论[M].北京：中国水利水电出版社，2018.

[10]王迪，崔卉，鲁教银.城市给排水工程规划与设计[M].长春：吉林科学技术出版社，2022.

[11]翟端端，林兵，刘堃.给排水工程规划设计与管理研究[M].沈阳：辽宁科学技术出版社有限责任公司，2022.

[12]梅胜，周鸿，何芳.建筑给排水及消防工程系统[M].北京：机械工业出版社，2020.

[13]高将，丁维华.建筑给排水与施工技术[M].镇江：江苏大学出版社，2021.

[14]房平，邵瑞华，孔祥刚.建筑给排水工程[M].成都：电子科技大学出版社，2020.

[15]李月俊，王志强，种道坦.建筑工程与给水排水工程[M].长春：吉林科学技术出版社有限责任公司，2020.

[16]董建威，司马卫平，禤志彬.建筑给水排水工程[M].北京：北京工业大学出版

社，2018.

[17]张毅.工程项目建设程序（第2版）[M].北京：中国建筑工业出版社，2018.

[18]白如银，张志军，孙逊.招标投标实务与热点答疑360问[M].北京：机械工业出版社，2019.

[19]钟华.建筑工程造价[M].北京：机械工业出版社，2021.

[20]赵媛静.建筑工程造价管理[M].重庆：重庆大学出版社，2020.